1+X 职业技能等级证书配套教材
——"光伏电站智能运维"职业技能等级证书

光伏电站智能运维

中级

浙江瑞亚能源科技有限公司　组编

□　主　编　邱　燕　蔡景素

高等教育出版社·北京

内容提要

本书是 1＋X 职业技能等级证书配套教材，对应于"光伏电站运维"职业技能等级证书。

本书由浙江瑞亚能源科技有限公司组织编写，主要内容包括光伏电站运维基础、大型光伏电站的运维管理、大型光伏电站主要设备运维、大型光伏电站的智能运维平台、大型光伏区设备故障排除。

本书可以作为职业院校学生考取"光伏电站运维"职业技能等级证书（中级）的参考用书，也可以作为高等职业院校光伏工程技术、分布式发电与智能微电网技术等专业的教材，还可以作为光伏发电技术人员的参考用书。

图书在版编目（C I P）数据

光伏电站智能运维 ： 中级 / 浙江瑞亚能源科技有限公司组编 ； 邱燕，蔡景素主编. -- 北京 ： 高等教育出版社，2021.10
ISBN 978-7-04-056375-7

Ⅰ. ①光… Ⅱ. ①浙… ②邱… ③蔡… Ⅲ. ①光伏电站－智能系统－运行－职业技能－鉴定－教材 Ⅳ.
①TM615

中国版本图书馆CIP数据核字(2021)第129937号

光伏电站智能运维（中级）
GUANGFU DIANZHAN ZHINENG YUNWEI（ZHONGJI）

| 策划编辑 | 郑期彤 | 责任编辑 | 郑期彤 | 封面设计 | 王　洋 | 版式设计 | 马　云 |
| 插图绘制 | 邓　超 | 责任校对 | 窦丽娜 | 责任印制 | 高　峰 | | |

出版发行	高等教育出版社	网　　址	http://www.hep.edu.cn
社　　址	北京市西城区德外大街4号		http://www.hep.com.cn
邮政编码	100120	网上订购	http://www.hepmall.com.cn
印　　刷	廊坊十环印刷有限公司		http://www.hepmall.com
开　　本	787mm×1092mm　1/16		http://www.hepmall.cn
印　　张	17		
字　　数	400 千字	版　　次	2021 年 10 月第 1 版
购书热线	010-58581118	印　　次	2021 年 10 月第 1 次印刷
咨询电话	400-810-0598	定　　价	49.80 元

本书如有缺页、倒页、脱页等质量问题，请到所购图书销售部门联系调换
版权所有　侵权必究
物 料 号　56375-00

前言

　　光伏产业是一个潜力无限的新兴产业，在追求低碳社会的今天，社会越来越重视清洁的可再生能源——太阳能的开发和利用，光伏技术和光伏产业已越来越受到世界各国的重视。截止到 2019 年年底，我国累计光伏装机已超 200 GW，背后孕育着的是万亿规模存量的光伏运维市场。随着新能源战略地位的提高，我国已进入光伏发电大规模建设时期，光伏电站运维管理逐渐成为投资业主关注的重点。但是，数量庞大、类型众多的光伏电站设备和由于设计、建设缺陷引起的安全质量问题，都给光伏电站运营维护带来了不小的挑战。光伏发电迎来质量控制、运维管理和效率提升等亟待解决的热点、难点问题，传统运维管理方式将逐渐不适应行业快速发展的要求，建立与完善智能化运维模式已是大势所趋。

　　2019 年 2 月 13 日，国务院印发《国家职业教育改革实施方案》，提出要在职业院校、应用型本科高校启动"学历证书＋若干职业技能等级证书"（即 1＋X 证书）制度试点，要进一步发挥好学历证书作用，夯实学生可持续发展基础，鼓励职业院校学生在获得学历证书的同时，积极取得多类职业技能等级证书，拓展就业创业本领，缓解结构性就业矛盾。2019 年 4 月 16 日，教育部、国家发展和改革委员会、财政部、市场监督管理总局联合印发《关于在院校实施"学历证书＋若干职业技能等级证书"制度试点方案》，部署启动"学历证书＋若干职业技能等级证书"制度试点工作。在《关于确认参与 1＋X 证书制度试点的第三批职业教育培训评价组织及职业技能等级证书的通知》（教职所〔2020〕21号）中指出，确定 63 家职业教育培训评价组织的 76 个职业技能等级证书，参与 1＋X 证书制度第三批试点。其中，浙江瑞亚能源科技有限公司为"光伏电站运维"职业技能等级证书的培训评价组织。

　　"光伏电站运维"职业技能等级（中级）标准主要面向光伏电站的调试、管理和运维等岗位（群），要求能够完成大型光伏电站光伏区设备的调试、管理、运行维护及设备检修等工作，具体要求如表 1 所示。

表 1　"光伏电站运维"职业技能等级（中级）要求

工作领域	工作任务	职业技能要求
1. 项目调试	1.1　光伏组件/组串检测	1.1.1　能够检测光伏组件倾角，进行光伏方阵间距核算和检查等工作。 1.1.2　能够使用太阳能电池测试仪对光伏组件/组串的 I–V 曲线特性进行测试，并能够识别故障光伏组件/组串和分析光伏组件/组串故障原因。

续表

工作领域	工作任务	职业技能要求
1. 项目调试	1.1 光伏组件／组串检测	1.1.3 能够使用 EL 检测仪对光伏组件进行电致发光测试，并能够识别故障光伏组件和分析光伏组件故障原因。 1.1.4 能够使用红外热像仪对光伏组件的表面温度进行测试，并能够识别故障光伏组件和分析光伏组件故障原因。 1.1.5 能够编写光伏组件／组串检测分析报告
	1.2 直流汇流箱和直流配电柜调试	1.2.1 能够检测直流汇流箱各光伏组串输入的开路电压，并能够判断各光伏组串开路电压是否符合要求。 1.2.2 能够检测直流配电柜各汇流箱输入的开路电压，并能够判断各汇流箱开路电压是否符合要求。 1.2.3 能够检查直流汇流箱采集模块和通信模块指示是否正常，信号显示与实际工况是否相符。 1.2.4 能够检查直流汇流箱和直流配电柜断路器位置信号与断路器实际位置是否相对应。 1.2.5 能够检查直流汇流箱和直流配电柜各个接线端子状态，能够处理松动、锈蚀的端子
	1.3 交流汇流箱调试	1.3.1 能够检测交流汇流箱各支路输入的电压，并能够判断各支路是否正常工作。 1.3.2 能够检查交流汇流箱柜各个接线端子状态，能够处理松动、锈蚀的端子。 1.3.3 能够检查交流汇流箱柜断路器位置信号与断路器实际位置是否相对应
	1.4 箱变调试	1.4.1 能够检查油浸变压器油位情况，排油阀密封情况，温度指示控制器、压力释放阀等产品零件是否正常。 1.4.2 能够检查干式变压器绝缘层有无异常情况，如是否裂开、剥落，风机和温控器等是否正常运转。 1.4.3 能够检查箱变进出接线端子连接状态。 1.4.4 能够检查箱变各断路器位置信号与断路器实际位置是否相对应。 1.4.5 能够检查箱变通信模块指示是否正常，信号显示与实际工况是否相符。 1.4.6 能够试验开关柜各开关是否可以正常合闸、分闸等
	1.5 运维平台调试	1.5.1 能够检查运维平台各功能模块状态。 1.5.2 能够检查采集模块的通信状态，能够检查通信线路。 1.5.3 能够检查采集设备的运行参数，判断其运行状态与后台监控显示是否一致。 1.5.4 能够检查机器的故障／告警提示，判断其与运维平台监控显示是否同步一致

工作领域	工作任务	职业技能要求
2. 项目管理	2.1　巡回检查	2.1.1　能够根据管理要求进行接班巡回和交班巡回工作。 2.1.2　根据巡回作业指导书要求，能够执行班内定时巡回和机动巡回工作，并填写相应的记录表。 2.1.3　能够根据相关规程，处理巡回检查时的紧急情况。 2.1.4　能够根据条件变化，调整巡回次数或安排定点监控
	2.2　值班管理	2.2.1　能够根据岗位安排全面检查主要设备的状态，包括升压站、主变，35 kV、110 kV 配电系统等。 2.2.2　能够检查交接班的相关记录表，核实异常情况处理进程，清点工具、仪器等情况。 2.2.3　能够参加或组织班前会，根据交接班内容和要求，进行交接工作汇报和总结。 2.2.4　能够参加或组织班后会，进行当天工作汇报和总结，分析不安全事件的经过、原因和预防对策
	2.3　安全管理	2.3.1　能够开展安全法律、法规，安全制度管理和安全教育等培训工作。 2.3.2　能够正确佩戴和使用安全高压防护用品。 2.3.3　能够开展安全应急救援培训，能够根据应急预案进行应急抢救工作
3. 设备维护	3.1　直流汇流箱及直流配电柜维护	3.1.1　能够检查直流汇流箱和直流配电柜的运行情况，处理积灰、设备标识脱落等问题。 3.1.2　能够更换直流汇流箱故障熔断器、防雷模块、断路器。 3.1.3　能够更换直流配电柜直流开关、故障断路器、防雷模块等元器件。 3.1.4　能够使用红外热像仪检查直流汇流箱和直流配电柜的端子温度，处理局部异常高温等隐藏缺陷。 3.1.5　能够处理直流汇流箱和直流配电柜着火故障
	3.2　交流汇流箱维护	3.2.1　能够检查交流汇流箱基本情况，处理锈蚀、积灰、设备标识脱落等问题。 3.2.2　能够更换变形、漏水等状态的汇流箱。 3.2.3　能够更换交流汇流箱断路器、防雷模块等元器件。 3.2.4　能够使用红外热像仪检查交流汇流箱的端子温度，处理局部异常高温等隐藏缺陷
	3.3　箱变维护	3.3.1　能够开展箱变的日常检查，确保箱变外观正常，箱体无腐蚀，环境整洁，操作门能够开启。 3.3.2　能够检查箱体内电压和电流指示情况，判断数显表显示值是否正常。 3.3.3　能够检查变压器温控系统，确认温度显示不超过 125 ℃，散热风机运转正常。 3.3.4　能够检查断路器、防雷模块等元器件工作状态，能够根据相关规程更换损坏的元器件。 3.3.5　能够使用红外热像仪检查端子和开关本体温度，处理局部异常高温等隐藏缺陷

本书主要面向发电企业、电网企业、光伏企业的光伏项目建设、光伏电站运行维护及设备检修、技术管理等部门，由从事光伏发电相关课程教学的高职院校教师和从事大型光伏电站光伏区设备的调试、管理、运行维护及设备检修等工作的技术人员联合编写。全书共分5章，主要内容包括光伏电站运维基础、大型光伏电站的运维管理、大型光伏电站主要设备运维、大型光伏电站的智能运维平台、大型光伏区设备故障排除。

本书具有以下特点：

（1）本书按"课证融通"思路进行编写，既符合光伏工程技术、分布式发电与智能微电网技术等专业教学标准的要求，又覆盖"光伏电站运维"职业技能等级证书（中级）的要求，将专业教学目标和证书目标相互融合，既保证学历培养规格，又能促进就业。

（2）为保证本书的应用性和规范性，书中内容对接"光伏电站运维"职业技能等级（中级）标准、光伏设备检测标准、光伏电站运维标准、光伏电站并网技术要求、光伏发电站接入电力系统技术规定等。

（3）本书中所有案例均来自光伏电站生产实际，实用性强。

（4）本书配套开发了光伏电站虚拟仿真平台，解决了光伏电站不便进行现场操作的问题。

本书由浙江瑞亚能源科技有限公司组织编写，参加编写的人员主要有陕西国防工业职业技术学院邱燕、广西电力职业技术学院蔡景素、浙江瑞亚能源科技有限公司桑宁如、甘肃工业职业技术学院陈浩龙、福建信息职业技术学院卓树峰等。

在本书编写过程中，编者参阅了大量的论著和文献以及互联网上的资料，在此一并向相关作者表示衷心的感谢。

由于编者水平有限，书中疏漏之处在所难免，诚望广大读者提出宝贵意见，以便进一步修改和完善。

编者
2021 年 8 月

目 录

第1章

光伏电站运维基础

知识目标

　　1. 掌握触电的类型及原因，掌握安全用电的组织措施和技术措施，掌握触电的急救方法。
　　2. 掌握光伏电站运维过程中的危险源。
　　3. 掌握光伏电站常用运维仪器仪表、工具、安全用具的使用方法。
　　4. 掌握光伏电站智能运维平台作业安全与防护方法。

能力目标

　　1. 能安全用电。
　　2. 能采取有效的触电急救措施。
　　3. 能识别光伏电站运维过程中的危险源并进行防范。
　　4. 能正确使用钳形数字万用表、绝缘电阻表、接地电阻测试仪、便携式太阳能电池测试仪、电能质量分析仪、红外热像仪、便携式 EL 检测仪，能正确使用电工工具和安全用具。

　　2014—2018 年，全国电力行业累计发生人身伤亡事故 200 余起。其中，因违规违章操作引发的事故占事故总数的 76.89%。作为光伏电站运维岗位的从业人员，需要对分布式电源、带电电气设备进行运行、维护与检修，所以安全用电是光伏电站运维工作中的第一要素。

　　本章主要围绕光伏电站的安全用电展开，重点分析触电原因、安全用电措施、触电急救方法、光伏电站危险源，以及常用运维仪器仪表、工具、安全用具的使用方法，使读者能够掌握安全用电方法、触电急救方法和运维常用工器具的使用方法。

1.1　电力安全基础

1.1.1　触电类型及原因

1. 触电的类型

触电是指人体触及带电体后，电流对人体造成的伤害。人体触电时，电流通过人体，就会产生伤害，按伤害程度不同可分为电击和电伤两种。人体触电的伤害程度与通过人体的电流大小和频率、触电时间长短、触电部位以及触电者的生理素质等情况有关。通常低频电流对人体的伤害甚于高频电流，而电流通过心脏和中枢神经系统则最为危险。当通过人体（心脏）的电流达到 1 mA 时，人就会有感觉，该电流称为感知电流；若达到50 mA，人就会有生命危险；而达到 100 mA 时，只要很短的时间就足以致命。触电时间越长，危害就越大。40~60 Hz 的交流电比其他频率的电流更危险。

（1）电击

电击是指电流通过人体内部，破坏人体内部组织，影响呼吸系统、心脏及神经系统的正常功能，甚至危及生命。电击致伤的部位主要在人体内部，它可以使肌肉抽搐，内部组织损伤，造成发热、发麻、神经麻痹等，严重时将引起昏迷、窒息，甚至心脏停止跳动而死亡。几十毫安的工频电流可使人遭到致命电击。人们通常所说的触电就是指电击，大部分触电死亡事故都是由电击造成的。

按照人体触电的方式和电流通过人体的途径，电击触电有三种情况，如图 1-1 所示。

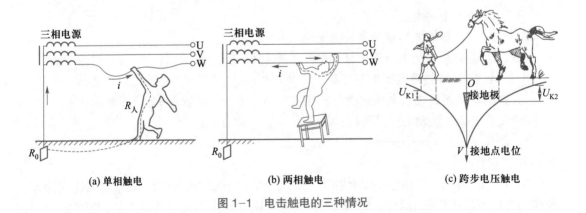

(a) 单相触电　　　　　(b) 两相触电　　　　　(c) 跨步电压触电

图 1-1　电击触电的三种情况

① 单相触电即单线触电，如图 1-1（a）所示，是指人体触及单相带电体的触电事故。此时电流自相线经人体、大地、接地极、中性线形成回路。因现在广泛采用三相四线制供电，且中性线一般都接地，所以发生单相触电的机会最多，此时人体承受的电压是相电压，在低压动力线路中为 220 V。

② 两相触电即双线触电，如图 1-1（b）所示，是指人体同时触及两相带电体的触电

事故。这种情况下人体所受到的电压是线电压，通过人体的电流很大，而且电流的大部分流经心脏，所以比单相触电更危险。

③ 跨步电压触电，如图 1-1（c）所示，是指当带电体接地，有电流流入地下时，电流在接地点周围产生电压降，人在接地处两脚之间出现了跨步电压，由此引起的触电事故。

（2）电伤

电伤是指电流的热效应、化学效应、机械效应及电流本身作用造成的人体伤害。电伤会在人体皮肤表面留下明显的伤痕，常见的有灼伤、烙伤和皮肤金属化等。在触电事故中，电击和电伤常会同时发生。

2. 触电的原因

发生触电事故的常见原因有以下几种：

① 缺乏电气安全知识，触及带电的导线，如用湿手去拔插头。

② 违反操作规程，如在没有任何防护措施的情况下带电作业。

③ 设备不合格，安全距离不够，如大型电器外壳没有接地，没有采取必要的安全措施便在高压线附近进行作业。

④ 设备失修，如高压线落地未及时处理。

⑤ 由于用电设备管理不当，使绝缘损坏，发生漏电，人体碰触漏电设备外壳。

以上无论是主观的原因还是客观的原因引起的触电，都应当提前预防，尽量避免触电事故发生。当然，也有偶然原因，如遭受雷击等。

1.1.2　安全用电措施

电能既能造福于人类，也可能因用电不慎而危害人民的生命和国家的财产安全。因而，在用电过程中必须特别注意电气安全，要防止触电事故，应在思想上高度重视，健全规章制度和完善各种技术措施。

1. 组织措施

① 在电气设备的设计、制造、安装、运行、使用和维护以及专用保护装置的配置等环节中，要严格遵守国家规定的标准和法规。

② 加强安全教育，普及安全用电知识。对从事电气工作的人员，应加强教育、培训和考核，以增强安全意识和防护技能，杜绝违章操作。

③ 建立健全安全规章制度，如安全操作规程、电气安装规程、运行管理规程、维护检修制度等，并在实际工作中严格执行。

2. 技术措施

（1）基本安全措施

① 合理选用导线和熔丝。各种导线和熔丝的额定电流值可以从手册中查得。在选用导线时应使其载流能力大于实际输电电流。熔丝额定电流应与最大实际输电电流相符，切不可用导线或铜丝代替。

② 正确安装和使用电气设备。认真阅读使用说明书，按规程使用、安装电气设备，如严禁带电部分外露、注意保护绝缘层、防止绝缘电阻降低而产生漏电、按规定进行接地保护等。

③ 开关必须接相线。单相电器的开关应接在相线（俗称火线）上，切不可接在中性线上，以便在开关关断状态下维修及更换电器，从而减少触电的可能。

④ 防止跨步电压触电。应远离断落地面的高压线 8~10 m，不得随意触摸高压电气设备。

（2）停电工作中的安全措施

在线路上作业或检修设备，应在停电后进行，并采取下列安全技术措施：

① 切断电源。切断电源必须按照停电操作顺序进行，来自各方面的电源都要断开，保证各电源有一个明显断点。对多回路的线路，要防止从低电压侧反送电。

② 验电。停电检修的设备或线路，必须验明电气设备或线路无电后，才能确认无电，否则应视为有电。验电时，应选用电压等级相符、经试验合格且在试验有效期内的验电器对检修设备的进出线两侧各相分别验电，确认无电后方可工作。

③ 装设临时地线。对于可能送电到检修的设备或线路，以及可能产生感应电压的地方，都要装设临时地线。装设临时地线时，应先接好接地端，在验明电气设备或线路无电后，再接到被检修的设备或线路上，拆除时与之相反。操作人员应戴绝缘手套，穿绝缘靴，人体不能触及临时地线，并有人监护。

④ 悬挂安全标示牌。停电工作时，对一经合闸即能送电到检修设备或线路开关和隔离开关的操作手柄，要在其上面悬挂"禁止合闸，线路有人工作"标示牌，必要时应派专人监护或加锁固定。

（3）带电工作中的安全措施

在一些特殊情况下必须带电工作时，应严格按照下列带电工作的安全规定进行：

① 在低压电气设备或线路上进行带电工作时，应使用合格的、具有带绝缘手柄的工具，穿绝缘靴，戴绝缘手套，并站在干燥的绝缘物体上，同时派专人监护。

② 对工作中可能碰触到的其他带电体及接地物体，应使用绝缘物隔开，防止相间短路和接地短路。

③ 检修带电线路时，应分清相线和地线。断开导线时，应先断开相线，后断开地线。搭接导线时，应先接地线，后接相线；接相线时，应将两个线头搭实后再行缠接，切不可使人体或手指同时接触两根线。

④ 高、低压线同杆架设时，检修人员离高压线的距离要符合安全距离。

（4）电气设备安全措施

此外，对电气设备还应采取下列一些安全措施：

① 电气设备的金属外壳要采取保护接地或接零。

② 安装自动断电装置。

③ 尽可能采用安全电压。

④ 保证电气设备具有良好的绝缘性能。

⑤ 采用电气安全用具。

⑥ 设立屏护装置。

⑦ 保证人或物与带电体的安全距离。

⑧ 定期检查用电设备。

以上安全措施对防止触电事故和保证电气设备安全运行是非常重要的。

1.1.3　触电急救

如果遇到触电情况，要沉着冷静、迅速果断地采取应急措施。针对不同的伤情，采取相应的急救方法，争分夺秒地抢救，直到医护人员到来。

1. 使触电者脱离电源

人在触电后可能由于失去知觉或超过人体的摆脱电流，而自己不能脱离电源，此时抢救者不要惊慌，要在保护自己不触电的情况下使触电者脱离电源，如图 1-2 所示。

(a) 断开电源

(b) 挑开电线

图 1-2　使触电者脱离电源

① 如果接触电器导致触电，应立即断开近处的电源，可就近拔掉插头、断开开关或打开熔断器盒。

② 如果碰到破损的电线而触电，附近又找不到开关，可用干燥的木棒、竹竿等绝缘工具把电线挑开，挑开的电线要放置好，不要再次发生触电。

③ 如一时不能实行上述方法，触电者又趴在电器上，可隔着干燥的衣物将触电者拉开，此时抢救者脚下最好垫有干燥的绝缘物。

④ 在脱离电源过程中，如触电者在高处，要防止其脱离电源后跌伤而造成二次受伤。

⑤ 在使触电者脱离电源的过程中，抢救者要防止自身触电。在没有绝缘防护的情况下，切勿用手直接接触触电者的皮肤。

2. 脱离电源后的判断

触电者脱离电源后，应迅速判断其症状，根据其受电流伤害的程度不同，采用不同的急救方法。

① 判断触电者有无知觉。触电如引起呼吸停止及心室颤动、心脏停搏，要迅速判明，立即进行现场抢救。触电时大脑将发生不可逆的损害，可能导致大脑死亡，因此必须迅速判明触电者有无知觉，以确定是否需要抢救。可以用摇动触电者肩部、呼叫其姓名等方法检查其有无反应，若是没有反应，就有可能呼吸、心搏停止，这时应抓紧抢救。

② 判断触电者呼吸是否停止。将触电者移至干燥、宽敞、通风的地方，将其衣裤放松，使其仰卧，观察其胸部或腹部有无因呼吸而产生的起伏动作，若不明显，可用手或小纸条靠近触电者的鼻孔，观察有无气息流动；或将手放在触电者胸部，感觉有无呼吸动作，若没有，说明呼吸已经停止。

③ 判断触电者心脏是否搏动。用手检查触电者颈部的颈动脉或腹股沟处的股动脉，看有无搏动，如有，说明心脏还在工作。另外，还可用耳朵贴在触电者心脏区附近，倾听有无心脏跳动的声音，若有，也说明心脏还在工作。

④ 判断触电者瞳孔是否放大。瞳孔是受大脑控制的一个自动调节的光圈，如果大脑机能正常，瞳孔可随外界光线的强弱自动调节大小。处于死亡边缘或已死亡的人，由于大脑细胞严重缺氧，大脑中枢失去对瞳孔的调节功能，瞳孔会自行放大，对外界光线强弱不再做出反应。

3. 触电的急救方法

（1）现场急救方法

发生触电时，现场急救的具体方法如下：

① 如果触电者神志清醒，但感到乏力、头昏、心悸、出冷汗，甚至有恶心或呕吐现象，应就地安静休息；情况严重时，小心送往医疗部门，请医护人员检查治疗。

② 如果触电者呼吸、心跳尚在，但神志昏迷，应使触电者仰卧，确保周围的空气流通，并注意保暖。除了要严密观察外，还要做好人工呼吸和心脏按压的准备工作。

③ 经检查后，如果触电者心跳停止，应用胸外心脏按压法来维持血液循环；如果呼吸停止，则应用口对口人工呼吸法来维持气体交换；如果呼吸、心跳全部停止，则需同时进行胸外心脏按压和口对口人工呼吸，同时向医院告急求救。在抢救过程中，任何时刻抢救工作都不能中止，即便在送往医院的途中，也必须继续进行抢救，直到心跳、呼吸恢复。

（2）口对口人工呼吸法

人工呼吸的目的，是用人工的方法来代替肺的呼吸活动，使气体能有节律地进入和排出肺部，供给体内足够的氧气，充分排出二氧化碳，维持正常的通气功能。人工呼吸的方法有很多，目前认为口对口人工呼吸法效果最好，如图1-3所示。

图1-3　口对口人工呼吸法

① 先使触电者仰卧，解开其衣领，松开其紧身衣着，放松其裤带，以免影响呼吸时胸廓的自然扩张。然后将触电者的头偏向一边，张开其嘴，用手指清除其口内的假牙、血块和呕吐物，使呼吸道畅通。

② 抢救者在触电者的一侧，以近其头部的一只手紧捏触电者的鼻子（避免漏气），并用手掌外缘压住其额部，另一只手抬起触电者的下颌，使其头部充分后仰，以解除舌下坠所致的呼吸道梗阻。

③ 抢救者先深吸一口气，然后用嘴完全包住触电者的口部，用力向内吹气，同时观察胸部是否隆起，以确定吹气是否有效和适度。

④ 吹气停止后，抢救者头稍侧转，并立即放松捏紧鼻孔的手，让气体从触电者的肺部排出，此时应注意胸部复原的情况，倾听呼气声，观察有无呼吸道梗阻。

⑤ 如此反复进行，每分钟吹气8~10次。

（3）胸外心脏按压法

胸外心脏按压法是指有节律地以手对心脏按压，用人工的方法代替心脏的自然收缩，从而达到维持血液循环的目的，如图1-4所示。此方法简单易学，效果好，无需设备，易于普及推广。

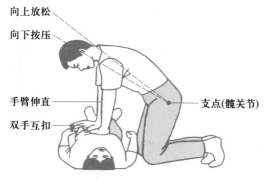

图1-4 胸外心脏按压法

① 使触电者仰卧于硬板上或地上，以保证按压效果。

② 抢救者跪在触电者一侧。

③ 抢救者以一手掌根部按于触电者胸下二分之一处，即中指指尖对准其胸部凹陷的下缘，当胸放置一手掌，另一手压在该手的手背上，肘关节伸直。依靠体重和臂、肩部肌肉的力量，垂直用力，向脊柱方向压迫胸骨下段，使胸骨下段与其相连的肋骨下陷5~6 cm间接压迫心脏，使心脏内血液搏出。

④ 按压后放松（要注意掌根不能离开胸壁），依靠胸廓的弹性使胸复位，此时心脏舒张，大静脉的血液回流到心脏。

⑤ 按照上述步骤连续操作，每分钟需进行100~120次。

实例表明，触电后1 min内急救，有60%~90%的救活可能；触电后1~2 min急救，有45%的救活可能；触电后6 min才进行急救，只有10%~20%的救活可能；时间越长，救活的可能性将越小，但仍有可能。所以触电急救必须分秒必争，在进行触电急救时要同时呼救，请医护人员前来。施行人工呼吸和心脏按压必须坚持不懈，直到触电者苏醒或医护人员前来救治为止。

1.2 光伏电站运维过程中的危险源识别

光伏电站运维是指通过预防性、周期性的维护以及定期的设备设施检测等手段，科学合理地对运行寿命中的光伏电站进行管理，以保障整个系统的安全、稳定、高效运行，保证投资者的收益回报，其中安全保障是运维工作的基础和关键。近年来，随着国内光伏产业的迅猛发展，光伏电站正处于建设的热潮中，光伏电站的建设质量问题、安全问题频频发生，越来越多的光伏电站面临运维的难题，科学、可靠的光伏运维方案也成为目前业内研究的一个热点。设计缺陷、设备质量缺陷、施工不规范等问题不仅给光伏电站带来发电量损失，也加大了运维工作的难度，并且使运维工作本身存在更大的安全风险，如果运维过程中操作不当，同样会导致人员伤亡和重大财产损失。

光伏电站的运维工作中存在多种风险，按照不同的运维工作过程，可从光伏电站的正常运行过程、巡视及光伏组件清洗过程、检修过程、极端天气和突发情况等方面进行危险源识别。

1.2.1 正常运行过程中存在的危险源识别

若光伏电站设计合理、施工规范、设施设备质量合格,则在其正常运行过程中的安全风险比较小,但正常运行的光伏电站也有存在的危险源。

1. 光伏组件钢化玻璃自爆

晶体硅光伏组件的正面一般使用钢化玻璃(部分光伏组件双面都是钢化玻璃),钢化玻璃在储存、运输、使用过程中无直接外力作用下可能发生自动炸裂,即自爆现象,大部分钢化玻璃产品的自爆率为0.3%~3%。光伏组件使用的钢化玻璃在运行中自爆会导致光伏组件丧失机械完整性和密封性,水汽一旦侵入光伏组件内部,很容易导致光伏组件漏电。自爆的光伏组件遇到下雨或者潮湿天气则更危险,存在很大的安全隐患,必须更换。

2. 光伏组件的热斑效应及自燃现象

在一定的条件下,光伏组件中的缺陷区域会成为负载,消耗其他区域所产生的能量,导致局部过热,这种现象称为热斑效应。高温下严重的热斑会导致光伏组件局部烧毁、焊点熔化、栅线毁坏、封装材料老化等,造成永久性损坏。局部过热还可能导致玻璃破裂、背板烧穿,甚至发生光伏组件自燃,导致发生火灾等情况。热斑造成的光伏组件损坏如图1-5所示。

图1-5 热斑造成的光伏组件损坏

光伏组件的热斑效应是造成自燃的最重要原因,除此之外,雷击、接线盒问题、连接器虚接也都有可能导致自燃。发生自燃的光伏组件如图1-6所示。

3. 线缆的虚接、老化

线缆是光伏系统的重要组成部分,也是容易破损的材料,不规范的施工可能带来很大的安全隐患。常见的问题主要有:光伏组件、汇流箱、逆变器等电气设备的电缆接头连接不牢,虚接将导致设备运行时接触点的电阻很大,设备异常发

图1-6 发生自燃的光伏组件

热，存在自燃危险，如图1-7（a）所示；电缆在施工过程中不慎被扎破，如果破损部位与金属部件接触，将导致正极或者负极接地，造成人员触电，如图1-7（b）所示；光伏组件的电缆未收纳进背板下或者未走线槽，直接在阳光下暴晒，将使电缆表面的绝缘材料很容易老化，绝缘等级降低，如图1-7（c）所示；电缆泡在水中或者潮湿的环境下，绝缘等级也容易降低，如图1-7（d）所示。

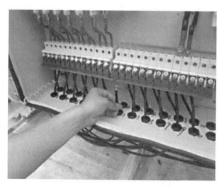
(a) 汇流箱内电缆虚接

(b) 线槽内电缆破损

(c) 线缆杂乱与暴晒

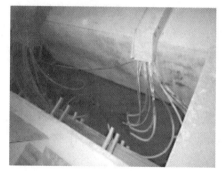
(d) 电缆泡水

图1-7 施工造成的线缆质量问题

4. 电气设备进水或者异物

室外使用的电气设备必须具有良好的密封性和IP防护等级，但部分设备由于本身质量不合格或者安装方式不合理，容易进入水汽或者异物。比如早年建设的极个别项目使用了无边框的光伏组件，边缘的密封性极差，水汽直接进入组件内部，如图1-8（a）所示；

(a) 光伏组件进水

(b) 汇流箱进水

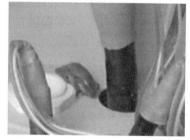
(c) 动物进入汇流箱

图1-8 进水或者异物的电气设备

部分彩钢瓦屋顶的光伏电站将汇流箱沿着屋顶坡面安装，下雨时水很容易进入箱体，如图 1-8（b）所示；有些汇流箱由于密封性不好，会进入青蛙等小动物，如图 1-8（c）所示。这些情况很容易造成光伏组件、汇流箱内部短路。

1.2.2　巡视及光伏组件清洗过程中存在的危险源识别

1. 巡视过程中存在的危险源识别

（1）登高巡视危险源识别

登高是分布式光伏电站运维过程中经常需要面临的情况，很多屋顶电站需要通过爬梯到达电站现场，这些爬梯的高度往往超过 2 m，即属于高处作业。然而大部分爬梯都没有按照高处作业的要求设置休息平台，部分直爬梯甚至没有任何护栏，运维人员在上下爬梯时稍有不慎，容易失足坠落，安全隐患极大。除了爬梯外，屋顶的边缘也是很容易发生坠落的地方。大部分水泥屋顶的边缘都建有防护墙，而彩钢瓦屋顶则往往没有，且早期建设的很多彩钢瓦屋顶电站都未在边缘安装防护栏杆，运维人员在靠近边缘行走时容易失足。为了增加装机容量，部分项目在屋顶靠近边缘的位置也安装了组件、汇流箱等设备，在这些位置进行巡视和临边作业时都具有很大的危险，安全风险极大。此外，为了节省照明成本，很多彩钢瓦屋顶都建有塑料采光带，这些采光带承重能力很弱，如果上面不设人行走的通道，又没有醒目的警示标识，人在屋顶行走时不慎踏在采光带上，就可能发生坠落。

（2）高温及恶劣天气巡视危险源识别

光伏电站的巡视工作经常需要在阳光很强的天气下进行，运维人员长时间在高温工作环境下进行高空、高强度的作业，可能发生中暑或者其他身体不适，必须及时进行有效救护。

（3）恶劣环境巡视危险源识别

部分分布式光伏电站建设在排放废气的厂房屋顶，为了保证光伏系统的安全性和发电量，在这种恶劣的现场又需要加大日常巡视的频率，因此巡视时运维人员要注意自身的防护，必要时应佩戴防毒面具。对于一些在危险场合建设的光伏电站，还要警惕潜在的风险。比如某屋顶光伏电站，下面是一个木工房，逆变器、交流配电柜等电气设备直接安装在木工房内，而这些设备的 IP 防护等级较低，导致设备内的元器件、线缆表面蒙上一层木屑，存在很大的风险。

（4）夜间巡视危险源识别

夜间巡视时应注意保证足够的照明，特别是彩钢瓦屋顶的边缘和采光带附近，如有不慎可能发生坠落。

2. 光伏组件清洗过程中存在的危险源识别

灰尘遮挡是影响光伏电站发电量的重要因素，因此光伏组件清洗是日常运维的一项重点工作，但运维人员往往容易忽视清洗过程中的触电风险。破裂的光伏组件、绝缘失效的电缆、密封性差的汇流箱等电气设备都有可能在清洗过程中进水漏电，使清洗人员触电。彩钢瓦屋顶的漏电甚至可能导致整个屋顶导电，造成更严重的后果。此外，在光伏组件表面温度高的中午清洗还有可能因为温度急剧变化导致光伏组件炸裂。

1.2.3　检修过程中存在的危险源识别

1. 拉弧

在光伏电站的运维过程中经常需要对部分设备进行检修，部分破损的设备可能需要更换，在检修和施工过程中对设备的不当操作很容易导致意外发生，最常见的风险是直流拉弧。由于直流电没有自动灭弧的功能，当工作状态的线路直接断开时就容易拉弧，这在组串式逆变器、直流汇流箱、光伏组串的开关和连接线处都可能发生。一旦发生拉弧，轻者将使接头、熔断器烧毁，重者甚至会引起火灾。不规范的施工也可能给运维人员的检修工作带来很大的风险，如某光伏电站由于光伏组串接入直流汇流箱时正负极接反，运维人员在合闸后内部发生短路并引起火灾，整个汇流箱烧毁。

2. 触电

在检修过程中很多情况下都可能发生触电，无电工证的人员作业、带电操作、未佩戴防护用具操作、设备漏电保护失效、线缆破损、环境湿度高等，都可能增大触电的风险。

1.2.4　极端天气和突发情况下存在的危险源识别

按自然因素和人为因素分，光伏电站在全寿命周期内可能遇到极端天气和突发情况，会给运维工作带来很大的危险，一方面使施工质量良莠不齐的光伏电站面临很大的挑战，另一方面也考验着运维团队在灾前的防控能力和灾后的处理能力。

1. 自然因素

台风、暴雨、冰雹、雷击、地震等各种极端天气和自然灾害会给光伏电站带来很大冲击，如广东、海南等地每年均遭受台风的侵袭，光伏组件被卷走、支架被吹翻、光伏组件方阵被水浸泡等事故屡见不鲜，有些抗风等级不够的屋顶甚至会被吹塌。

2. 人为因素

光伏电站还可能遭受人为突发事件的影响，如佛山某地一个机械厂的屋顶电站，因为工厂的工人违规操作导致厂房突然发生爆炸，连累屋顶的光伏组件方阵和线缆、地面的逆变器受到大面积的严重损坏。由于光伏发电的特性，在白天无法人为切断光生电能，因此事后运维人员的灾后处理存在很大的风险。

光伏电站的安全可靠运行是运维工作的关键，而运维过程本身也存在着众多容易被忽视的安全隐患，运维人员在工作过程中经常面临人身财产安全受到伤害的风险。分布式光伏发电作为一个快速发展中的行业，在设计、施工、设备质量控制等各个环节都容易发生漏洞，运维工作应该多管齐下，加强管理，防患于未然，才能减少工作中的安全风险。

1.3　光伏电站运维常用工器具的使用

1.3.1　常用运维仪器仪表的使用

1. 钳形数字万用表

钳形表最初是用来测量交流电流的，其内部主要由电流互感器和电流表组合而成。电流互感器的铁芯在捏紧扳手时可以张开；被测电流所通过的导线不必切断就可以穿过铁芯张开的缺口，当放开扳手后铁芯闭合。穿过铁芯的被测电路导线成为电流互感器的一次绕组，其中通过的电流便在二次绕组中感应出电流，从而使与二次绕组连接的电流表指示出被测电路的电流。现在的钳形表也有万用表的功能，称为钳形数字万用表，如图 1-9 所示，可以测量交直流电压、交直流电流、电容、电阻等。

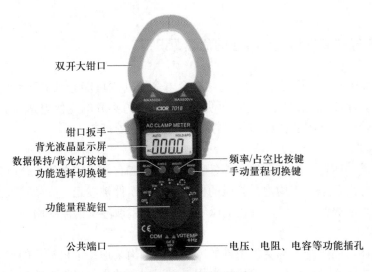

图 1-9　钳形数字万用表

（1）光伏电站检测对钳形数字万用表的要求

要能检测光伏系统的电流（交直流）、电压（交直流）、电阻、功率和温度等参数。对于分布式家用光伏系统，要能检测 600 V 直流电压；对于商用光伏系统，要能检测 1 000 V 直流电压。

（2）使用注意事项

① 使用前应熟悉钳形数字万用表的各项功能，根据被测量的对象，正确选用挡位、量程及表笔插孔。

② 在测量某电路电阻时，必须切断被测电路的电源，不得带电测量。

③ 使用钳形数字万用表进行测量时，要注意人身和仪表设备的安全，测试中不得用手触摸表笔的金属部分，不允许带电切换挡位开关，以确保测量准确，避免发生触电和烧

毁仪表等事故。

（3）电压、电流、电阻、温度的测量

① 直流电压的测量。首先将黑表笔插进"COM"孔，红表笔插进"VΩ"孔；把功能量程旋钮置于直流电压挡；把两只表笔接电源两端，即可测量直流电压大小。如果在数值左边出现"−"，则表明表笔极性与实际电源极性相反，此时红表笔接的是负极。

② 交流电压的测量。测量方法同直流电压的测量，不过应该将功能量程旋钮置于交流电压挡"V～"。

③ 电流的测量。先选择电流测量挡位，按动钳口扳手，打开钳口，放入被测电流所通过的导线，再松开钳口扳手，即可测量导线电流。

④ 电阻的测量。将表笔插进"COM"和"VΩ"孔，把功能量程旋钮置于"Ω"挡，将表笔接在所测电路或器件的两端，即可测量电阻。

⑤ 温度的测量。把功能量程旋钮置于"℃/℉"挡位，令温度传感器接触被测物体，即可测量温度。光伏电站中，一般电缆比环境温度高 5~10 ℃，电缆接头比环境温度高 10~20 ℃，逆变器外壳比环境温度高 10~20 ℃，逆变器散热器比环境温度高 10~30 ℃，电气开关比环境温度高 15~20 ℃，如果超过较多，就说明有故障。

2. 绝缘电阻表

（1）功能简介

绝缘电阻表又称兆欧表、摇表、梅格表，是用于测量最大电阻、绝缘电阻、吸收比以及极化指数的专用仪表。绝缘电阻表实物外观如图 1-10 所示，主要由三部分组成：第一部分是高压发生器，用于产生直流电压；第二部分是测量回路；第三部分是显示部分。可以把绝缘电阻表看成一个磁电式流比计加一只手摇发电机。发电机是绝缘电阻表的电源，可以采用直流发电机，也可以将交流发电机与整流装置配用。直流发电机的容量很小，但电压很高（100~5 000 V）。磁电式流比计是绝缘电阻表的测量机构，由固定的永久磁铁和可在磁场中转动的两个线圈组成。当用手摇动发电机时，两个线圈中同时有电流通过，在两个线圈上产生方向相反的转矩，表针就随着两个转矩的合成转矩的大小而偏转某一角度，这个偏转角度取决于上述两个线圈中电流的比值。由于附加电阻的阻值不变，所以电流值仅取决于待测电阻阻值的大小。

图 1-10　绝缘电阻表
实物外观

（2）使用方法

① 准备工作。绝缘电阻表在工作时，自身产生高电压，而测量对象又是电气设备，所以必须正确使用，否则会造成人身或设备事故。使用前，首先要做好以下各种准备工作：

a. 测量前必须将被测设备电源切断，对地短路放电，决不允许设备带电进行测量，以保证人身和设备的安全。

b. 对可能感应出高压电的设备，必须消除这种可能性后，再进行测量。

c. 被测物表面应去掉绝缘层，减少接触电阻，确保测量结果的正确性。

d. 测量前要检查绝缘电阻表是否处于正常工作状态。

e. 绝缘电阻表使用时应放在平稳、牢固的地方，且远离大的外电流导体和外磁场。

f. 测量时应注意绝缘电阻表的正确接线，否则将引起不必要的误差甚至错误。

② 使用注意事项：

a. 测量前应使绝缘电阻表保持水平位置，切断被测电器及回路的电源，并对相关元件进行临时接地放电，以保证人身与绝缘电阻表的安全和测量结果准确。

b. 测量时必须正确接线。绝缘电阻表共有 3 个接线端（L、E、G）。测量回路的对地电阻时，L 端与回路的裸露导体连接，E 端连接接地线或金属外壳。测量回路的绝缘电阻时，回路的首端与尾端分别与 L、E 端连接。测量电缆的绝缘电阻时，为防止电缆表面泄漏电流对测量精度产生影响，应将电缆的屏蔽层接至 G 端。

c. 绝缘电阻表接线柱引出的测量线应选用绝缘良好的单股导线，两根导线之间和导线与地之间应保持适当距离，以免影响测量精度。

d. 正确选用合适的绝缘电阻表进行测量，测量高电压设备的绝缘电阻时应选用高电压绝缘电阻表，反之则选用低电压绝缘电阻表。

e. 在进行测量时，不能用手接触绝缘电阻表的接线柱和被测回路，以防触电。

f. 测量时，各接线柱之间不能短接，以免损坏。

③ 使用步骤：

a. 使用前先检查绝缘电阻表本身是否漏电。具体方法是：检查地线、线路两端短接和开路时指针是否指零和无穷大。

b. 测量电机等一般电器时，绝缘电阻表的 L 端与被测元件（例如绕组）相接，E 端与机壳相接。测量电缆时，除上述规定外，还应将绝缘电阻表的 G 端与被测电缆的护套连接。

c. 摇动绝缘电阻表手柄进行测量并读数。手柄的转速应由慢至快，最终达到并稳定在 $100 \sim 140$ r/min，待指针稳定后再读数。

d. 测量之后，先用导体对被测元件（如绕组）与机壳之间放电，再拆下测量线。直接拆线有可能被储存的电荷电击。

3. 接地电阻测试仪

（1）功能简介

接地电阻测试仪主要用于测量各种电力设施配线、电气设备、防雷设备等接地装置的接地电阻值，此外还可以测量接地电压。

下面以 UT521 型接地电阻测试仪为例说明其使用，如图 1-11 所示。

（2）精确测量（用标准测试线测量）

① 精确测量接线如图 1-12 所示。图中，C 为辅助电极，P 为电位电极，E 为被测接地端。将 P 和 C 接地钉打到地深处，令其和待测地设备排列成一行（直线），且彼此间隔 $5 \sim 10$ m 远。

② 接地电压测试。将功能选择开关置于接地电压挡，LCD 将显示接地电压测试状态；将测试线插入 V 端和 E 端（其他测试端不要插测试线），再接上待测点，LCD 将显示接地电压的测量值。若测量值大于 10 V，则要将相关电气设备关闭，待接地电压降低后再进行接地电阻测试，否则会影响接地电阻的测试精度。注意：接地电压测试仅在 V 端和 E 端进行，C 端和 P 端的连接线一定要断开，否则可能会导致危险或使仪

测试端口

LCD显示屏

LIGHT/LOAD键

HOLD/SAVE键

测量(TEST)键

功能选择开关

图 1-11　UT521 型接地电阻测试仪

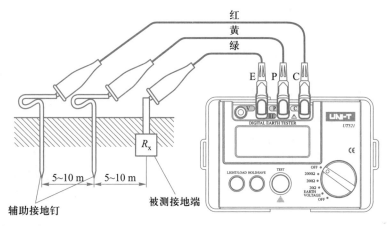

红
黄
绿

E　P　C

5~10 m　5~10 m

R_x

辅助接地钉

被测接地端

图 1-12　精确测量接线

器损坏。

③ 接地电阻测试。将功能选择开关置于接地电阻 2 000 Ω 挡（最大挡），按测量（TEST）键进行测试，LCD 将显示接地电阻值。若所测电阻值小于 200 Ω，则将功能选择开关置于接地电阻 200 Ω 挡；若所测电阻值小于 20 Ω，则将功能选择开关置于接地电阻 20 Ω 挡；也可以按照其他的选挡顺序进行测量，一定要选择最佳的测量挡位去测量才能使所测的值最准。

按测量（TEST）键时，按键上的状态指示灯会点亮，表示仪器正处于测试状态中。

（3）简易测量（用所配简易测试线测量）

当不方便使用辅助接地钉时，可将一个外露的低接地电阻物体作为一个电极，如金属水槽、水管、供电线路公共地、建筑物接地端等。简易测量接线如图 1-13 所示，采用此方法时，实际上短接了 P 端和 C 端。

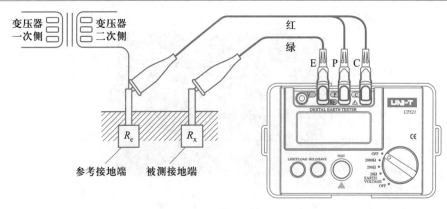

图 1-13　简易测量接线

4. 便携式太阳能电池测试仪

（1）功能简介

便携式太阳能电池测试仪是光伏电站进行定期维护的一种专用仪器，主要用于测试光伏组件的伏安特性。图 1-14 所示为 AV6591 型便携式太阳能电池测试仪，它的测试电压可达到 1 000 V，测试电流可达到 12 A，能够测试高达 10 kW（含填充因子）的光伏组件方阵，可以测试光伏组件（方阵）的 I-V 曲线、P-V 曲线、短路电流、开路电压、最大功率、最大功率点电压/电流、定电压点电流、填充因子、转换效率、串联电阻、并联电阻、光伏组件温度、环境温度、辐照度等参数。

图 1-14　AV6591 型便携式太阳能电池测试仪

（2）使用方法

① 开关机。AV6591 型便携式太阳能电池测试仪主机开机的步骤如下：

a. 测试仪开机前不要接入被测光伏组件。

b. 按住主机前面板左下角的电源键 5 s 左右，等待出现显示后松开按键。然后按住探头前面板右下角的电源键 3 s 左右，等待面板上指示灯亮就可以松开按键。

c. 开机后蓝牙指示灯会进入慢闪状态，有匹配的探头开机会在慢闪后十几秒内建立无线连接，指示灯快闪，主机会在 20 s 左右进入通信状态。

② 测试系统安装：

a. 探头盒的安装。先将温度探头接入探头盒上对应插座，将探头盒放入探头盒支架中，将支架紧贴在光伏组件边框上，将前端的吸盘紧贴光伏组件背面压紧，再将吸盘的扳手压下，使支架紧固在光伏组件上，确保探头盒的标准太阳能电池表面和光伏组件的表面平行。然后将方形的温度探头放入温度探头夹具的夹持仓，将温度探头紧贴光伏组件背面，并将温度探头夹具的吸盘紧固在光伏组件上，确保温度探头能够紧贴光伏组件测试温度。最后打开探头盒电源。

b. 主机与测试线缆的连接。在测试时，测试仪主机需要连接测试线缆与测试夹具。测试前将测试线缆一端的香蕉头插座按对应的颜色插入测试仪的测试端子，另一端可以根据情况连接鳄鱼钳或转接线缆。具体的连接方法如图 1-15 所示。

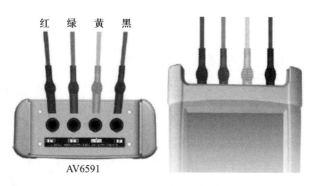

红 绿 黄 黑

AV6591

图 1-15 主机与测试线缆的连接方法

③ 开始测试。光伏电站中光伏组件（组串）测试示意图如图 1-16 所示。

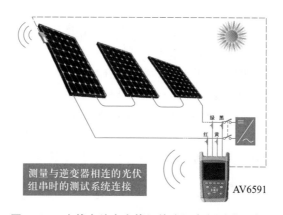

绿 黑
红 黄

测量与逆变器相连的光伏
组串时的测试系统连接

AV6591

图 1-16 光伏电站中光伏组件（组串）测试示意图

a. 选择合适的校准模型。校准模型中的校准参数对测试的正常进行以及转换 STC（标准测试条件）最大功率准确度指标有较大影响，必须严格按照光伏组件的参数及光伏组件方阵的组成方式进行设置。

b. 设置探头。根据不同的测试条件选择探头的状态。在探头连接有故障或不需要探头时，可以选择手动设置方式来获取辐照度和光伏组件温度。当利用太阳模拟器进行辐照度测试时，可以选中"太阳模拟器辐照度"复选框，进行模拟器的辐照度测试。必须选择一种探头数据获取方式并得到可靠的测试数据后，才能在测试界面选择 STC 转换。探头校准只有在用于计量校准或其他特殊情况下需要进行设置，正常操作时保持其原始 0 值不变即可。端口设置可以根据用户需求以及实际的连接方式进行，默认为蓝牙无线通信连接探头盒与测试仪主机。

c. 启动测试。点击"测试"按钮，可测试出当前环境条件下，被测光伏组件的 I-V 数据，测试完毕，将在曲线界面显示当前环境下被测光伏组件的 I-V 曲线和 P-V 曲线。

d. 测试结果分析。若测试曲线较为平滑，说明测试系统的连接及测试环境比较正常，此时可以选中 STC 复选框，将测试结果转换到 STC 环境下，可以在曲线界面查看转换后的结果，也可以在表格界面查看测试结果。

5. 电能质量分析仪

（1）功能简介

电能质量分析仪是对电网运行质量进行检测及分析的专用便携式产品，如图 1-17 所示。它可以提供电力运行中的谐波分析及功率品质分析，能够对电网运行进行长时间的数据采集监测，同时配备电能质量数据分析软件，可对上传至计算机的测量数据进行各种分析。电能质量分析仪主要由测量变换模块、模数转换模块、数据处理模块、数据管理模块以及外围模块五部分组成。其中，测量变换模块由电压互感器、电流互感器以及信号调理电路组成；数据处理模块包含 DSP 以及外部存储器 SDRAM 与 Flash；外围模块由显示、存储以及通信子模块组成。

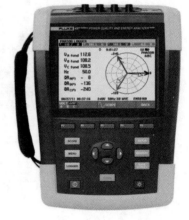

图 1-17　电能质量分析仪

（2）使用方法

电能质量分析仪（以 Fluke 434 型为例）与三相配电系统的连接如图 1-18 所示，连接方法如下：

① 进行电流钳连接。将电流钳夹放置在 A（L1）、B（L2）、C（L3）和 N（中性线）相的导线上，并确保电流钳夹牢固，完全夹钳在导线四周。

② 进行电压钳连接。先从接地（GND）连接开始，然后依次连接 N、A（L1）、B（L2）和 C（L3）相。

③ 对于单相测量，电流钳分别连接到 A（L1）、N 相的导线上，电压钳分别连接到 GND、N、A（L1）相的导线上。

④ A（L1）相是所有测量的基准相位。

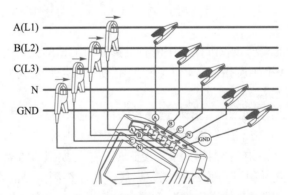

图 1-18　电能质量分析仪与三相配电系统的连接

（3）三相不平衡测量

电能质量分析仪在光伏电站中主要用于测量三相不平衡、谐波，直流分量等。其中，三相不平衡显示电压和电流之间的相位关系，测量结果以基频成分（60 Hz 或 50 Hz，使用对称分量法）为基础。在三相电力系统中，电压之间的相移及电流之间的相移应接近

120°。测量结果可以在不平衡计量屏幕、不平衡趋势图屏幕及不平衡相量屏幕中查看。

① 不平衡计量屏幕。按 MENU 键打开电能质量分析仪主菜单（MENU），通过上下箭头键选择"不平衡"选项后确认，如图 1-19（a）所示，即可打开不平衡计量屏幕。

不平衡计量屏幕中显示所有相关参数，包括负电压不平衡百分比、零序电压不平衡百分比（四线制系统中）、负电流不平衡百分比、零序电流不平衡百分比（四线制系统中）、基相电压、频率、基相电流、中性点电压之间相对于基准相 A（L1）的角度以及各相位电压和电流之间的角度，如图 1-19（b）所示。

(a) 选择"不平衡"选项

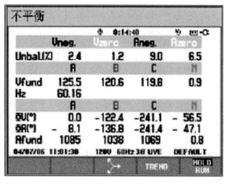

(b) 不平衡参数

图 1-19　不平衡计量屏幕

② 不平衡趋势图屏幕。按 F4 键打开不平衡趋势图屏幕，如图 1-20（a）所示。不平衡趋势图屏幕中的数字是持续更新的即时值。任何时候，只要测量在进行，这些值相对于时间的变化都会被记录下来。不平衡趋势图屏幕中的所有数值都会被记录下来，但屏幕中每一行的趋势图（Trend）每次只能显示一个。

③ 不平衡相量屏幕。按 F3 键打开不平衡相量屏幕，如图 1-20（b）所示，在以 30° 为单位分割的矢量图中显示电源和电流的相位关系。基准通道 A（L1）的矢量指向水平正方向。其他矢量的方向表示其与基准通道 A（L1）的相位差，逆时针为正。不平衡相量屏幕中还给出其他数值，如负序电压或电流不平衡百分比、零序电压或电流不平衡百分比、

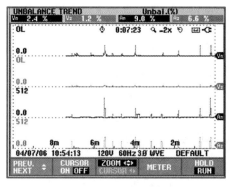

(a) 不平衡趋势图屏幕

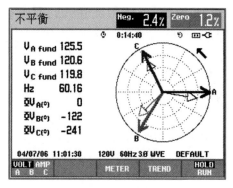

(b) 不平衡相量屏幕

图 1-20　不平衡趋势图屏幕和不平衡相量屏幕

基相电压或电流、频率、相角。利用 F1 键可以选择所有相位电压、相位电流或各相中电压和电流的读数。

（4）谐波测量

谐波电流（电压）是频率为基波电流（电压）频率整数倍的各正弦分量的统称。谐波测量可以用基波的百分比或所有组合谐波的百分比的形式进行表示。测量结果可以在谐波条形图屏幕、谐波计量屏幕及谐波趋势图屏幕中查看。

① 谐波条形图屏幕。按 MENU 键打开电能质量分析仪主菜单（MENU），通过上下箭头键选择"谐波"选项后确认，如图 1-21（a）所示，即可打开谐波条形图屏幕。

谐波条形图屏幕中会显示其他整数倍基波频率分量与基波频率（满信号）的百分比，如图 1-21（b）所示。无失真的信号应显示一次谐波（即基波）为 100%，而其他谐波为零。但实际不会出现这种情况，因为任何电能都存在一定的谐波分量。

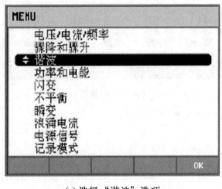
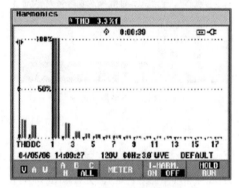

(a) 选择"谐波"选项　　　　　　　　　　(b) 条形图

图 1-21　谐波条形图屏幕

失真用总谐波失真（THD）表示。谐波条形图屏幕中还可以显示直流（DC）分量和 K 系数的百分比。K 系数用于量化变压器由于谐波电流造成的潜在损耗。高次谐波对 K 系数的影响要大于低次谐波。

② 谐波计量屏幕。按 F3 键打开谐波计量屏幕，如图 1-22（a）所示。谐波计量屏幕中每个相位显示 8 个测量值。可以使用设置（SETUP）键对功能参数选择（FUNCTION PREF）进行设置，选择屏幕上显示的内容。

③ 谐波趋势图屏幕。按 F4 键打开谐波趋势图屏幕，如图 1-22（b）所示。谐波趋势图屏幕显示谐波随时间的变化曲线。光标（CURSOR）和缩放（ZOOM）可用于查看详细内容。谐波趋势图屏幕中的所有数值都会被记录下来，但屏幕中每一行的趋势图（Trend）每次只能显示一个。可以使用设置（SETUP）键对功能参数选择（FUNCTION PREF）进行设置，可以选择以基波电压的百分比或总谐波电压的百分比来显示谐波分量。

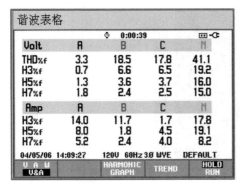

(a) 谐波计量屏幕

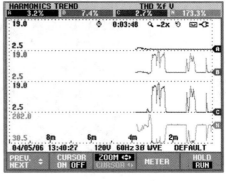

(b) 谐波趋势图屏幕

图 1-22　谐波计量屏幕和谐波趋势图屏幕

6. 红外热像仪

（1）工作原理

红外热像仪可以利用红外探测器和光学成像物镜接受被测目标的红外辐射能量分布图形，并将其反映到红外探测器的光敏元件上，从而获得红外热像图，这种热像图与物体表面的热分布场相对应。通俗地讲，红外热像仪可用于将物体发出的不可见红外能量转变为可见的热图像，热图像上面的不同颜色代表被测物体不同部位的不同温度。可以根据温度的微小差异来找出温度的异常点，从而指导物体的维护工作。红外热像仪的实物如图 1-23 所示。

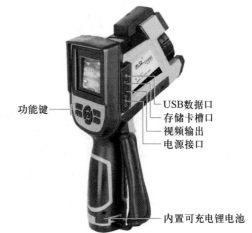

功能键

USB数据口
存储卡槽口
视频输出
电源接口

内置可充电锂电池

图 1-23　红外热像仪实物

（2）使用方法

① 对准，将红外热像仪对准目标物体。

② 对焦，旋转焦距控件进行对焦，使 LCD 上显示的图像最为清晰。

③ 拍摄，红外热像仪显示捕获的图像和一个菜单。要取消图像存储并返回实时查看，可扣动并释放扳机。

（3）检测光伏组件

光伏组件发电电流大小、自身电阻消耗以及是否损坏或者老化程度，都能通过红外热像仪对单块光伏组件的热像分析得到。红外扫描应重点发现光伏组件热斑，以及有问题的旁路二极管、接线盒、焊带、连接器等。

红外热像仪还可以给光伏组件建立热像图谱库。通过测试同种品牌产品在不同状态下的损坏情况，对比光伏组件热像，可以指定热像图谱标准，便于在对光伏组件的维护和故障诊断中快速找出故障原因。

用红外热像仪检测某光伏组件时的显示界面如图 1-24 所示（扫描二维码可查看彩色图片，下同）。

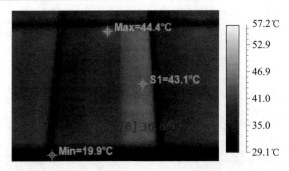

图 1-24　用红外热像仪检测某光伏组件时的显示界面

（4）检测汇流箱

光伏电站运维工作中一般通过对汇流箱每个支路的电流大小进行测试，来检查各支路的发电情况和效率的高低。由于支路数目多，汇流箱内部接线紧凑，进行测量时又必须保证一定光照强度下的快速测量，所以操作非常麻烦。

用红外热像仪对汇流箱进行红外成像，各支路因发电电流的大小而产生的热量差异能直观地在热像中体现出来。通过红外热像仪，不需要用电流表进行测量就能判断支路是否有电流。与此同时，红外热像仪还能检测汇流箱中的断路器、熔断器、内部线路的运行情况，通过对比能够快速预判元器件的工作状态以及可能会产生的故障。

图 1-25、图 1-26 所示为汇流箱内支路电流以及熔断器和线缆连接的红外成像图。

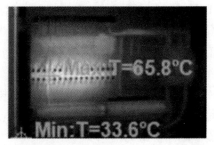

图 1-25　支路电流红外成像图

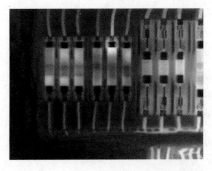
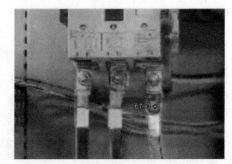

图 1-26　熔断器和线缆连接红外成像图

（5）检测高压变电站元器件

高压变电站中的各个元器件和设备处于高压运行，电压高，危险大，安全性要求高，用红外热像仪可快速、安全检测高压变电站元器件工作状况。图 1-27 所示为高压变电站元器件红外成像图。

图 1-27 高压变电站元器件红外成像图

在光伏电站的运维工作中引进红外热像仪检测技术，可对发电站的常规巡检、故障诊断、故障提前预防以及光伏电站发电效率的分析起很大的帮助，将会促进运维制度的改革，大幅减少运维工作成本。在光伏电站的运维工作中引进红外热像仪检测技术标志着光伏电站从粗放建设管理的阶段进入了对电站细节高要求、高精度、高标准的运营阶段。

7. 便携式 EL 检测仪

光伏组件的内部缺陷严重影响光伏组件的使用寿命和长期发电效率，甚至会引起现场火灾，有缺陷的光伏组件会对业主方造成严重的经济损失。便携式 EL（电致发光）检测仪可用于检测光伏组件的隐裂、碎片、虚焊、黑片、断栅及混档等各类缺陷。

（1）工作原理

便携式 EL 检测仪利用光生伏特效应的逆过程，通过对光伏组件通入一定的正向电流使其发光即电致发光，利用成像系统将信号发送到计算机软件，经过处理后将光伏组件的 EL 图像显示在屏幕上。光伏组件电致发光的亮度正比于电子扩散长度。图 1-28 所示为 LX-G20 型便携式 EL 检测仪。

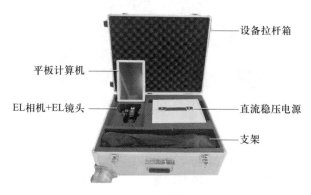

图 1-28 LX-G20 型便携式 EL 检测仪

（2）使用方法

① 相机连接及设置：

a. 将电池插入相机电池仓，将 Wi-Fi 内存卡插入相机安装卡槽，如图 1-29 所示。

图 1-29　安装电池和内存卡

b. 按图 1-30 所示方式设置相机外部参数。

取下镜头盖

光圈至屏幕F3.5

镜头拨挡选择A

电源开关置于ON

拨盘选择M

图 1-30　设置相机外部参数

c. 连接手持式控制器和相机，如图 1-31 所示。

图 1-31　连接手持式控制器和相机

② 测试支架连接：

a. 如图 1-32 所示，将相机底部与支架上的连接块连接，并将螺钉旋紧，将成像系统与支架系统进行连接，支架的三个支脚可以加长，相机角度可以通过支架上的手动云台进行调整。

图 1-32 相机与支架相连

b. 将连接好的系统放置在被测光伏组件的前方,相机距离光伏组件 1.5~2 m,以能获取光伏组件整体图片为最佳,如图 1-33 所示。

图 1-33 光伏组件成像

③ 直流稳压电源。便携式 EL 检测仪配套用直流稳压电源如图 1-34 所示。

图 1-34 直流稳压电源

a. 电源开关键用于启动 / 关闭电源。

b. 通过旋转电压调节旋钮 / 电流调节旋钮来调节电源的输出电压 / 电流,左侧旋钮为参数细调节,右侧旋钮为参数粗调节;通过电压显示屏 / 电流显示屏显示相应输出参数,当没有负载接入时,电压显示屏只显示当前输出电压,电流显示屏显示输出电流为 0。

c. 220 V 输入端可以通过电源线直接连接市电或连接移动电源。

d. 电源输出正极连接光伏组件正极，电源输出负极连接光伏组件负极。

④ 电源的连接和使用。电源与光伏组件的连接如图 1−35 所示。

图 1−35 电源与光伏组件的连接

a. 用电源连接线将直流稳压电源和 220 V 市电相连。

b. 将连接线一端的红色插头与电源输出正极进行连接，蓝色插头与电源输出负极进行连接。

c. 将连接线另一端的 MC4 插头与光伏组件的 MC4 插头进行连接。

d. 按下红色电源开关，启动电源。此电源为恒流源，光伏组件测试参考电流为：单晶 5~6 A，多晶 6~8 A，一般不超过光伏组件的短路电流。

⑤ 光伏组件 EL 检测：

a. 仓库内或者室内检测。白天，如无强烈太阳光照射，可直接将红外相机放置在支架上，对着光伏组件进行内部缺陷检测；如有强烈太阳光照射，则需要搭建防红外暗室，将光伏组件移至暗室内进行检测。夜晚，直接将红外相机放置在支架上进行检测，无需暗室。

b. 电站现场检测。白天，在阳光下检测时需搭建防红外暗室，将光伏组件移至暗室内进行内部缺陷检测。夜晚，直接将红外相机放置在支架上进行检测，设备自带移动电源以便户外上电使用。

⑥ 软件的操作和使用：

a. 相机内部参数设置。曝光时间设置：曝光时间越长，图像亮度越高，图像越细腻，测试时间越长；曝光时间越短，图像亮度越低，图像越粗糙；参考值设置为 6 s，可根据现场测试情况自由进行设置。光圈设置：3.5 为最小值，通光量最大，调节此参数时，将镜头光圈向左旋转到底至屏幕显示 "F3.5" 即可；参数值越大，则通光量越小；进行 EL 检测时应设置为 3.5。感光度（ISO）设置：ISO 值越大，图像整体亮度越高，图像噪点也越大；ISO 值越小，图像整体亮度越低，图像噪点也越小；参考值设置为 1 600，可根据现场测试情况自由进行设置。

b. 平板计算机的连接和软件使用，如图 1−36 所示。将 Wi-Fi 内存卡插入相机；打开平板计算机，选择 "设置" → WLAN，找到 "ez Share" 并连接，初始密码为 "88888888"；打开 ez Share 软件，选择 "我的" → "连接易享派硬件" → "卡片相册"；按下相机快门拍照控制键（或者手柄拍照控制器）进行拍照，结束后等待图片显示到平板计算机上，查看图片（每次拍照后，查看图片前需要刷新一下，图片即可显示），再拍摄下一光伏组件。

图 1-36 平板计算机的连接和软件使用

1.3.2 常用运维工具的使用

光伏电站的常用运维工具主要是指拆装和检修各类设备、元器件时使用的工具。

1. 尖嘴钳

尖嘴钳头部尖细，适于在狭小的工作空间操作，如图 1-37 所示。

尖嘴钳可用来剪断较细小的导线，也可用来夹持较小的螺钉、螺帽、垫圈、导线等，还可用来对单股导线整形（如使导线平直、弯曲等）。若使用尖嘴钳带电作业，应检查其绝缘是否良好，作业时金属部分不要触及人体或邻近的带电体。

2. 斜口钳

斜口钳专用于剪断各种电线电缆，如图 1-38 所示。对粗细不同、硬度不同的材料，应选用大小合适的斜口钳。

图 1-37 尖嘴钳   图 1-38 斜口钳

3. 钢丝钳

钢丝钳在电工作业中用途广泛，如图 1-39 所示。钳口可用来弯绞或钳夹导线线头；齿口可用来紧固或起松螺母；刀口可用来剪切导线或钳削导线绝缘层；侧口可用来侧切导线线芯、钢丝等较硬线材。

4. 剥线钳

剥线钳如图 1-40 所示。使用剥线钳剥削导线绝缘层时，先将要剥削的绝缘层长度用标尺定好，然后将导线放入相应的刀口中（比导线直径稍大），再用手将钳柄一握，导线的绝缘层即被剥离。

图 1-39 钢丝钳

图 1-40 剥线钳

5. 验电器

验电器是检验导线和电气设备是否带电的工具，也是一种电工常用的辅助安全用具，一般分为低压验电器和高压验电器。

（1）低压验电器

低压验电器又称试电笔、验电笔、测电笔（简称电笔），按显示可分为氖泡发光指示和数字显示两种。下面主要介绍氖泡发光指示的低压验电器。

氖泡发光指示的低压验电器如图 1-41 所示，主要用于线电压 500 V 及以下项目的带电体检测。它主要由工作触头、降压电阻、氖泡、弹簧等部件组成，是利用电流通过验电器、人体、大地形成回路，其漏电电流使氖泡起辉发光而工作的。只要带电体与大地之间的电位差超过一定数值（36 V 以下），验电器就会发出指示，低于这个数值则不指示，这样就可以判断低压电气设备是否带电。

在使用前，首先应检查一下低压验电器的完好性，四大组成部分是否缺少，氖泡是否损坏，然后在有电的地方验证一下，只有确认低压验电器完好后，才可进行验电。使用时，一定要手握笔帽端金属挂钩或尾部螺钉，用笔尖金属探头接触带电设备，湿手不要验电，不要用手接触笔尖金属探头。

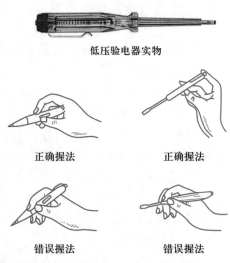

图 1-41 氖泡发光指示的低压验电器

低压验电器除主要用来检查低压电气设备和线路外，还可用于区分相线与中性线、交流电与直流电以及判断电压的高低。通常氖泡发光者为相线，不亮者为中性线，但中性点发生位移时要注意，此时中性线同样也会使氖泡发光；交流电通过氖泡时，氖泡两极均发光，直流电通过时，仅有一个电极附近发光；当用来判断电压高低时，若氖泡发暗红色光，轻微亮，表示电压低；若氖泡发黄红色光，亮度强，表示电压高。

（2）高压验电器

高压验电器（见图 1-42）主要适用于 500 V 以上交流配电线路和设备的验电，无论是白天或夜晚、室内变电所（站）或室外架空线上，都能正确、可靠地使用，是电力系统电气部门必备的安全工具。按测量电压等级不同，可分为 6 kV、10 kV、35 kV、66 kV、

220 kV、500 kV 高压验电器。

高压验电器一般都由检测部分（指示器部分）、绝缘部分、握手部分三大部分组成。其中，绝缘部分指自指示器下部金属衔接螺钉起至罩护环止的部分，握手部分指罩护环以下的部分。根据电压等级的不同，绝缘部分、握手部分的长度也不相同。

验电前应对高压验电器进行自检试验，按动显示盘自检按钮，验电指示器发出间歇振荡声信号，则证明高压验电器性能完好，可进行验电，此时可将伸缩绝缘杆拉开。进行验电操作时，手不能超过规定的握柄。高压验电器金属工作触头逐渐靠近带电部分，若发出间歇声光信号（在启动距离内），表示有电；若不发出间歇声光信号，则表示无电。

图 1-42 高压验电器

在使用高压验电器进行验电时，必须认真执行操作监护制，一人操作，一人监护，操作者在前，监护者在后。使用高压验电器时，必须注意其额定电压要和被测电气设备的电压等级相适应，否则可能会危及操作者的人身安全或造成错误判断。验电时，操作者一定要戴绝缘手套，穿绝缘靴，防止跨步电压或接触电压对人体造成伤害。操作者应手握罩护环以下的握手部分，先在带电设备上进行检验。检验时，应渐渐地移近带电设备直至发光或发声，以验证高压验电器的完好性。然后再在需要进行验电的设备上进行检测。对同杆架设的多层线路进行验电时，应先验低压，后验高压，先验下层，后验上层。

6. 电工刀

（1）主要用途

电工刀如图 1-43 所示，主要用来剖切导线、电缆的绝缘层，切割木台、电缆槽等。

（2）使用时注意事项

① 应将刀口朝外剖削，并注意避免伤及手指。

② 剖削导线绝缘层时，应使刀面放平，以免割伤导线。

③ 不得用于带电作业，以免触电。

7. 电钻

（1）主要用途

电钻如图 1-44 所示，主要用于在金属、木材、塑料等构件上钻孔。电钻由底座、立柱、电动机、皮带减速器、钻夹头、上下回转机构、电源连接装置等组成。

图 1-43　电工刀

图 1-44　电钻

（2）使用时注意事项

① 根据钻孔直径选择电钻规格及钻头。

② 选用三相电源插头插座，保持良好接地。

③ 通风孔清洁畅通，手转夹头转动灵活、干燥无水。

④ 电钻接触材料前，应先空转，再慢慢接触材料。

⑤ 保持钻头垂直，不能晃动，防止卡钻或折断钻头。

⑥ 移动电钻时不扯拉橡皮软线，防止软线损伤。

8. 数码录音笔

（1）主要用途

数码录音笔如图 1-45 所示，其也称为数码录音棒或数码录音机，可以通过数字存储的方式来记录音频，主要用于在运维人员倒闸操作全过程中留存音频资料。

（2）使用时注意事项

① 机身保持清洁保养，注意防灰尘、防刮伤。

② 应防止数码录音笔的 USB 接口、充电接口、内存卡接口等刮伤、损耗。

③ 注意防潮，不使用时要把数码录音笔放置在通风干燥处，避免潮湿与阳光的暴晒。

9. 对讲机

（1）主要用途

对讲机如图 1-46 所示，它是一种双向移动通信工具，在没有任何网络支持的情况下就可以实现通话，主要用于设备区工作人员与主控室人员随时保持联系。

图 1-45 数码录音笔　　　　　　　　图 1-46 对讲机

（2）注意事项

① 对讲机长期使用后，按键、控制旋钮和机壳很容易变脏，应从对讲机上取下控制旋钮，用中性洗剂（不要使用强腐蚀性化学药剂）和湿布清洁机壳。

② 轻拿轻放，移动对讲机时切勿手提天线。

③ 不使用附件时，应盖上防尘盖（若有装备）。

1.3.3 常用运维安全用具的使用

光伏电站的常用运维安全用具是指为防止触电、灼伤、坠落、摔跌等事故，保障工作人员人身安全的各种专用工具和器具，常用的有安全帽、安全带、梯子、脚扣、绝缘手套、绝缘靴、安全围栏、安全标示牌等。

安全用具使用前应进行外观检查。对安全用具的机械、绝缘性能产生疑问时，应进行试验，合格后方可使用。绝缘安全用具使用前应擦拭干净。

1. 安全帽

安全帽如图 1-47 所示。普通安全帽是一种用来保护工作人员头部，使头部免受外力冲击伤害的帽子。高压近电报警安全帽是一种带有高压近电报警功能的安全帽，一般由普通安全帽和高压近电报警器组合而成。

安全帽的使用期从产品制造完成之日起计算，植物枝条编织帽不超过两年，塑料帽、纸胶帽不超过两年半，玻璃钢（维纶钢）橡胶帽不超过三年半。使用安全帽前应进行外观检查，检查安全帽的帽壳、帽箍、顶衬、下颌带、后扣（或帽箍扣）等部件是否完好无损，帽壳与顶衬的缓冲空间应为 25～50 mm。安全帽戴好后，应将后扣拧到合适位置（或将帽箍扣调整到合适位置），锁好下颌带，防止工作中前倾后仰或因其他原因造成滑落。

高压近电报警安全帽使用前应检查其音响部分是否良好，但不得作为无电的依据。

2. 安全带

安全带如图 1-48 所示。安全带是预防高处作业人员坠落伤亡的个人防护用品，由腰带、围杆带、金属配件等组成。安全绳是安全带上面用于保护人体不坠落的系绳。

安全带的使用期一般为 3～5 年，发现异常应提前报废。安全带的腰带和保险带、绳应有足够的机械强度，材质应有耐磨性，卡环（或钩）应具有保险装置。保险带、绳使用长度在 3 m 以上的应加缓冲器。

图 1-47　安全帽

图 1-48　安全带

3. 梯子

梯子是由木料、竹料、绝缘材料、铝合金等材料制作的登高作业的工具，如图 1-49 所示。

4. 脚扣

脚扣是用钢或合金材料制作的攀登电杆的工具，如图 1-50 所示。

正式登杆前应在杆根处用力试登，判断脚扣是否有变形和损伤。登杆前应将脚扣登板的皮带系牢，登杆过程中应根据杆径粗细随时调整脚扣尺寸。特殊天气使用脚扣时，应采取防滑措施。严禁从高处往下扔摔脚扣。

图 1-49　梯子　　　　　　　　　　　　　　图 1-50　脚扣

5. 绝缘手套

绝缘手套是由特种橡胶制成的，起电气绝缘作用的手套，如图 1-51 所示。绝缘手套在使用前必须进行充气检验，发现有任何破损则不能使用。外观检查时如发现有发黏、裂纹、破口（漏气）、气泡、发脆等损坏时禁止使用。进行设备验电、倒闸操作、装拆接地线等工作时应戴绝缘手套。使用绝缘手套时应将上衣袖口套入手套筒口内，以防发生意外。使用后，应将内外污物擦洗干净，待干燥后，撒上滑石粉放置平整，以防受压受损，且勿放于地上。

6. 绝缘靴

绝缘靴是由特种橡胶制成的，用于人体与地面绝缘的鞋子，如图 1-52 所示。绝缘靴使用前应对其进行检查，不得有外伤，无裂纹、漏洞、气泡、毛刺、划痕等缺陷。如发现有以上缺陷，应立即停止使用并及时更换。

7. 安全围栏

安全围栏如图 1-53 所示，是在通常情况下进行围护、隔离、隔挡所采用的工具。

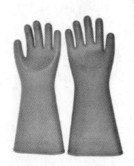　　　　　　

图 1-51　绝缘手套　　　　　图 1-52　绝缘靴　　　　　图 1-53　安全围栏

8. 安全标示牌

安全标示牌包括各种安全警告牌、设备标示牌等，如图 1-54 所示。

图 1-54 安全标示牌

1.4 技能训练

1.4.1 光伏电站智能运维平台作业安全与防护

训练目标 ▶▶▶

了解光伏电站智能运维平台结构和模块功能，熟悉光伏电站运维安全用具的配置。

训练内容 ▶▶▶

1. 光伏电站智能运维平台结构

光伏电站智能运维平台是集光伏电站智能化运维管理、智能化集中监控、智能化巡检、智能化运维检修、智能化营业维护等技术为一体的智能系统。该平台由硬件平台和软件平台两部分组成。其中，硬件平台由光伏组件、光伏组件方阵、汇流箱装调与检测、逆变器装调与检测、并网箱装调与检测、调压调频、运维采集等模块构成，如图 1-55 所示。软件平台由光伏运维实训管理终端软件和智能运维监控软件等构成，可实现光伏电站关键设备的装调与检测、光伏电站运维活动管理、光伏电站巡检与检修、光伏电站典型系统故障排除和光伏电站运营分析等训练考核任务。

2. 安全用具配置及使用规范

在进行光伏电站智能运维作业时，为保障作业安全，需配置必备的安全用具。

①—光伏组件；②—光伏组件方阵；
③—汇流箱；④—逆变器；⑤—并网箱

图 1-55 光伏电站智能运维平台

（1）安全用具概述

安全用具用于直接保护人身安全，避免发生触电、弧光灼烧和高空坠落等事故。进行光伏电站智能运维作业时使用的安全用具包括绝缘安全用具（绝缘靴、绝缘手套、绝缘垫）、登高作业安全用具（梯子、脚扣）、辅助安全用具（验电器、安全围栏、安全标示牌）等。在进行光伏电站智能运维作业时，必须穿绝缘靴，戴绝缘手套、安全帽等安全防护用品。

（2）安全用具使用规范

① 安全帽使用规范：

a. 安全帽无裂纹，系带完好无损，安全帽应有质量检查合格标签。

b. 进入生产场所应佩戴安全帽。

c. 佩戴安全帽时应系好带子。

d. 女同志应将长发盘入安全帽内。

e. 安全帽每三年至少更换一次。

② 绝缘手套使用规范：

a. 使用前应进行详细外观检查，要求绝缘手套无裂缝、无漏气，表面应清洁，无发黏等现象。

b. 使用绝缘手套前应检查绝缘手套是否在有效期内，是否完好无损。

c. 使用绝缘手套应双手戴好，不应将绝缘手套包裹在工具上使用。

d. 佩戴绝缘手套时应将外衣袖口放入绝缘手套的伸长部分。

e. 绝缘手套使用后应擦干净，存放于专门的柜子内，不应折叠存放，不应和其他绝缘工具混合存放，应避免存放于高温、潮湿的环境中，并远离腐蚀性物质（如酸、碱等），防止绝缘手套绝缘老化，影响使用寿命。

f. 绝缘手套应作为交接班检查项目，应在有效试验周期内，且合格。

g. 绝缘手套每半年至少试验一次。

③ 绝缘靴使用规范：

a. 使用前应进行外观检查，无损坏。

b. 使用期限应以大底磨光露出绝缘层为限。

c. 高压设备发生接地情况，需进入距室内故障点 4 m 范围以内、距室外故障点 8 m 范围以内时，应穿绝缘靴。

d. 雨天进行户外刀闸操作时，应穿绝缘靴，接地电阻不符合要求时，晴天也要穿绝缘靴。

e. 绝缘靴使用后应擦干净，存放于通风阴凉的专门柜子内，不应和其他绝缘工具混合存放，应避免存放于高温、潮湿的环境中，并远离腐蚀性物质（如酸、碱等），防止绝缘靴绝缘老化，影响使用寿命。

f. 绝缘靴应作为交接班检查项目，应在有效试验周期内，且合格。

g. 绝缘靴每半年至少试验一次。

④ 绝缘垫使用规范：

a. 应防止绝缘垫与酸、碱、盐类等其他化学药品，以及各种油类物质接触，以免受腐蚀后绝缘老化、龟裂或变黏，降低绝缘性能。

b. 绝缘垫使用环境温度以 20~40 ℃为宜，避免直接与热源接触，以防急剧老化，降低绝缘性能。

c. 绝缘垫不应和其他绝缘工具混合存放，存放时要平铺，不应折叠存放，绝缘垫不应铺在积水的地面上使用。

d. 绝缘垫每一年至少试验一次。

⑤ 验电器使用规范：

a. 使用时应选择与被验设备电压等级一致的验电器进行验电。

b. 验电器使用后应置于专用盘内妥善保管。

c. 验电器应作为交接班检查项目，应在有效试验周期内，且合格。

d. 验电器每半年至少试验一次。

1.4.2　数字万用表的使用

训练目标 >>>

熟悉数字万用表的使用方法；掌握直流电压、电流，交流电压、电流，及电阻的测量方法。

训练内容 >>>

1. 电压测量

数字万用表测量直流电压如图 1-56（a）所示。首先将黑表笔插入"COM"孔，红表笔插入"VΩ"孔，将功能量程旋钮置于比估计值大的量程（注意：表盘上的数值均为最大量程，"V–"表示直流电压挡，"V~"表示交流电压挡，"A"表示电流挡）。接着把表笔接被测元件两端（并联），保持接触稳定。数值可以从显示屏上直接读取，若显示为"1."或"OL"，则表明超量程，需要加大量程后再测量。如果在数值左边出现"–"，则表明表笔极性与实际电源极性相反，此时红表笔接的是负极。

测量交流电压时，表笔插孔与测量直流电压时一样，不过应该将功能量程旋钮置于交流电压挡"V~"处所需的量程。交流电压无正负之分，测量方法与测量直流电压相同。无论测量交流电压还是直流电压，都要注意人身安全，不要随便用手触摸表笔的金属部分。

2. 电流测量

测量直流电流时，先将黑表笔插入"COM"孔。若测量大于 200 mA 的电流，要将红表笔插入"10 A"孔，并将功能量程旋钮置于直流"10 A"挡；若测量小于 200 mA 的电流，则要将红表笔插入"200 mA"孔，并将功能量程旋钮置于直流 200 mA 以内的合适量程。将数字万用表串入电路，保持稳定，即可读数。若显示为"1."，需要加大量程；如果在数值左边出现"–"，则表明电流从黑表笔流进数字万用表。

交流电流的测量方法与直流电流相同，不过挡位应该置于交流挡位。测量完毕后应将红表笔插回"VΩ"孔，防止下次测量电压损坏数字万用表。

3. 电阻测量

数字万用表测量电阻如图1-56（b）所示。将表笔插入"COM"和"VΩ"孔，将功能量程旋钮置于"Ω"处所需的量程（注意：表盘上的数值均为最大量程），把表笔接在电阻两端的金属部位，测量中可以用手接触电阻，但不要同时接触电阻两端，这样会影响测量精确度（人体是电阻很大但是有限大的导体）。读数时要保持表笔和电阻有良好的接触，数值可以从显示屏上直接读取。若显示为"1."，则表明量程太小，需要加大量程后再测量。还要注意单位：在"200 Ω"挡时单位为欧，在"2 kΩ"到"200 kΩ"挡时单位为千欧，在"2 MΩ"以上挡时单位为兆欧。

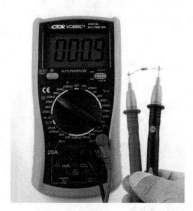

(a) 测量直流电压　　　　　　　　　　　(b) 测量电阻

图1-56　数字万用表测量电压和电阻

1.4.3　钳形数字万用表的使用

训练目标 ▶▶▶

熟悉钳形数字万用表的使用方法；掌握导线通断测试的操作方法；掌握直流电压、电流，交流电压、电流，及交流频率的测量方法。

训练内容 ▶▶▶

1. 导线通断测试

利用钳形数字万用表的"通断蜂鸣"功能可以测试光伏电站智能运维平台的导线连接通断状态。

启动光伏电站智能运维平台，选择钳形数字万用表的"交直流电压"功能挡，测试每个组件的直流开路电压，按"SEL"键选择直流电压或交流电压测量功能。

如打开并网箱的隔离刀闸，将钳形数字万用表的红表笔连接隔离刀闸输入端，黑表笔连接隔离刀闸输出端（同一相线），选择钳形数字万用表的"通断蜂鸣"功能，如图1-57所示。当隔离刀闸闭合时，钳形数字万用表会发出"滴滴"声；当隔离刀闸断开时，钳形数字万用表无"滴滴"声。通过测试，即可知隔离刀闸的功能是否正常。

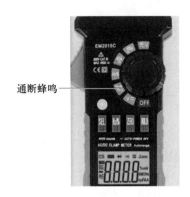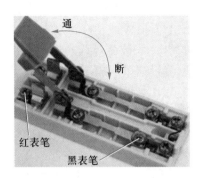

图 1-57　隔离刀闸通断测试

2. 交直流电压和电流测量

（1）交直流电压测量

启动光伏电站智能运维平台和光伏组件模拟模块电源，选择钳形数字万用表的"交直流电压"功能挡，测试每个光伏组件的直流开路电压，按"SEL"键选择直流电压或交流电压测量功能。

测量直流电压时，分别把黑表笔和红表笔连接到"COM"孔和"INPUT"孔，再将红表笔的另一端连接光伏组件的正端，黑表笔的另一端连接光伏组件的负端。如果单个光伏组件无故障，钳形数字万用表显示 36 V 左右，如图 1-58（a）所示；如果光伏组件有阴影遮挡（视为部分损坏），钳形数字万用表显示 30 V 左右；如果光伏组件内部断路，钳形数字万用表显示 0 V 左右，如图 1-58（b）所示；如果光伏组件中的二极管击穿，钳形数字万用表显示 5 V 左右。

(a) 光伏组件无故障　　　　　　(b) 光伏组件内部断路

图 1-58　直流电压测量

（2）交直流电流测量

采用电磁式电流互感器制作的钳形数字万用表只能测量交流电流，如能准确测量 50 Hz 附近的正弦波电流，但不能测量直流电流。采用霍尔电流传感器制作的钳形数字万用表可以测量交直流电流，并且具有较高的带宽，可以测量不同频率的正弦波及畸变波电流。

如在 8 个光伏组件的串联支路中，将钳形数字万用表的功能量程旋钮置于合适的"交直流电流"挡位上（40 A 或 400 A），按"SEL"键选择直流电流或交流电流测量功能。按压扳手张开钳口，夹取被测导线，然后缓慢地放开扳手，使导线处于钳口中央，再从液晶显示屏上读取测量结果。图 1-59 所示为测量光伏组件方阵直流电流和逆变器输入直流电流。

3. 交流频率测量

启动光伏电站智能运维平台，将钳形数字万用表的功能量程旋钮置于电压或电流挡，按"Hz%"键选择频率或占空比测量功能。分别把黑表笔和红表笔连接到"COM"孔和"INPUT"孔，用表笔的另外两端测量待测电路，由液晶显示屏读取测量结果。图 1-60 所示为逆变器输出的交流频率测量。

(a) 测量光伏组件方阵直流电流

(b) 测量逆变器输入直流电流

图 1-59　直流电流测量

图 1-60　逆变器输出的
交流频率测量

 习　题

1. 什么是触电？触电有哪两种类型？触电的伤害程度和哪些因素有关？

2. 画图说明电击触电的三种情况。

3. 发生触电事故常见的原因有哪些？

4. 安全用电措施有哪些？

5. 触电急救中，使触电者脱离电源的方法有哪些？

6. 触电者脱离电源后，应迅速判断其症状，根据其受电流伤害的程度不同，采用不同的急救方法，具体包括哪些情况？

7. 触电的急救方法有哪些?

8. 光伏电站正常运行过程中存在的危险源有哪些?

9. 巡视光伏电站过程中存在的危险源有哪些?

10. 光伏组件清洗过程中存在的危险源有哪些?

11. 检修光伏电站过程中存在的危险源有哪些?

12. 简述用钳形数字万用表测量电压、电流、电阻、温度的过程。

13. 简述用绝缘电阻表测量绝缘电阻的过程。

14. 以 UT521 型接地电阻测试仪为例,简述测量接地电阻的过程。

15. 以 AV6591 型便携式太阳能电池测试仪为例,简述测试 *I–V*、*P–V* 曲线的过程。

16. 以 Fluke 434 型电能质量分析仪为例,简述测量三相不平衡、谐波的过程。

17. 简述红外热像仪的使用方法。

18. 以 LX–G20 型便携式 EL 检测仪为例,简述光伏组件的检测过程。

第2章

大型光伏电站的运维管理

 知识目标

1. 了解大型光伏电站运维管理的特点，掌握大型光伏电站运维管理体系的内容。
2. 掌握大型光伏电站人员管理制度和人员考核管理制度。
3. 掌握大型光伏电站设备管理方法，掌握设备巡回检查、交接班、定期试验与轮换、设备标志标识、设备缺陷、设备异动等管理制度。
4. 掌握大型光伏电站备品备件和工器具管理方法。
5. 掌握大型光伏电站安全管理制度、综合应急预案、生产运营指标规范。
6. 掌握大型光伏电站设备台账管理和档案资料管理制度。

能力目标

1. 能结合实际光伏电站情况，制定光伏电站运维管理体系及相关内容。
2. 能根据光伏电站容量，配置光伏电站运维人员，并制定考核管理制度。
3. 能制定光伏电站设备管理制度，详细制定设备巡回检查、交接班、定期试验与轮换、设备标志标识、设备缺陷、设备异动等管理制度。
4. 能制定光伏电站备品备件和工器具管理制度。
5. 能制定光伏电站安全管理制度、综合应急预案。
6. 能制定光伏电站设备台账管理和档案资料管理制度。

管理模式的不健全造成光伏电站的管理水平不能及时提升，从而导致资源的流失和浪费。从工程建筑的角度来说，承建单位如果不参与到后期的项目使用管理中，会让光伏企业在进行项目建设时出现很多隐患因素，从而给后期电站的管理和维护增加很多困难。非专业人员由于对专业知识的缺乏，往往会违反电业操作规程，从而发生设备损坏甚至人员伤亡事故。鉴于此，需要加强对大型光伏电站的整体运行管理，企业应明确其部门职能，根据管理制度按照当地的实际情况进行管理，减少管理人员的不规范行为，提升管理效率。本章主要分析大型光伏电站人员管理、设备管理、备品备件和工器具管理、生产运营安全管理、设备台账和档案资料管理等制度。

2.1　大型光伏电站运维管理体系

　　1. 目前光伏电站运维问题

　　随着新能源战略地位的提高和国内光伏发电市场的逐步放开，我国已进入光伏发电大规模建设时期。经历了前期市场的规模化建设，光伏电站运维管理逐渐成为投资业主关注的重点。然而数量庞大、类型众多的光伏电站设备和由于设计、建设缺陷引起的安全质量问题，都给光伏电站运维工作带来了不小的挑战。

　　目前光伏电站运维过程中存在的问题如下：

　　① 设计、设备、施工建设等缺陷大大增加了运维工作的难度。

　　② 部分运维管理者对光伏电站运维认识程度不够，无法有效组织系统性的运维管理工作流程。

　　③ 光伏电站运维人员缺少对光伏直流发电系统的基本知识，不能快速、规范地响应光伏电站运维活动。

　　④ 缺少直观反映光伏电站运行状态的数据指标，致使光伏电站运维工作无法获得客观评定。

　　光伏电站运维水平直接影响项目投资收益，随着业主对光伏电站运维要求的提高，其对专业化运维的需求也日益迫切。只有结合系统性的规范管理和可衡量的数据指标，才能真正实现高效的光伏电站运维管理，获得投资收益最大化。

　　2. 光伏电站运维方针

　　光伏电站的运维方针为：电站管理规范化、资产安全性保障、运行能效最大化、成本可控的技能优化。

　　① 电站管理规范化：通过规范化的流程管理，实现光伏电站运维过程所有环节有序可控、有规可依。

　　② 资产安全性保障：从资产管理角度出发，通过 7×24 h 不间断监控、有计划的光伏电站巡检和隐患消除，确保光伏电站资产安全可靠。

　　③ 运行能效最大化：通过快速响应消缺、高度设备可用性和最优成本控制，实现发电能力最大化和运维成本最低化。

　　④ 成本可控的技能优化：在成本可控的基础上实现运维能力和系统设备性能提升，保证光伏电站收益最大化。

　　3. 光伏电站运维目标

　　光伏电站的运维目标是：以光伏电站资产安全和生产安全为前提，通过规范化运维管理，使光伏电站系统效能最大化，在成本及风险可控的基础上，确保光伏电站的投资回报率。

① 可控制的管理流程：从光伏电站实际情况出发，通过完善的运维管理方案和制度文件，做到运维流程清晰、可控。

② 可执行的操作方法：以光伏电站设备特性和电网要求规范为基础，通过规范化的作业指导书和规范性文件，做到运维操作安全、规范。

③ 可控制的运维成本：通过合理的运维计划安排和快速响应机制，使整个环节的成本保持在可控范围。

④ 可评价的电站指标：光伏电站运维可评价的电站指标包括光伏电站可利用率、设备缺陷消缺率、电站系统效率、等效利用小时数、发电计划完成率、综合厂用电量、故障弃光损失电量、限电弃光损失电量、故障弃光率、限电弃光率等。

2.2 大型光伏电站人员管理

2.2.1 光伏电站人员管理制度

1. 运维管理组织结构

大型光伏电站运维人员主要包括站长、安全员、值长、运维员等职责人员，其组织结构如图 2-1 所示。

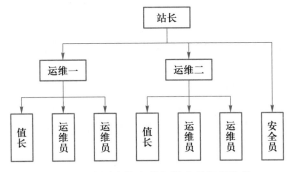

图 2-1 大型光伏电站运维人员组织结构

2. 人员要求

① 站长：具有高、低压电工证，经过生产经营单位安全生产管理人员安全培训，经过光伏电站专业知识及安全知识培训。

② 安全员：可由站长兼任，经过生产经营单位安全生产管理人员安全培训，经过光伏电站专业知识及安全知识培训。

③ 值长：也称值班长，具有高、低压电工证，经过光伏电站专业知识及安全知识培训。

④ 运维员：可兼任资料管理员或库房管理员，具有高、低压电工证，经过光伏电站专业知识及安全知识培训。

3. 人员职责

（1）站长岗位职责

站长为整个光伏电站的行政领导人和安全生产第一责任人，对光伏电站的安全运行、设备管理、人员管理、班组建设、生活安排等各方面工作全面负责。站长的主要职责如下：

① 领导全站人员履行岗位责任制，贯彻执行公司各种规章制度。

② 制定光伏电站年度、季度、月度的工作计划和物资采购计划，并组织开展光伏电站日常运维活动，定期向公司报送光伏电站生产运营报表。

③ 组织对光伏电站事故、隐患及运行异常事件的分析，制定并组织实施控制异常和事故的措施。开展季节性安全检查、安全性评价、危险点分析工作。

④ 定期到现场巡视设备，查阅运行记录，检查值班质量，督促并检查"两票三制"的执行。

⑤ 组织对新人（包括实习人员、临时工）进行电厂安全教育和班组安全教育。对员工进行经常性的安全思想、安全知识和安全技术教育并定期组织安全技术考核。对违反安全制度和规程的员工有责任制止和教育。

⑥ 光伏电站进行操作时，若站长在站，原则上应进行现场安全监护。对于大型操作、重要操作或特殊操作，站长必须进行现场安全监护。

⑦ 当光伏电站正在进行大型操作或大规模改造时，只要工作及操作未结束，站长不得离开电站。

⑧ 定期组织光伏电站技术管理、设备维护、班组建设、文明生产、日常培训等工作。

⑨ 对光伏电站的异动申请进行技术把控、审核、批准，对异动结果负全责。

⑩ 光伏电站发生事故时，应首先抢救伤员，保护好现场、设备、物资，并立即向公司总部报告，然后及时组织有关人员对事故进行调查分析，做到"四不放过"。

（2）安全员岗位职责

① 对光伏电站人员进行设备安全生产培训和技术方面的指导。

② 负责电气设备的正常维护及消缺流程管理工作，分析设备运行状况，组织相关光伏电站专业人员对重大设备缺陷进行分析，提出处理方案，制订相应的消缺计划和预防措施，消除生产中的隐患。

③ 负责设备的检修、技术改造工程的计划安排和落实工作。

④ 检查设备安全措施，分析设备危险源，消除重大危险因素及安全隐患。

⑤ 编审专业培训计划，做好图纸、资料的收集整理工作，建立健全设备台账，做好设备评级及技术监督工作。

⑥ 监督设备的备品配件、工器具材料的储备消耗情况，定期制订生产设备采购计划。

⑦ 负责监督设备运行管理、维护管理、质量控制、环境及职业健康管理、试验检测、安全管理、文明施工和技术管理等方面的工作。

⑧ 组织制定反事故措施和安全应急演练。

（3）值长岗位职责

① 光伏电站值长对本值的安全运行负责，对本值设备的正常运行及倒闸操作的正确性负责。

② 在站长的领导下，接受当值调度员的指挥，负责全站电气设备正常运行、倒闸操作和事故处理，对全班安全、运行、维护、培训等负责。

③ 负责交接班工作，审阅和填写运行记录簿，审阅有关记录簿。接班时负责检查安全用具及常用工器具，与调度试通电话，以检查调度电话是否畅通。

④ 接受调度员命令，担负重要操作的监护人，发生事故时负责组织与领导本站的事故处理。对属本站管辖的设备发布操作命令。

⑤ 担任工作许可人，组织实施对工作人员的现场安全技术措施，办理工作许可手续，并承担除大修外的检修、消缺验收。

⑥ 定时巡视全站设备，特别情况下（超负荷、天气骤变、事故后等）应加强对设备的巡视。

⑦ 在正常及事故情况下，应经常监视表计指示、信号、保护动作是否正确，负责本班人员按"两票三制"的规定内容做好当值运行工作，严肃认真地进行交接班，保证本班两票合格率100%。

（4）运维员岗位职责

① 协助值长完成各项检查、操作、维修任务工作，完成公司总部下达的各项计划指标。

② 按时上班，坚守岗位，值班时应熟知当班的运行方式。定时巡视设备，发现缺陷及时向值长汇报，并做好记录。

③ 熟悉电气一、二次设备的工作原理、性能、构造及一般检修工艺，能正确运用各种消防器材，结合实际情况进行灭火，并掌握一定的电伤、烧伤等急救法。

④ 严格执行调度指令和"两票"制度，认真填写操作票及工作票，并正确进行操作。

⑤ 事故发生时能够尽快限制事故的发展，正确运用规程处理运行事故。

⑥ 严格执行"两票三制"，在值长的带领下，完成各项检查、操作和维修任务。

⑦ 接班前巡视现场，检查设备，了解设备运行情况。检查各仪表、自动、自控、保护信号装置的运行情况，做好厂用设备运行维护、定期试验、巡回检查、运行分析工作，发现异常现象及时汇报值长并做好记录。

⑧ 了解当日光伏电站设备运行情况，及时做好事故预计。

⑨ 按时完成光伏电站生产运营报表制作并及时提交给值长。

2.2.2 光伏电站人员考核管理制度

光伏电站考核指标主要分为日常绩效考核和年终考核两部分。其中，日常绩效考核的主要目的是规范电站管理，最大限度地发挥岗位职能，调动员工工作积极性；年终考核的指标主要有生产运营评估指标和安全生产与环保指标。

1. 日常计划、管理情况考核

该考核主要是指对公司下达的生产任务或临时性安全、文明生产命令执行情况进行的考核。有下列行为者，应予以考核惩罚：

① 公司要求的汇报材料、书面文件不及时上交者。

② 凡迟到、早退、溜岗、脱岗者。

③ 未请假不上班者。

④ 凡在正常工作时间两人以上集体参与娱乐活动等违反劳动纪律者。

⑤ 工作人员和值班人员不按规定着装者。

⑥ 凡在禁烟区吸烟者。

2. 日常检修维护完成情况考核

该考核主要是指对大、小修，周计划，日常维护等设备检修工作完成情况进行的考核。有下列行为者，应予以考核惩罚：

① 当班人员应每天两次（特殊天气应加强检查力度）按时到位进行设备检查，不进行检查或当班有问题而没发现者。

② 设备检修未严格按照检修项目要求进行，有漏项者。

③ 检修工作中发现重大问题，未及时汇报站长，造成工期延误者。

④ 检修现场和设备检修消缺未做到"三无"（无水、无灰、无油迹）、"三齐"（拆下的零部件排放整齐、检修器械摆放整齐、材料备品堆放整齐），检修现场出现"三乱"（乱拉临时线、乱丢杂物、乱放东西）者。

3. 报表、台账等资料管理情况考核

该考核主要是指对各种报表、设备台账、图纸、资料、检修记录等管理情况进行的考核。有下列行为者，应予以考核惩罚：

① 各种报表、总结不按时报送者。

② 设备台账不能及时、正确登录，与现场实际情况不符者。

③ 图纸、资料整理不好，保管不妥遗失者。

④ 所做检修记录不能及时、正确有效反映检修数据、设备变更者。

⑤ 定期工作未做好各项记录，并未交站长签字后存档者。

4. 工器具、备品备件、材料管理情况考核

该考核主要是指对工器具、仪器仪表、备品备件、材料等管理情况进行的考核。有下列行为者，应予以考核惩罚：

① 光伏电站工器具、仪器仪表未及时登记造册，并未对使用状况做好记录，出现工器具损坏未及时汇报站长或当班值长，未及时报修而造成工作延误者。

② 光伏电站备品备件未保持良好，未起到备用作用，未定期检查，因保管不当造成损坏者。

③ 站长未根据备品备件储备及消耗情况每月及时向公司总部提供下月所需备品备件采购清单，因缺少备品备件而影响故障消缺甚至安全生产者。

④ 因材料计划错误或不当，造成材料费用损失者。

5. 安全管理情况考核

该考核主要是指对生产安全的管理情况进行的考核。有下列行为者，应予以考核惩罚：

① 进入生产现场不戴安全帽者；高空作业不系好安全带者；检修无票工作，无票操作者；工作负责人不复查安全措施者；违章指挥、冒险作业，各级领导及监察人员默许违章作业不制止者；使用不合格的绝缘工器具等习惯性安全违章者。

② 不认真执行工作监护制，监护人离开现场，失去监护行为者；开工前负责人未向

工作人员进行现场安全、技术交底，即令工作人员开始工作者；负责人不亲自办理工作票，出现工作票代签字等情况者。

6. "两票"执行情况考核

该考核主要是指对光伏电站工作票及操作票执行情况进行的考核。有下列情况或行为者，应予以个人或班组人员考核惩罚：

① 运维班组值班期间工作票及操作票合格率低于98%时，应对班组人员予以考核惩罚。

② 工作票不认真登记，已执行的工作票发现重、漏、错等现象时，应对班组人员予以考核惩罚。

③ 操作票不按规定执行时，应对执行者予以考核惩罚。

7. 日常考核奖励

日常考核奖励是实现规范管理、发挥岗位职能、调动员工积极性的有力保障措施。有下列行为或工作成效者，应予以个人或班组成员考核奖励：

① 对发现运行设备重大缺陷，采取措施得当，避免了重大事故发生的运维人员给予考核奖励。

② 对发现威胁安全运行的设备缺陷，处理及时、正确，避免了对外停电和设备损坏一般事故的运维人员给予考核奖励。

③ 对认真检查发现重要缺陷，又勇于克服困难采取可靠安全措施及时联系消除，确保设备安全运行的运维人员给予考核奖励。

④ 对积极参加事故抢修，避免一般事故发生的有关人员给予考核奖励；对提出改进安全设施，有效防止人身、设备事故发生的合理化建议有突出贡献者，经有关专业部门鉴定核实，给予一次性考核奖励。

⑤ 对"两票"执行合格率高于或等于99%的班组人员给予考核奖励。

2.3 大型光伏电站设备管理

2.3.1 光伏电站设备巡回检查管理制度

光伏电站设备巡回检查管理制度适用于光伏电站设备巡回检查管理，制定该制度的目的是明确光伏电站安全生产管理职责和光伏电站设备巡回检查工作要求与规定，以保证光伏电站设备巡回检查质量。

1. 设备巡回检查管理要求

（1）设备巡回检查规定与要求

① 巡回检查分为接班巡回、交班巡回、班内定时巡回和班内机动巡回。

② 接班巡回指值班人员到达光伏电站至正式接班前对升压站进行巡回检查。交班巡回指下班前一小时对升压站设备进行巡回检查。班内定时巡回指当班期间中间时段进行巡回检查。班内机动巡回指特殊情况下进行巡回检查。

③ 巡回检查时间、巡回路线、巡回检查内容与要求，应在光伏电站《设备巡回检查作业指导书》中明确，并严格执行。

④ 巡回工作要做到该去到的地方要去到，该看到的地方要看到，该听到的地方要听到，该摸到的地方要摸到，该闻到的地方要闻到，该分析到的地方要分析到，不漏过任何一个可疑点。

⑤ 值班人员在巡回期间，必须严格遵照巡回检查制度和《设备巡回检查作业指导书》，按要求的次数、时间、内容等的有关规定，对所管辖范围内的设备进行全面、仔细、认真的巡回检查，检查中不得敷衍了事。

⑥ 备用设备应与运行设备同等对待，按规定进行巡回检查。

⑦ 在巡回检查前，应查看缺陷记录表和运行值班记录表，以便对有缺陷以及进行过检修、操作的设备加强检查。

⑧ 巡回工作要认真负责，发现缺陷要及时汇报，并做好相应记录。巡回完毕后按要求将巡回数据填写在报表内。发现异常情况应立即汇报负责人，并采取必要的措施防止事故发生。

⑨ 值班人员在对设备进行巡回检查时，遇紧急情况需按《设备巡回检查作业指导书》的要求进行处理。

⑩ 巡回检查时必须携带相关的必备工具；每日应在负荷最大时段增加一次对主变、配电室设备的机动巡回。如遇下列情况应增加机动巡回次数或定点监视：

a. 设备存在较大缺陷或异常时。

b. 新投运的设备及设备改造、大修后。

c. 天气、气温等气候变化较大时（如大风、暴雨、酷热、暴雪、严寒等）。

d. 其他一些需要增加机动巡回的工作。

（2）设备巡回检查安全注意事项

① 巡回检查中应集中精力，不得做与生产无关的事。

② 在设备巡回检查中，必须严格遵守《电力生产安全工作规程》的规定，并重点注意下列事项：

a. 注意与带电部分的安全距离并不得移开或越过遮栏，不得随意移动安全标示牌。若有必要接近高压设备时，必须有监护人在场，严格保持设备不停电时的安全距离。

b. 严禁乱动设备，严禁触摸设备的带电部分和其他影响人身或设备运行安全的危险部分。

c. 高压设备发生接地时，室内不得接近故障点 4 m 范围以内，室外不得接近故障点 8 m 范围以内。进入上述范围人员必须穿绝缘靴，接触设备的外壳和架构时应戴绝缘手套。

d. 雷雨天气下，需要巡视室外高压设备时应穿绝缘靴，不得靠近避雷器和避雷针。

③ 对巡回中发现的工作人员违章现象或未经许可而进行的工作应予以制止，并汇报值长。值长无法制止时，汇报站长。

2. 设备巡回检查责任与考核

① 若巡回检查时间、路线、内容与要求在光伏电站运行规程中不明确，由规程制定、审核、审批相关人员负责。

② 对设备巡回检查制度执行不到位者，按相关违章考核办法进行考核。

2.3.2 光伏电站交接班管理制度

制定光伏电站交接班管理制度的主要目的是规范光伏电站交接班工作的基本要求和程序，提高工作效率，严肃劳动纪律，确保安全生产有序进行。

1. 交接班管理要求

（1）总体要求

① 接班人员应提前进入现场。交接班时刻以双方在值班记录上的签字时间为准。

② 下列情况一般不得进行交接班：事故、异常情况处理过程中，重要操作过程中，重要试验过程中，电网组织的反事故演习等重大事项过程中。

③ 交接班过程中若发生事故或异常，应立即停止交接班工作，并由交班人员进行处理，接班人员协助。

④ 倒闸操作或试验工作过程中，经光伏电站负责人同意可在告一段落后，进行交接班工作。但必须是交接班人员到现场进行，并全面交接操作任务或试验工作进展情况、存在问题、安全事项、下一步需要进行的工作及其他相关问题。

⑤ 以下情况必须到现场进行交接：设备异常现象尚未消除，设备存在较大缺陷并已采取措施，一般常规性操作任务或试验工作暂告一段落。

⑥ 接班人员检查中发现问题，一般应在接班前告诉交班人员，交接双方有不同意见时，汇报光伏电站负责人解决。不得无故拖延交接班。

⑦ 值班人员应按照批准的值班表值班，进入工作岗位应佩戴岗位标志，着装符合要求，精神饱满，精力充沛。不得私自换班、代班。

（2）交接班项目

① 上级单位、调度、光伏电站负责人安全生产工作安排事项。

② 各类记录、报表完成情况。

③ 设备及系统现运行方式及主要参数，各种设备的运行状态及变更情况。

④ 各种已开工、未开工和已结束的工作票办理情况。

⑤ 设备存在缺陷及异常情况。

⑥ 设备检修情况。

⑦ 工器具（含钥匙）齐全情况。

⑧ 设备设施、工作环境干净清洁情况。

（3）交班工作事项

① 交班前，各岗位应将所管理设备及系统进行全面检查，对异常情况应做清晰说明交代或恢复正常状态。

② 当班期间的各项工作应全面完成，写好值班记录及其他有关记录。

③ 清点仪表、工具、钥匙、记录本、表纸，并在指定位置存放。

④ 交班者应为接班者做好必要的准备工作，对接班后将要进行的工作及注意事项进行说明。

⑤ 交班前将所属区域卫生清扫干净。

（4）班后会内容

① 每日工作结束后应召开班后会。

② 总结任务完成情况和经验教训。

③ 总结值班纪律及各项规章制度执行情况。

④ 分析不安全事件的经过、原因及今后防止的对策。

⑤ 简介各项经济指标完成情况。

⑥ 表扬好人好事，批评忽视安全的不良现象。

（5）接班工作事项

① 接班人员应提前进入现场。

② 接班人员应根据职责范围查阅有关记录本，核对监控信息，接班后对主要设备、升压站、主变，及 35 kV、110 kV 配电系统进行全面检查，并详细了解下列事项：

a. 设备运行状态、方式，预计本班要进行的操作项目。

b. 设备检修情况，检修工作进展，系统隔离安全措施情况。

c. 设备缺陷及异常的发展情况，以及防止事故应采取的措施。

d. 接班前所发生的不安全问题和处理结果。

e. 上级指示和有关注意事项。

f. 检查工器具、仪表及各种记录本、报表是否完整无损，并指定位置存放；区域照明、开关位置是否正确；区域卫生、值班室卫生、表盘卫生是否整洁；桌椅、电话、柜子等公用设施是否完好等。发现异常或有疑问时应及时向交班人员提出，必要时汇报值班负责人。

③ 接班人员经交班人员同意后方可选择必要的微机画面进行检查，并对报警系统、信号、性能进行试验，但不得影响正常的运行操作。

④ 若发现交班人员对所存在的设备缺陷、设备异常运行情况未做记录，或检修安全措施不完善，可向交班人员提出并由交班人员负责处理，否则拒绝接班。

⑤ 检查完后值班负责人应布置工作并说明有关安全注意事项。

（6）班前会内容

① 接班值长组织召开班前会。检查值班人数并了解人员精神状况。

② 各岗位专责人员按交接班内容和要求向接班负责人汇报交接工作情况。

③ 接班负责人听取接班工作情况汇报后认为可以接班时，应向本值人员通报系统与设备的变化与运行情况、存在的安全隐患、设备检修与试验工作开展情况，传达上级与光伏电站的指示和工作安排，布置当班期间主要工作并交代安全注意事项。

④ 各岗位应按控制室内的时钟进行正点交接班，办完交接签字手续交班后，接班人员立即进入工作岗位值班。

⑤ 接班负责人接班后应及时向电网调度值班人员汇报光伏电站设备运行情况并了解电网运行情况。

⑥ 对正在进行的设备检修、试验工作以及接班前加运（恢复正常运行状态）的设备，要针对存在问题及需要注意的安全事项进行重点巡视检查。

⑦ 接班值长要做好当班期间的事故预计。

2. 交接班责任与考核

① 由于未认真执行交接班制度，接班不清，而在接班后发生的问题由接班人负责，但未检查到或问题扩大时由双方负责。

② 由于交班人员未做记录也没有交代而造成后果者，由交班人员负全部责任；有意弄虚作假者，一经查明，严肃处理。

③ 属交班人员未按照交接班管理制度要求进行交班或隐瞒事件真相而发生的安全事件，由交班值长负全部责任。

④ 属接班人员未按照交接班管理制度要求进行接班而发生的安全事件，由接班值长负全部责任。

2.3.3　光伏电站定期试验与轮换管理制度

光伏电站定期试验与轮换管理制度是"两票三制"的重要组成部分，制定该制度的目的是保证光伏电站内设备安全、可靠运行，备用设备可靠备用。运行人员及其他生产人员必须按照生产现场规程与相关规定对设备进行定期试验与轮换。

1. 定期试验与轮换管理要求

（1）内容及时间

① 每月对站用备用电源自动装置进行一次切换试验。

② 每月对直流屏进行一次切换。

③ 每年对逆变器进行监控远方启停试验一次。

④ 每年对光伏组件性能进行抽检。

⑤ 每年对环网柜母排绝缘测试一次。

⑥ 每年对各逆变器、配电室轴流风机电机进行绝缘测试、启动试验。

（2）工作要求

① 根据运行规程及设备的实际情况确定设备切换项目，在规定时间内对设备实施切换工作。

② 在设备进行切换作业前，应对即将投运的备用设备进行绝缘测试，绝缘测试合格后方可进行切换作业；否则应停止该设备切换作业，进行缺陷处理。绝缘测试合格后对即将投运的备用设备进行其他检查，确认无问题后，由执行操作人员与在设备就地检查人员通过对讲机取得联系后方可实施设备切换操作。

③ 进行设备定期试验与轮换工作，必须得到运行当班值长许可，必须履行工作票许可手续。工作完毕后必须将情况及时汇报当班值长，并做好相应交代和记录。

④ 进行设备定期试验与轮换工作前，应认真熟悉、掌握设备的运行情况和存在的问题并做好事故预计。

⑤ 进行设备定期试验与轮换工作时要按照规程与生产现场相关规定，认真检查、核对设备的名称与标志标号，准确操作并监视试验设备状态。工作完成后要对设备进行全面检查，确认设备状态正常。

⑥ 设备试验与轮换过程中若发现异常情况或有疑问时，必须立即向运行当班值长汇报，认真分析、查找原因并及时处理，并做好相关记录。

⑦ 进行设备定期试验与轮换工作时要注意人身与设备安全，注意设备试验与轮换工作对运行系统与设备的影响。

⑧ 由于设备存在缺陷不能进行试验与轮换工作时要及时进行处理，处理正常后再进行试验与轮换工作并做好相关记录。

⑨ 因其他原因未能按时进行设备试验与轮换工作时，应按照现场相关规定进行汇报，做好相关记录，待具备条件时按相关规定再进行设备试验与轮换工作。

2. 责任与考核

① 光伏电站上级管理公司或部门应按照相应工作职责，对光伏电站执行情况进行监督、检查、指导，及时查处存在的问题，督促各光伏电站限期整改。对发现的问题依据相关规定进行考核。

② 各光伏电站要按照定期试验与管理制度每月对工作情况进行自检与考核。

2.3.4　光伏电站设备标志标识管理制度

1. 设备标志标识管理意义

制定光伏电站设备标志标识管理制度的目的是实现光伏电站安全生产管理规范化，明确管理职责及主要工作流程、内容和要求，确保各项安全生产工作顺利进行。设备标志标识管理的主要职责如下：

① 及时向光伏电站管理单位提供安全信息的相关材料。

② 统计光伏电站安全管理信息。

③ 及时、准确、完整地报告安全生产事故（障碍）、不安全情况和生产突发事件。

④ 组织运维人员了解、学习最新的安全动态和安全信息。

2. 设备标志标识管理要求

① 光伏电站设备标志标识包括安全标志、设备标志、警示标志。

② 光伏电站若设备标志标识不完备，必须采取临时措施。

③ 光伏电站设备标志标识应保持完备，正在运行维护中的设备视同运行设备的组成部分，按要求进行巡回检查。

④ 发现光伏电站设备标志标识遗失应及时补充。如需批量补充，应按生产工程管理要求，及时制订计划，补充标志标识。

3. 安全标志管理要求

（1）"禁止烟火"安全标示牌

① 悬挂在控制室、继保室入口处。

② 悬挂在电缆层、电缆沟入口处。

③ 悬挂在逆变器室、库房门口。

④ 悬挂在其他被确认为禁止烟火的场所。

（2）"禁止攀登，高压危险"安全标示牌

① 悬挂在户外高压配电装置构架与爬梯上。

② 悬挂在未封闭的变压器及室内、室外电气设备爬梯或登高处。

（3）"禁止合闸，线路有人工作"安全标示牌

① 悬挂在一经合闸即可送电或已停电检修（施工）设备的断路器和隔离开关的就地操作把手上。

② 悬挂在已停电检修（施工）设备的电源开关的远方操作把手或合闸按钮上。

（4）"未经许可，不得入内"安全标示牌

① 悬挂在控制室、继保室等重要场所入口门上。

② 悬挂在其他被确认的重要场所。

（5）"止步，高压危险"安全标示牌

① 悬挂在室外检修工作地点的围栏上，标示朝向围栏外。

② 悬挂在高压试验地点围栏上，标示朝向围栏外。

③ 悬挂在室内外高压设备的构架上。

④ 悬挂在室内外高压设备的固定围栏上，标示朝向围栏外。

（6）"小心有电"安全标示牌

① 悬挂在临时电源配电箱板上。

② 悬挂在生产现场可能发生触电的电气设备外壳上。

（7）"当心坑洞"安全标示牌

悬挂在已掀开盖板和正在开挖的孔洞周围围栏上。

（8）"当心坠落"安全标示牌

悬挂在高处作业点的脚手架栏杆上，标示朝内。

（9）"当心落物"安全标示牌

悬挂在高处作业点下方的围栏上，标示朝外。

（10）"从此上下"安全标示牌

悬挂在检修设备的爬梯或供上下的梯子处。

（11）"在此工作"安全标示牌

悬挂在工作地点围栏入口处或检修设备的固定部位。

（12）安全标示牌设置的注意事项

① 固定的永久性安全标示牌装设，底边距地面 1.5 m 高。

② 在厂房等重要区域入口处设置安全标示牌，夜间工作场所应加设照明，以使安全标示牌清晰可见。

4. 设备标志管理要求

① 各类设备间隔应在间隔进门处标注名称。

② 各类开关、刀闸应在操作把手处标注名称和编号。

③ 各类屏柜应在柜体正、背面屏眉处标注名称和编号。

④ 各类设备单体应在醒目处标注名称和编号。

⑤ 各类设备的操作把手、切换开关处应标注名称、编号和操作位置。

⑥ 操作按钮处应标注名称和编号。

⑦ 动力、控制保险处应标注名称和编号。

⑧ 保护及自动装置的投、退压板处应标注名称和编号，切换压板应注明切换位置。

⑨ 便携式接地线应在本体和存放处标注编号。

⑩ 标志必须与图纸和实际设备相符。

5. 警示标志管理

（1）警示标志管理要求

① 分隔线色标为黄色，宽度为 100 mm；生产场所地面应以分隔线划分区域。

② 道路减速堤上标示弧形提示线；位于通道地面的障碍物上应标示防止绊跤线；站区与办公楼前应标明停车泊位线；生产、生活区域进口处和主干道适当地段地面应标示限速数据；通道上高度低于 1 800 mm 的障碍物上应标示防止碰头线。

③ 控制盘柜、就地操作的设备和消防设施前应划定禁止阻塞区。禁止阻塞区以分隔线为框，宽度、长度以设备占地区域确定。

④ 电气设备应在周围以分隔线划定安全警示区。

⑤ 孔洞盖板上以分隔线划分禁止阻塞线，孔洞盖板四周标示防止踏空线。

⑥ 楼梯顶部踏步和无围栏的平台临空边缘标示防止踏空线，储物区以分隔线作界线。

⑦ 设备间应用分隔线划定安全通道。

（2）警示标志使用注意事项

① 安全通道上禁止堆放物件。

② 阻塞线上禁止堆放物件。

③ 储物区堆放物件不得超过界线。

④ 标志褪色或模糊不清时，应及时重新标示。

2.3.5 光伏电站设备缺陷管理制度

1. 设备缺陷分类

（1）设备

设备指光伏电站机电、通信等设备和设施的统称。

（2）设备缺陷

设备缺陷指影响设备安全经济运行、正常使用和危及人身安全的异常状态和异常现象。设备缺陷按其影响程度分为 A、B、C、D 四类。

① A 类缺陷：指危及光伏电站主要设备安全运行、电网安全或人身安全的缺陷。此类缺陷如不及时消除或采取应急措施，在短时间内将造成停送出线路、停主变、停母线、停无功补偿装置、停环网柜或集电线路、停就地升压变（箱变）或威胁人身安全，属于紧急缺陷。

② B 类缺陷：指威胁安全生产或设备安全经济运行，影响发电单元正常出力或按正常参数运行的缺陷。此类缺陷技术难度较大，不能在短时间内消除，必须通过检修、技术改造、更换重要部件或更新软件、设备才能消除。

③ C 类缺陷：指设备在生产过程中发生的影响发电单元出力或导致一个发电单元停电的缺陷。此类缺陷若不及时消除，将对发电量产生直接影响，如光伏组件无电流输出、直流地埋电缆故障、汇流箱烧损、高压电缆头击穿、避雷器直流柜内开关故障、逆变器无法自动开机、逆变器故障停机等。

④ D 类缺陷：指设备在生产过程中发生的一般性质的缺陷。此类缺陷在设备运行中

或夜间停运时可以消除，不影响发电单元出力，属于可随时消除的缺陷。

（3）重复缺陷

重复缺陷指同类设备在厂家或规程规定的检修周期内发生两次及以上性质相同的缺陷。

（4）及时消除缺陷

及时消除缺陷指在规定的时限（包括批准延期处理的时限）内消除的缺陷。

（5）各类缺陷比率

$$各类缺陷比率 =（各类缺陷数 / 缺陷总数）\times 100\%$$

（6）消缺率

$$消缺率 =（消除缺陷数 / 缺陷总数）\times 100\%$$

（7）各类缺陷消缺率

$$各类缺陷消缺率 =（各类消除缺陷数 / 各类缺陷总数）\times 100\%$$

（8）消缺及时率

$$消缺及时率 =（及时消除缺陷数 / 按制度要求应消除缺陷数）\times 100\%$$

2. 光伏电站设备缺陷管理制度职责

① 通过巡回检查、隐患排查、监控系统监视、光伏电站生产运行管理系统分析，及时发现设备缺陷。

② 负责组织维护人员，协调、监督检修人员进行消缺。

③ 负责消缺工作票的办理。

④ 负责光伏电站设备缺陷处理的质量控制，并负责审核缺陷消除后的检修交代记录。

⑤ 负责缺陷登记、消除、验收、分析、汇总上报等工作。

3. 设备缺陷管理要求

（1）缺陷处理要求

① A 类缺陷：由光伏电站当班值长请示光伏电站负责人。对光伏电站无条件处理的缺陷，需委托检修单位进行处理，检修人员到达现场，立即组织消缺工作。此类缺陷发生后，要求相关检修单位应组织人员进行连续不间断处理，尽量缩短设备故障弃光时间。

② B 类缺陷：由光伏电站、检修单位制定消缺方案和防止缺陷扩大的措施，作为计划检修项目落实到检修计划中尽快处理。

③ C、D 类缺陷：光伏电站安排维护人员处理。若是光伏电站维护人员无条件消除缺陷，应及时汇报协调安排处理。

④ 影响发电量的设备消缺工作应尽可能安排在夜间或电网限电时期进行，并与电网检修计划密切结合，必要的消缺工作分阶段进行，尽可能减少弃光电量损失。

（2）消缺验收要求

① 对逆变器及高压设备进行了主要或全面分解检修消缺的项目，由光伏电站、相关检修单位进行验收。光伏电站运行维护人员履行工作许可、间断、转移和终结程序。

② 一般缺陷设备消缺结束后，由光伏电站运行维护人员检查验收。对 A、B 类缺陷，由光伏电站负责人组织相关检修单位、维护人员共同检查验收，合格后各方签字确认。

（3）消缺时间要求

① A、C 类缺陷：立即开展消缺工作，限时在 24 h 内消除。

② B 类缺陷：不做限时要求。

③ D 类缺陷：一般限时在 72 h 内消除。

④ 消缺时间包括办理工作票、设备隔离和消缺的时间。未在规定时限内消除缺陷属于消缺不及时。

⑤ 对于已经在规定时限内消缺完毕，但由于非设备原因无法完成试运行的缺陷，在试运行合格后不统计为消缺不及时，若试运行不合格则统计为消缺不及时。

⑥ 对于跨月消除的缺陷，在次月进行统计，但在分析时应注明。

（4）缺陷管理要求

① 光伏电站应保证缺陷登记及时、准确。

② 光伏电站设备隐患应根据缺陷的分类原则统计缺陷。

③ 因不具备消缺条件而无法在规定时限内消除的缺陷，由光伏电站确认，重新确定消缺完成时间。此类缺陷应统计为消缺不及时，但在上报时应注明。

④ 每月光伏电站将设备缺陷管理情况进行分析总结。

2.3.6　光伏电站设备异动管理制度

设备异动是指对生产设备或系统的设计结构、型式、性能、参数、连接方式等进行变更的工作，主要包括设备的控制与保护软件升级，流程、定值改变，设备更新，变更结构，更换主要部件（材料）与原有性能有差异等。

1. 设备异动管理要求

（1）设备异动管理

光伏电站的设备异动按其在生产过程中的重要性分为以下三类。

① 一类异动：

a. 更改光伏电站送出线路接线方式、主接线方式。

b. 更改光伏电站主要设备的型式、规格、容量、参数和特性。

② 二类异动：

a. 发电单元光伏组件、汇流箱、逆变器、就地升压变（箱变）、环网柜、集电线路、升压站所属设备等主要部件改进。

b. 一般设备更新改造、增减拆迁。

c. 站用电系统、直流系统、不间断电源系统改进。

d. 重大的电气二次回路、二次设备改进。

③ 三类异动：除一类、二类异动外，影响有关图纸技术资料变动的其他设备异动。

④ 以下工作不属于设备异动：

a. 电气保护的投、退。

b. 设备、系统中标准件的更换。

（2）设备异动的申请

① 光伏电站在生产实践中遇到设备问题有设备异动意向时，填写设备异动申请单，

向相关管理部门提出异动建议和意向。

② 申请设备异动主题栏内必须填写完整。申请异动原因栏内应写明原设备、系统存在的问题及设备异动的目的或异动后预期达到的效果。

③ 异动申请人应在设备异动方案或初步设想栏内直接提出设备异动方案，也可填写一个初步的异动设想，异动方案可用附件加以说明。异动意向的提出者应作为异动申请人在签名栏内签名。

④ 异动申请单应逐级审核上报。各级管理单位应对异动申请的内容组织进行分析评估，并及时反馈意见。

（3）设备异动报告的填写

① 异动主题必须完整，不能仅写设备或系统名称。异动报告的实施对象必须是一个具体的系统或设备。一个异动报告的内容应能完成一个特定的异动目的或成果。在不同的设备上进行相同的异动，应分别提出报告，但可以根据同一个异动申请提出。

② 异动原因应写明原设备，系统存在的问题，异动所要解决的问题即为什么要进行异动。

③ 异动内容由两部分组成：

a. 一部分为电气一次、公用系统的系统图，电气二次原理框图。在这些图上应用明显的标志注明异动前后的系统、逻辑和接线的变化，或有关控制保护定值的变化。有关的图不仅应完整地包含异动内容，而且应完整地包含不做异动的部分与异动部分的连接。

b. 另一部分为简要的文字说明，应从原理上说明异动如何解决原来所存在的问题，并简要说明异动工作的内容。

④ 内容较复杂的异动报告应有相应的附页，附页包括：

a. 新增设备的规格、数量、型号、布置简图。

b. 动力、控制电缆的截面规格、数量、电缆走向图。

c. 电气原理图、二次端子图。

d. 试验、试运行预案及安全性预评价。

⑤ 对异动报告中的新增设备，由光伏电站负责人给出设备命名，并在图上标注。

⑥ 每个审核人签注并提交审核意见的时间一般不得超过3天。

（4）设备异动的分发、评价、归档

① 设备异动执行完毕后一周内，由光伏电站负责人将异动报告最终版复印后分发给与该异动有关的管理部门，并按职责范围负责存档。

② 一类、二类异动后的设备、系统投入运行两个月后，在征求光伏电站意见后对设备异动的效果进行评价，并在评价栏内填写评价意见；异动设备运行时间较短的，可适当延长评价时间；异动的联锁、保护未实际动作的，在第一次动作后再进行评价。

2. 设备异动注意事项

① 光伏电站项目部每年至少组织一次将异动的设备、系统在系统图上做出正式修改的工作。系统图发放至相关人员单位或部门，并收回原图。

② 未经批准的设备异动不准执行；在处理故障或检修设备过程中发现新情况需要立即对设备进行异动时，可以由光伏电站负责人同意，直接实施异动，事后补办异动报告，完成相应的程序。

2.4　大型光伏电站备品备件和工器具管理

2.4.1　光伏电站备品备件管理制度

1. 光伏电站备品备件管理意义

光伏电站备品备件管理的目的是加强备品备件过程管理，合理储备保证设备维修需要，减少因备品备件不足造成的停机等待；同时，通过对备品备件消耗的管控，及时调整库存至合理储备，降低备品备件库存资金。

（1）光伏电站备品备件

① 设备备件：为了设备维护保养工作的顺利进行，在设备出现故障时缩短故障的修复时间而备用的配件。

② 待修件：不能正常工作但能通过修复再使用的配件。

③ 报废件：不能工作且无法修复或维修费用接近甚至高于购买成本的配件。

（2）备品备件管理职责与权限

① 设备维修班是备品备件的归口管理部门，负责备品备件清单的制作及优化更新。

② 设备维修班负责对申报备件及报废件的确认；负责优化备件品牌及替代件；负责对光伏电站的备件使用情况进行监督检查；负责到库房现场查询设备备件情况。

③ 设备维修班人员负责组织保全修复待修件。

④ 库房管理员负责设备备品备件的入库、保管、发放工作；负责每月月底对设备备品备件进行盘点；负责对在库备件申报填补；负责每月对设备备件消耗量进行统计，并于次月初上交设备维修班。

2. 光伏电站备品备件管理流程

（1）制定备品备件安全库存/关键设备备件清单

① 光伏电站维护人员根据设备说明书、设备检修保养指导书、设备台账制定备品备件清单，发放给采购人员和库房备品备件保管员。

② 备品备件清单应包括类别、名称、规格型号、更换周期、最大和最小库存、适用设备、获得途径、代用件、采购周期等内容。备品备件清单应根据实际使用情况进行优化补充，不断持续改进。确定备品备件储备原则：必须从公司实际出发，以保证设备正常运行为目的，以满足设备维修需要、减少备品备件库存资金为原则。

③ 新增的设备由运维人员更新备品备件清单。

④ 新设备随机附带备品备件入库，记入备品备件清单。

⑤ 在保修期内的设备原则上也应建立备品备件，以保证设备可动率，设备厂家赔付的备品备件可用于补足库存。

（2）设备备品备件的采购申报

① 在备品备件库中库存充足的，每月月末库房根据期末库存、备品备件清单，执行

零采购程序；未到期末即达到最小库存的应及时与采购人员联系以保证库存量。

② 更换周期较长不留备品备件的，设备维修班负责在充分考虑现场实际情况下按月填报采购。

③ 突发故障损坏的备品备件由设备维修班人员交给采购人员快速采购。

（3）设备备品备件入库

设备备品备件到货后，采购员交由库管员检验，填写到货验收单及退货单。对合格的备品备件，库房核对所购设备备品备件的名称、数量、规格型号，按正常手续办理入库。对不合格的备品备件，由采购员退货或更换。

（4）设备备品备件保管

① 各种设备备品备件分类存放，按规定挂好标识卡片，并注明备品备件名称、规格、在库量及最大、最小库存量。

② 每月月底盘点一次，库管员要认真做好盘点工作，保证账、物、卡一致。

③ 备品备件库要保持清洁、卫生，做好防护，避免落地放置。备品备件码放整齐，取用方便，以保证库存设备备品备件不变形、不锈蚀、不变质，始终处于良好状态。

（5）设备备品备件领用

① 设备备品备件的领用应由设备维护人员填写备品备件领用单，经设备管理人员审核签名后，领用备品备件。

② 特殊情况（如中夜班时）可先领用，但必须做好领用登记，并在 24 h 之内（节假日顺延）补清手续。

③ 库房应保证设备先进先出。

（6）待修件、报废件管理

① 替换下来的零部件，由设备管理人员在一周内做出处置意见。

② 对于待修件，设备维修人员负责进行修复，维修后的零件经设备维修班技术员检验合格后记入台账，库房应以修复件优先出库为原则。

③ 凡符合下列条件之一者做报废处理：

a. 备件严重损毁无法修复的。

b. 使用时间较长，外形严重损坏，修理后达不到技术指标的。

c. 更新换代，技术落后，效率低，经济效益差的。

④ 由于设备改造、清理、报废等原因而不再使用的备品备件，每月 25 日前由设备管理人员填写废弃物处置单，报主管领导审核。

⑤ 库房对待修件、报废件必须定置管理，做好标识，建立清单。

（7）统计分析与持续改进

① 每月月末设备维修班对备品备件存储更换情况进行统计，优化库存管理，包括优化备品备件的库存量、型号、采购成本、采购周期等。

② 设备维修班将改进措施更新到备品备件清单。

③ 设备维修班将备品备件管理情况纳入设备月报。

2.4.2　光伏电站工器具管理制度

1. 光伏电站工器具分类

（1）个人工器具

个人工器具指由个人保管使用的工器具及仪器仪表。

（2）公用工器具

公用工器具指由班组、部门统一保管的工器具及仪器，包括大型的工器具及仪器。

（3）形成固定资产的工器具

形成固定资产的工器具指单价 2 000 元及以上的大型工器具及仪器、试验室用的标准工器具等。

（4）Ⅰ类工器具

Ⅰ类工器具在防止触电的保护方面不仅依靠基本绝缘，而且还包含一个附加的安全预防措施，其方法是将可触及的可导电的零件与已安装的固定线路中的保护导线连接起来，通过这样的方法使可触及的可导电的零件在基本绝缘损坏的事故中不成为带电体。

（5）Ⅱ类工器具

Ⅱ类工器具在防止触电的保护方面不仅依靠基本绝缘，而且还提供双重绝缘或加强绝缘的附加安全预防措施和没有保护接地或依赖安装条件的措施。Ⅱ类工器具分为绝缘外壳Ⅱ类工器具和金属外壳Ⅱ类工器具，在工器具的明显部位标有Ⅱ类符号。

（6）Ⅲ类工器具

Ⅲ类工器具在防止触电的保护方面由安全特低电压供电，在工器具内部不会产生比安全特低电压高的电压。

（7）手持电动工器具

手持电动工器具也称便携式电气工器具，指以电能为动力的手持式的工器具，其种类较多，体形较小，便于携带，如手枪电钻、角向砂轮机、电剪刀等。

（8）电动机具

电动机具指以电能为主要动力的加工机具及其他体形较大的设备，一般为固定使用，如电焊机、砂轮机、潜水泵、行灯变压器等。

（9）起重机具

起重机具指起重作业中使用的千斤顶、导链、起重用钢丝绳等。

（10）人力工器具

人力工器具指以人力为动力的工器具，如人力推车、人力起重车、提升车等。

（11）移动升高工器具

移动升高工器具指移动使用的工器具，如直梯、人字梯、升降平台等。

（12）其他工器具

其他工器具包括气动工器具、小空压机、喷灯以及其他未在上述分类中列出的所有非通用工器具等。

（13）钥匙

钥匙指通用锁钥匙、专用锁钥匙和防误操作闭锁装置紧急解锁钥匙。

2. 光伏电站工器具管理职责与权限

① 光伏电站负责人职责：对光伏电站站内工器具（含钥匙）负有管理责任；建立光伏电站、班值保管工器具（含钥匙）台账，对工器具（含钥匙）的检查、检验的录入须及时准确；办理保管工器具报废手续及新增工器具申请手续，对其准确性负责；负责保管工器具领用时的验收、维护保养、检查校验及日常管理工作。

② 光伏电站兼职工器具管理员职责：负责建立工器具台账（包括安全工器具台账），录入须及时准确；负责工器具领用时的验收、维护保养、定期检查校验及日常管理工作。

③ 光伏电站运维员职责：负责个人工器具领用时的验收确认、使用前检查、日常保管等；负责操作前对安全工器具进行检查，如有问题应停止使用并及时上报。

3. 光伏电站工器具管理要求

（1）工器具管理要求

① 建立工器具管理台账。

② 光伏电站对公用工器具、个人工器具、形成固定资产的工器具进行登记，分别建立工器具台账。

③ 如实统计台账，统计后的台账作为工器具报废、增补以及检查校验的依据。

④ 统计后的工器具台账由光伏电站统一管理，并指定专人（工器具保管员）妥善保管，将台账打印装订，保管员及光伏电站负责人履行签字手续。

⑤ 工器具的领用采取以旧换新方式，以工器具台账作为以旧换新的依据，台账以外的工器具不予更换。

⑥ 管理方式：按照报废的工器具内容制订采购需求计划，履行审批手续。对于未办理工器具报废手续的工器具计划，若无光伏电站管理单位领导的特殊审批，则各级审批人员不得审核。光伏电站在每年6月、12月完成废旧工器具报废手续的办理（技改及检修工器具除外）。

（2）工器具使用规定

① 工器具的使用周期一般不低于3年，如不到规定的使用周期，工器具因损坏需提前更换，须说明原因，属于使用不当造成的损坏，应对保管或使用者进行考核惩罚。

② 工器具保养：光伏电站负责人、安全员负责监督、检查工器具的试验、保养情况，并在内部通报检查结果。对未按要求执行的，进行考核惩罚。

③ 工器具的借用：对于班组之间的工器具借用，应履行借用手续，防止工器具丢失。借用手续按工器具借用单执行。使用期间造成工器具损坏的，由借用班组负责修复后归还运维部门工器具保管员，并在工器具借用单上说明情况。

④ 工器具的租赁：运维部门工器具的对外使用采用租赁方式，运维部门提供工器具名称、数量、规格型号及工器具的完好情况，通过租赁合同外租，工器具保管部门无权私自外借、外租工器具。

⑤ 工器具的定期检查校验：工器具在发出或收回时，保管员必须进行一次日常检查。在使用前，使用者必须进行日常检查，不合格的工器具禁止使用。工器具日常检查的要求如下：

a. 工器具上的设备名称和编号清晰。

b. 工器具登记在册，名称、编号相符。

c. 工器具未超过或接近校验日期。

d. 工器具外壳、手柄无裂纹和破损。

e. 电动工器具电源线完好。

f. 电动工器具保护线完好。

g. 电动工器具插头完好。

h. 电动工器具开关动作正常、灵活、无破损。

i. 工器具转动机械防护装置良好。

j. 工器具转动部位转动灵活。

（3）工器具管理

① 长期搁置不用的电动工器具，在使用前必须测量绝缘电阻。如绝缘电阻小于规定值，必须进行处理，经试验合格后方可使用。

② 电动工器具如有绝缘损坏、电源线护套破裂、保护线脱落、插头插座裂开或有损于安全的机械损伤等故障时，应立即进行修理。

③ 使用单位和维护部门不得任意改变工器具的原设计参数，不得采用低于原材料性能的代用材料和与原有规格不符的零部件。

④ 工器具电气绝缘部分处理后必须进行测量和试验。

⑤ 工器具如不能修复或修复后仍达不到应有的安全技术要求，必须办理报废手续。

⑥ 电动工器具、仪器仪表检查校验应符合安规及产品制造厂规定，校验合格后按规定位置贴好合格证，合格证应标明检验有效的截止日期。

⑦ 校验不合格的安全工器具及手持电动工器具应及时进行修复，修复不了的应标注明显清晰标志，放在指定的不合格报废工器具柜内，防止错用。

⑧ 对个人拥有的手动工器具进行统计（以清单进行统计）。每个月对个人工器具进行一次检查。检查不合格的工器具应及时进行修复，修复不了的应标注明显清晰标志，放在指定的不合格报废工器具柜内，防止错用。

（4）工器具使用及培训

① 特殊的工器具使用前应进行培训，电动工器具使用前全部需要培训。工器具使用前，操作者应认真阅读产品使用说明书或安全操作规程，详细了解工器具的性能，并掌握正确的使用方法。

② 在一般作业场所，应尽可能使用Ⅱ类工器具，使用Ⅰ类工器具时还应采取漏电保护器等保护措施。

③ 在潮湿作业场所或金属构架等导电性能良好的作业场所，宜使用Ⅱ类或Ⅲ类工器具。

④ 在湿热、雨雪等作业环境，应使用相应防护等级的工器具。

（5）钥匙管理要求

钥匙及锁具配置应遵循按系统分类、使用便捷、维护方便、管理规范的原则。钥匙实行集中管理、分类编号存放。电气设备钥匙分为通用锁钥匙、专用锁钥匙和防误操作闭锁装置紧急解锁钥匙三类。

① 通用锁钥匙。通用锁钥匙用于配电室、主变围栏、逆变器室等门锁开启。为方便运行日常巡回检查和停送电操作，设置各类通用锁钥匙五套，由运行维护值班负责人保

管、按值移交，一套专供紧急时使用，其他四套专供运行值班员操作和巡视设备使用。通用锁钥匙按编号设若干把存放于钥匙柜内，按检修工作票要求借给检修人员和其他可单独巡视高压设备的人员使用，但必须登记签名。在光伏电站钥匙借用登记本中准确记录钥匙使用情况。

② 专用锁钥匙。专用锁钥匙（即一把钥匙一把锁）用于所有电气设备刀闸操作把手、电动机构箱、刀闸等门锁的开启。钥匙名称按设备名称编写，统一存放在钥匙柜内，由运行监护人或工作许可人根据操作和工作票检修内容开启检修设备。专用锁钥匙不允许借给检修人员使用。

③ 防误操作闭锁装置紧急解锁钥匙。防误操作闭锁装置紧急解锁钥匙存放于控制室，由当班值班负责人保管，按值移交。防误操作闭锁装置紧急解锁钥匙仅限于运行人员在特殊情况下使用，不得外借。使用防误操作闭锁装置紧急解锁钥匙操作完毕后，应立即交回。正常操作时，一律按规定的操作程序进行操作，不得使用防误操作闭锁装置紧急解锁钥匙进行解锁操作。处理紧急事故必须使用防误操作闭锁紧急解锁钥匙进行解锁操作时，则不受上述限制。

④ 钥匙管理规范：

a. 钥匙实行"集中管理、分类编号存放"原则，柜门必须上锁。钥匙由值班负责人保管，按值移交，确保钥匙数量齐全和完好。

b. 钥匙柜中的钥匙纳入值班负责人交接班检查，重点检查钥匙借出情况并核对钥匙借出登记是否正确，钥匙柜中的钥匙是否齐全，钥匙名称编号是否清晰，是否对号放置。

c. 值班负责人发现钥匙遗失或损坏应在交接班记录本上交代清楚，及时汇报光伏电站负责人，查明原因，及时更换补齐钥匙。

d. 检修工作负责人借通用锁钥匙必须凭工作票，由工作许可人和工作负责人双方在光伏电站钥匙借用登记本中交接清楚，交回工作票的同时应注销通用锁钥匙借出记录。

e. 参观人员或上级领导检查现场，应由运行值班人员带领，并交代安全注意事项。外单位人员进入生产区域从事检修工作，由工作票负责人借钥匙并进行工作监护。

f. 专用锁钥匙、防误操作闭锁装置紧急解锁钥匙由电气运行人员操作设备使用，不得借给检修人员。倒闸操作所使用的电气专用钥匙应对号存放，使用后钥匙应挂在对应位置上，严禁乱放。因检修需要开启设备时，必须由工作许可人根据检修工作票内容，经现场检查核实后方可开启。检修工作结束或当日交回工作票时，检修工作负责人应将所修设备恢复至原状，并通知工作许可人核查后锁好该设备。

g. 操作中钥匙打不开应汇报值长，经现场核实无误后方可人为解锁。

2.5 大型光伏电站生产运营安全管理

2.5.1 光伏电站安全管理制度

制定光伏电站安全管理制度的目的是规范光伏电站安全生产管理，制度中会规定光伏电站安全生产目标、安全组织机构与职责，以及对作业安全、隐患排查和治理、应急援救等的相关要求。

1. 安全管理目标与职责

（1）安全生产目标

安全生产目标是：不发生一般及以上人身安全事故，不发生一般及以上设备事故，不发生一般及以上火灾事故，不发生全站非正常停发电事故，不发生恶性设备误操作事故，不发生责任性一般以上交通事故等。

（2）安全组织机构与职责

① 安全管理必须贯彻"安全第一，预防为主，综合治理"方针，执行国家法律/法规、国家标准、行业标准和光伏电站安全生产规章制度。

② 建立以主要负责人为核心的安全生产领导机构和安全监督管理，配足专职（兼职）安全监督管理人员。

③ 建立以站长为第一责任者的各级安全生产责任制，健全有系统、分层次的安全生产保证体系、安全生产监督体系和应急管理体系，形成监督网并有效发挥作用。

④ 建立健全安全生产责任制。安全生产责任制必须覆盖光伏电站全体员工和岗位、生产和管理全过程。

⑤ 安全生产要做到"五同时"，即在计划、布置、检查、总结、评比生产工作的同时，计划、布置、检查、总结、评比安全工作。

⑥ 把握光伏电站设备检修和质量验收规程，能够准确实施设备检修安全措施。

⑦ 把握光伏电站设备维护规程，能够熟练、准确地进行设备操作、故障维修及日常维护工作。

2. 安全管理内容

（1）安全法律/法规、安全制度管理和安全教育培训

① 定期对安全生产管理制度进行评估、修订，每年发布一次有效的安全生产管理制度文件。

② 定期开展对安全生产管理制度的宣贯、培训，检查和督导制度的落实。

③ 定期组织安全生产规章制度、规程的学习并考试，将安全生产规章制度和规程的学习成绩计入绩效考核当中。

（2）作业安全

① 光伏电站必须为员工创造标准的生产作业环境，确保安全生产设备设施安全、完好，必须在生产和作业现场设置醒目而规范的安全警示语、安全警示标志。

② 根据生产作业性质需要，光伏电站必须为员工配备足够的合格劳动防护用品，并监督检查员工正确佩戴和使用劳动防护用品。

③ 制定并规范安全技术劳动保护措施和反事故措施，定期开展应急事故演练活动。

（3）事故隐患排查治理

① 建立健全事故隐患排查治理制度。光伏电站站长对整个电站的事故隐患排查治理工作全面负责，对所辖区域内的事故隐患排查治理工作实施监督管理。

② 光伏电站开展日常性事故隐患排查治理工作，提出并落实事故隐患治理控制措施。光伏电站站长监督相关工作开展情况，并组织实施重大事故隐患治理工作。

③ 应当按照有关法律、法规、标准的要求开展事故隐患排查治理工作，建立健全事故隐患排查治理工作程序，完善事故隐患排查治理计划、方案、实施、监督、整改、验收的工作制度。

（4）应急救援

① 建立健全行政领导负责制的应急工作体系，成立应急领导小组以及相应工作机构，明确应急工作职责和分工，并指定专人负责安全生产应急管理工作。

② 围绕管理目标并结合光伏电站实际情况，制定相应应急预案和专项处置方案，开展应急预案演练，加强应急队伍建设，做好应急物资管理工作，提高应急响应和处置能力。

③ 光伏电站发生突发事件时，站长应按照规定启动相关应急预案，并组织开展应急抢救工作，最大限度减少人员伤亡和财产损失，并做好相关的善后工作。

（5）事故报告调查和处理

① 严格执行安全事故报告和调查处理制度。

② 事故发生后，必须积极采取处置措施，并按规定进行汇报。

③ 站长组织或参与安全事故调查，编写事故报告，并落实安全事故整改方案和防范措施。

2.5.2　光伏电站综合应急预案

1. 水淹升压站现场处置方案

当突降暴雨，雨水积聚不能及时排出或升压站地势低洼，雨水倒灌，淹没升压站地平面，威胁设备安全运行，甚至导致运行设备跳闸时，应启动水淹升压站现场处置方案。

（1）岗位应急职责

① 值班负责人：

a. 组织本站人员开展防汛抢险，控制次生灾害。

b. 向调度及生产运行部及公司总部领导汇报灾情和抢险救灾情况。

② 值班人员：

a. 对处于低位、进水易发生故障的设备进行特巡。

b. 按照调度指令，调整设备运行方式，保障电网及设备安全运行。

c. 开展升压站抗洪抢险工作。

（2）现场应急处置

① 现场应具备条件：

a. 排水泵及沙袋等防汛物资。

b. 通信工具及有关通讯录。

c. 移动应急照明设备。

d. 雨衣、绝缘靴、救生衣、急救药品等个人防护装备。

② 现场应急处置程序：

a. 开启水泵排水。

b. 开展处于低位、进水易发生故障设备的特巡。

c. 采取封堵进水点或排水措施控制水位。

d. 汇报调度及生产运行部领导。

③ 现场应急处置措施：

a. 升压站被水淹后，立即启动站内水泵向外强排水，安排人员监视排水泵运行情况。

b. 对设备区端子箱、机构箱、配电室、所用变室、低压交流室等处于低位、进水易发生故障的设备开展重点检查。

c. 检查水淹原因，采取封堵进水点、向站外强排水的措施，控制站区内水位上涨的趋势。

d. 水位继续上涨时，以设备室围墙为界建立重要防线，用沙袋封堵进水点，尽可能将外来雨水拦截在设备室外，必要时安装临时水泵向外排水。

e. 及时向调度及生产运行部汇报灾情和抢险救灾情况，按照指令调整设备运行方式，保障电网运行。

f. 必要时请求物资、人员、装备支援。

④ 注意事项：

a. 当水位涨势迅猛威胁人身安全时要及时撤离。

b. 在抢险过程中要注意自身防护，应佩戴安全帽、雨衣、绝缘靴等防护用品。

c. 雷雨天气不准靠近避雷针和避雷器。

d. 安装临时排水泵应确保电缆绝缘可靠，防止漏电、触电。

2. 地震灾害现场处置方案

当人员感到眩晕，站立不稳；建筑物摇晃，屋内物品晃动或倒落；建筑物开裂损坏甚至倒塌，人员伤亡时，应启动地震灾害现场处置方案。

（1）岗位应急职责

① 值班负责人：

a. 组织本站人员撤离至室外安全地带，开展自救和互救。

b. 组织本站人员开展建筑物、设备巡查及运行方式调整，控制次生灾害，保障电力供应。

c. 收集灾情信息，向调度及公司总部领导汇报。

② 值班人员：

a. 撤离至室外安全地带，开展自救和互救。

b. 开展建筑物、设备的巡查。

c. 按照调度指令进行运行方式调整。

（2）现场应急处置

① 现场应具备条件：

a. 防毒面具、安全帽、绝缘靴等个人防护用品。

b. 通信工具及有关通讯录。

c. 移动应急照明设备。

d. 急救箱及药品。

② 现场应急处置程序：

a. 撤离至室外安全地带。

b. 查明设备、建筑物受灾情况。

c. 汇报调度及公司总部领导。

d. 现场灾害处置。

③ 现场应急处置措施：

a. 感知地震时，现场人员应立即采取防护措施，撤离至室外安全地带，发生人身伤亡时，采取适当的自救措施，并请求支援。

b. 在有安全防护的前提下，开展设备、建筑物的巡查，检查调度监控系统、通信系统的运行情况，收集灾害信息。

c. 向调度及公司总部汇报灾情及人员伤亡情况。

d. 按照调度命令，调整运行方式，采取措施，控制次生灾害，保障电力供应。

④ 注意事项：

a. 在主控楼外避难时，应远离变电设备区，防止因设备倒塌、导线脱落、爆炸等造成人员伤亡。

b. 在震后的设备、建筑物巡查中，安全帽、绝缘靴等个人防护装备要佩戴齐全，防止地震次生灾害及余震导致人身伤害。

3. 设备火灾现场处置方案

当光伏电站设备冒烟、燃烧造成设备损坏，威胁相邻设备安全运行时，应启动设备火灾现场处置方案。

（1）岗位应急职责

① 当值负责人：

a. 组织当值人员进行火灾现场处置。

b. 向调度及公司总部领导汇报灾害情况。

② 当值人员：

a. 发现火情及时汇报当值负责人。

b. 隔离故障设备，扑灭火灾。

c. 必要时报警求助。

（2）现场应急处置

① 现场应具备条件：

a. 火灾报警系统、自动灭火系统等防火自动装置。

b. 灭火器、沙子等消防器材。

c. 防毒面具、正压式呼吸器、急救药品等安全防护用品。

d. 应急照明装备。

e. 通信工具及有关通讯录。

② 现场应急处置程序：

a. 现场查看并确认火情。

b. 向调度及公司总部汇报现场火情。

c. 设备隔离，扑救火灾。

d. 汇报公司总部领导，必要时报警。

③ 现场应急处置措施：

a. 站内发现火情，首先要采取以下步骤进行处理：

- 对于防火部位失控的火情或危险性较大、范围较大的火情，发现火情的人员应向消防部门报警，其他人员迅速参加灭火行动，报警人员报警时应注意以下几点：
  - ◆ 报警人员要情绪镇定地拨打火警电话 119。
  - ◆ 要报出详细的火灾地点，说明靠近什么地点及本人单位、姓名、电话。
  - ◆ 要说明火灾情况、燃烧物质、火势大小等。
  - ◆ 要待对方回话后再挂断电话。
- 对于初起的非重点防火的火情或危险性小、范围小的火情，发现火情的人员在向站长和变电管理处汇报后，应迅速参加灭火行动，利用站内的消防器材、设施全力以赴将火扑灭。

b. 扑救火灾的应急措施。在发生火灾时，当值负责人或站长作为部门领导的灭火指挥人，在指挥灭火过程中要注意以下几方面的工作：

- 报警后，应派人员到大门口迎候消防队车辆，并引导车辆进入着火现场，道路应确保畅通。
- 扑救火灾之前，应注意灭火人员的安全，应做好停电的安全措施，避免灭火人员受到爆炸、触电、中毒、烧伤等伤害。
- 灭火指挥人员应了解着火部位的情况，根据火灾情况制定灭火方案，并采取冷却法、窒息法、隔离法、抑制法等方法灭火。
- 当火灾现场危及重点防火部位时，应全力控制火势蔓延，避免重大火灾事故的发生。

c. 灭火的程序和要求：

- 发生火灾时要遵守先救人后救物的原则。
- 对初起或危险性不大、范围小的火灾，要全力以赴将火扑灭；对危险性大、范围大的火灾，应控制火势蔓延，立即报警，与消防队员共同灭火。
- 消防队到达火灾现场后，站长或值班人员应主动与消防队领导取得联系，共同制定正确的灭火方案，配合消防队共同灭火，避免设备损坏及事故扩大。
- 在灭火过程中，应组织好水源、消防器材的供应，尽量保护火灾现场，以便火灾后的调查处理。
- 本着"四不放过"的原则，做好善后工作，并及时上报火灾情况。

d. 组织机构及职责：

- 站长负责组织和指挥协调灭火、疏散预案的具体实施，确保灭火、疏散行动能够按照预案顺利进行。
- 当值人员应服从领导调配，并履行规定的职责；负责按照预案或现场指挥员的指令扑救初起火灾，配合专业消防队进行灭火抢险战斗；保持通信联络畅通，保证各种指令信息能够迅速、及时、准确的传达。

e. 重点防火部位：主控室、保护室、蓄电池室、高压室、低压室、电缆隧道、变压器等。对于重点防火部位，值班人员在值班期间应该重点加强巡视检查，及时发现和处理火险隐患。

f. 站内防火安全措施：

- 设备区域内严禁动用明火施工作业。因生产工作需要时，必须提报动火工作申请，办理动火工作票，方可实施动火作业。站内主控室、电缆隧道、蓄电池室、保护室、主变设备区等处严禁烟火。设备区内严禁流动吸烟。
- 站内各区域严禁存放易燃易爆危险化学品。变电站内的消防通道严禁摆放杂物和其他物品，必须要保证消防通道的畅通无阻。
- 站内的生活起居区内要加强防火安全管理。对所配置的生活用火器具及其他易燃可燃物品，要定期进行检查，并按规定的要求进行使用。
- 检修部门在变电站检修设备时，应严格执行电力设备典型消防规程中的有关规定。站内的电缆沟、管道沟等坑内不得存有积油。变电运行人员应经常检查或清除管道内的杂物，以防管道沟内起火。
- 在检修设备时，不得使用汽油或各种油料洗刷机件和设备。不得使用汽油、煤油在设备区内洗手。设备检修工作结束后，应及时清理和检查现场遗留下的可燃物品，彻底清除各种火险隐患。
- 生产检修现场应备有带盖的铁箱，以便回收擦拭设备用的废棉纱材料。严禁在站内乱扔废旧棉纱等可燃材料。严禁充油、储油设备渗油或漏油。油管道连接应牢固严密，严禁使用塑料垫和橡胶垫。
- 生产检修现场使用过的工作用油，严禁在设备区域内随意倾倒和存放。应定期检查变压器灭火喷淋系统（蓄水池蓄水应满足要求）、火灾烟雾自动报警灭火系统的工作情况，发现系统设备火警误报故障，应立即上报有关部门进行维修处理。

g. 电缆防火安全措施：

- 加强对电缆的定期检查、维护和保养，发现电缆过度发热、异味或不正常现象，应立即进行检修，彻底消除隐患，决不允许电缆"带病"运行。定期或不定期地对电缆中间接头进行测温防老化检查，按照有关规定进行定期预防性试验。在检查中如发现不安全事故隐患，应及时处理解决，避免发生电缆火灾。
- 防止电缆火灾延燃的措施有封、堵、涂、隔和其他。涂料、堵料必须来自经国家技术鉴定合格，并由公安部门颁发生产许可证的生产厂家，其产品应是适用于电缆的不燃或难燃材料。
- 电缆沟内应保持整洁，不积粉尘，不积水，不得堆放杂物。电缆沟洞内严禁集油。
- 电力电缆中间接头盒的两侧及其邻近区域，必须增加防火包带等阻燃措施。在电缆廊道、沟洞内灌注电缆盒的绝缘剂时，熔化绝缘剂的工作应在外面进行。在通风不良的场所扑灭电缆火灾时，应带上氧气呼吸保护器及绝缘手套，并穿上绝缘靴。
- 变电站电缆应采取涂刷防火阻燃材料的措施。控制室、保护室等穿越墙壁、柜、盘等处的所有电缆孔洞和盘面之间的缝隙（含电缆穿墙套管与电缆之间的缝隙）必须采用合格的不燃或阻燃材料封堵，以防止电缆火灾向非火灾区蔓延。
- 在电缆处施工检修作业时，应尽量采取非明火作业的方法。必须进行明火作业时，要加强明火作业的安全管理，采取有效的防火安全措施，以确保在施工作业期间的防火安全。
- 加强施工检修人员的管理，落实消防安全制度。许多电缆火灾事故是由于在电缆处明火作业或施工检修人员吸烟不慎留下火种而发生的，这些火灾都是不落实防火安全责任制的人为原因造成的。为避免这类火灾的发生，必须加强对施工检修人员的管理，落实消防安全岗位责任制，以避免意外电缆火灾事故的发生。

h. 现场保护：灭火工作结束后，站内要派专人对着火现场实施警戒保护，严禁非现场人员进入现场，确保现场的原始状态，并配合调查人员进行事故现场的调查工作。

④ 注意事项：

a. 扑救火灾时，扑救人员应佩戴防毒面具或正压式呼吸器，防止燃烧产生的气体引起中毒和窒息。

b. 充油设备内部火灾无法控制时，人员应撤至距着火设备 50 m 以外，防止爆炸伤人。

4. 办公场所火灾事故现场处置方案

办公大楼发生火灾，产生高温有害气体，造成人身烧伤、中毒、窒息和设备损坏，导致人身伤亡和财产损失时，应启动办公场所火灾事故现场处置方案。

（1）岗位应急职责

① 火情发现人：

a. 发现火情立即报警，并通知火灾区域所有人员。

b. 抢救伤员，疏散火灾区域人员。

c. 在火灾初期参与灭火工作。

② 火灾区域人员：

a. 及时向大楼消防管理负责人汇报火情。

b. 组织抢救伤员。

c. 在火灾初期组织灭火工作。

d. 组织疏散火灾区域人员。

e. 采取措施隔离火灾区域。

f. 在保证人员安全的情况下抢救重要档案资料。

③ 其他工作人员：

a. 听从指挥。

b. 协助抢救伤员、疏散人员。

（2）现场应急处置

① 现场应具备条件：

a. 自动灭火装置、火灾自动报警系统。

b. 灭火器、消防栓、消防水带、疏散标志、应急照明灯等设备设施。

c. 防毒面具、急救箱及药品等防护用品。

② 现场应急处理程序：

a. 查看火情，向消防值班室报警，拨打火警电话 119 报警，向办公楼消防管理负责人汇报。

b. 抢救伤员，组织人员灭火，疏散人员。

③ 现场应急处理措施：

a. 发现火情，迅速查看着火部位及火势。

b. 立即启动火灾自动报警系统，大声呼叫，告知火灾区域人员；及时向办公楼消防值班员汇报；拨打火警电话 119 报警，请求支援，报警内容包括单位名称、地址、着火物质、火势大小、着火范围，要把自己的姓名和电话号码告诉对方。

c. 发现火灾后，火灾区域人员尽快戴好防毒面具。

d. 发现有人烧伤，立即将其转移至楼下安全地带，用干净的纱布覆盖烧伤面，防止被污染。发现有人吸入有害气体中毒，立即将其转移至通风良好处休息，对已昏迷伤员应保证其气道通畅，对呼吸心跳停止者应按心肺复苏法对其进行抢救。尽快把伤员送往医院救治或拨打急救电话 120 求援。

e. 在火灾初期，可组织火灾区域人员用灭火器灭火。

f. 安排专人在楼梯口指挥，沿办公楼步行梯有序疏散，严禁搭乘电梯。

g. 根据现场实际情况采取关闭防火门等措施隔离火区，防止火势快速蔓延。

④ 注意事项：

a. 没有防毒面具的人员，可用湿毛巾、湿衣服捂住口鼻弯腰迅速撤离火灾区域。

b. 未经医务人员同意，灼伤部位不宜敷擦任何东西和药物。

c. 火灾初期，在保证人员安全的情况下，才能组织人员灭火，把重要档案资料抢救至安全区域。火势较大时，所有非消防专业人员必须撤离现场。

d. 疏散时要有序撤离，防止发生人员踩踏事件。

5. 光伏电站防小动物措施及应急预案

（1）岗位应急职责

① 值班负责人：

a. 负责组织培训工作，增强运维人员防小动物的意识。

b. 完善防范措施。

c. 及时组织站内人员对设备进行防小动物排查，并及时组织人员对被损坏的设备进行维修更换。

② 值班人员：

a. 负责巡检调查小动物进入区域，查明小动物类型。

b. 及时对造成损坏的设备进行维修更换。

（2）小动物防范措施

为了防止因小动物造成设备事故，认真做好光伏电站的防小动物工作，使光伏电站的防小动物设施真正起到其应有的作用，特制定如下安全措施：

① 认真做好技术培训工作，使全站人员深刻认识到小动物对光伏电站安全运行的危害性，使大家能自觉做好防小动物工作。

② 严禁在主控室、高压室、保护间、低压室、蓄电池室、生活区放置食物。

③ 进出主控室、高压室、保护间、低压室、蓄电池室时必须随手将门关好，防止小动物进入。

④ 站内如有检修、扩建施工，需打开电缆孔洞进行工作时，必须采取临时措施，防止小动物进入，工作完成后必须立即按要求将孔洞封堵好，否则不予办理工作终结手续。

⑤ 交接班时均应检查各处的防鼠挡板是否完好，室外百叶窗、排气孔洞、室内外门窗是否完好，对损坏的防小动物设施应及时更换或修复。

⑥ 每月应定期检查所有防鼠挡板是否完好，鼠饵是否新鲜，鼠药是否充足，粘鼠板

是否有黏性，鼠饵不新鲜的应立即更换，鼠药不充足的应马上补充。每月应定期检查所有进出主控室、高压室、保护间、低压室、蓄电池室的孔洞封堵是否严密。对防小动物设施存在的问题应立即进行处理，保证其处于完好状态。

⑦ 巡视站内设备时应认真检查站内设备架构，发现鸟窝应立即进行处理，防止因鸟害造成事故。

⑧ 站内不准饲养家禽，不准种植引鼠的作物。

⑨ 冬季应将围墙的疏水道封堵住，防止猫、兔等动物进入站内。

（3）注意事项

① 对于地处山区的光伏电站，发现小动物进入时不可随意用手去抓小动物。

② 建立防小动物管理网络图。

6. 交通事故现场处置方案

车辆在前往作业现场途中，发生撞车、撞人、翻车等交通事故，造成车辆受损、人员伤亡时，应启动交通事故现场处置方案。

（1）岗位应急职责

① 驾驶员：

a. 负责做好防次生事故措施。

b. 组织营救伤员，及时拨打急救电话 120、火警电话 119 求救。

c. 及时联系交警部门以及保险公司汇报现场情况，保护事故现场。

② 乘坐人员：

a. 协同驾驶员开展伤员救治工作。

b. 及时向光伏电站站长汇报事故情况。

c. 当驾驶员失去活动能力时，代替驾驶员履行职责。

（2）现场应急处置

① 现场应具备条件：

a. 通信工具、照明工具、灭火器、千斤顶、牵引绳、安全警示标志等工器具。

b. 急救箱及药品等急救用品。

② 现场应急处置程序：

a. 抢救伤员。

b. 采取防次生事故措施。

c. 检查事故现场。

d. 向光伏电站站长汇报，必要时向公司总部领导汇报。

③ 现场应急处置措施：

a. 发生交通事故后，驾驶员应立即停车，拉紧手制动，切断电源，开启双闪警示灯等，在车后设置危险警示标志，组织车上人员疏散到路外安全地点。

b. 检查人员伤亡和车辆损坏情况。

c. 及时拨打交通事故报警电话 122、急救电话 120、火警电话 119 报警，及时向本单位相关领导报告事故情况。

d. 及时抢救伤员，根据伤情采取不同的急救措施。

● 外伤急救措施：包扎止血。

- 内伤急救措施：平躺，抬高下肢，保持温暖，快速送往医院救治。
- 骨折急救措施：肢体骨折采取夹板固定措施，颈椎、腰椎损伤采取平卧、固定措施。搬动时应数人合作，保持平衡，不能扭曲。
- 颅脑外伤急救措施：平卧，保持气道畅通，防止呕吐物造成窒息。

④ 注意事项：

a. 在伤员救治和转移过程中，采取固定等措施，防止加重伤员的伤情。

b. 在无过往车辆或救护车的情况下，可以动用肇事车辆运送伤员到医院救治，但要做好标记，并留人看护现场。

c. 要保持冷静，记录肇事车辆、肇事驾驶员等信息，保护好事故现场，依法配合好事件处理。

7. 低压触电现场处置方案

作业人员在 1 000 V 以下电压等级的设备上工作，发生触电事件，造成人员伤亡时，应启动低压触电现场处置方案。

（1）岗位应急职责

① 工作负责人：

a. 指挥现场应急处置工作。

b. 组织作业人员迅速使触电者脱离电源，避免事故扩大。

c. 根据触电者的伤情，采取必要的救助措施。

d. 及时将触电事件现场情况报告给光伏电站站长及公司总部领导。

e. 及时拨打急救电话120。

② 工作班人员：

a. 在工作负责人的指挥下，迅速使触电者脱离电源。

b. 根据触电者的伤情，做好触电者的前期急救工作。

c. 做好触电突发事件现场秩序的维护工作。

（2）现场应急处置

① 现场应具备条件：

a. 通信工具、照明工具、安全工器具等工器具。

b. 安全帽、急救箱及药品等防护用品。

② 现场应急处置程序：

a. 使触电者脱离电源。

b. 现场抢救触电者。

c. 拨打急救电话120。

d. 向光伏电站站长及公司总部领导汇报。

e. 送医院抢救。

③ 现场应急处置措施：

a. 使触电者脱离电源的方法，一是断开电源开关、拔出插头或用绝缘工具剪断触电线路；二是用绝缘物作为工具，使触电者脱离电源。

b. 现场抢救触电者的措施如下：

- 对神志清醒的触电者采取静卧、保暖并严密观察的措施。

● 对神志不清醒、有心跳但呼吸停止的触电者用口对口人工呼吸法抢救。

● 对神志丧失、心跳停止有微弱呼吸的触电者应立即施行心肺复苏法抢救。

● 触电者心跳、呼吸停止时应立即施行心肺复苏法抢救。

● 在杆塔上或高处触电，要及早将触电者营救至地面进行抢救。

c. 及时拨打急救电话 120，说清楚事件发生的具体地址和触电者的情况。安排人员接应救护车。

d. 及时向光伏电站站长及公司总部领导汇报人员受伤及抢救情况。

e. 安排人员陪同前往医院，协助医院抢救。

④ 注意事项：

a. 救护者不可直接用手、其他金属及潮湿的物体作为救护工具，以防自己触电。

b. 要防止触电者脱离电源后可能的摔伤，当触电者在高处时，应考虑防止坠落的措施，救护者应注意救护中自身的防坠落、摔伤措施。

c. 在医务人员未接替救治前，不应放弃现场抢救。

8. 高压触电现场处置方案

作业人员在 1 000 V 及以上电压等级的设备上工作，发生触电事件，造成人员伤亡时，应启动高压触电现场处置方案。

（1）岗位应急职责

① 工作负责人：

a. 指挥现场应急处置工作。

b. 组织作业人员迅速使触电者脱离电源，避免事故扩大。

c. 根据触电者的伤情，采取必要的救助措施。

d. 及时将触电事件现场情况报告给光伏电站站长及公司总部领导。

e. 及时拨打急救电话 120。

② 工作班人员：

a. 在工作负责人的指挥下，迅速使触电者脱离电源。

b. 根据触电者的伤情，做好触电者的前期急救工作。

c. 做好触电突发事件现场秩序的维护工作。

（2）现场应急处置

① 现场应具备条件：

a. 通信工具、照明工具、安全工器具等工器具。

b. 安全帽、急救箱及药品等防护用品。

② 现场应急处置程序：

a. 使触电者脱离电源。

b. 现场抢救触电者。

c. 拨打急救电话 120。

d. 向光伏电站站长及公司总部领导汇报。

e. 送医院抢救。

③ 现场应急处置措施：

a. 脱离电源措施：

- 立即通知有关供电单位（调度或运行值班人员）或用户停电。
- 戴绝缘手套，穿绝缘靴，用相应电压等级的绝缘工具按顺序切断电源开关或熔断器。
- 抛掷裸金属线使线路短路接地，迫使保护装置动作，断开电源。

b. 现场急救措施：

- 对神志清醒的触电者采取静卧、保暖并严密观察的措施。
- 对神志不清醒、有心跳但呼吸停止的触电者用口对口人工呼吸法抢救。
- 对神志丧失、心跳停止有微弱呼吸的触电者应立即施行心肺复苏法抢救。
- 触电者心跳、呼吸停止时应立即施行心肺复苏法抢救。
- 在杆塔上或高处触电，要争取时间及早在杆塔上或高处开始抢救。
- 触电者衣服被电弧光引燃时，可利用衣服等物品扑火。
- 触电者心跳、呼吸停止并伴有外伤时，应立即施行心肺复苏法抢救，然后再处理外伤，可由数位人员接替救治。

c. 及时拨打急救电话 120，安排人员到路口接应救护人员接替救治。

d. 及时向光伏电站站长及公司总部领导汇报人员受伤情况。

e. 安排人员陪同前往医院，协助医院抢救。

④ 注意事项：

a. 救护者不可直接用手、其他金属及潮湿的物体作为救护工具，以防自己触电。

b. 要防止触电者脱离电源后可能的摔伤，当触电者在高处时，应考虑防止坠落的措施。救护者应注意救护中自身的防坠落、摔伤措施。

c. 救护过程中要注意自身和触电者与附近带电体之间的安全距离，防止再次触及带电设备。

d. 在医务人员未接替救治前，不应放弃现场抢救。

e. 抛掷裸金属线使线路短路跳闸过程中，抛掷人和其他人员要做好防止跨步电压、电弧伤人、触电等措施，避免次生事故发生。

9. 人员高空坠落现场处置方案

作业人员在高空作业过程中，从高空坠落至地面、高处平台或悬挂空中，造成人身伤亡时，应启动人员高空坠落现场处置方案。

（1）岗位应急职责

① 工作负责人：

a. 指挥现场应急处置工作，组织抢救伤员。

b. 向医疗机构求助，向光伏电站站长汇报。

② 工作班人员：

a. 协助工作负责人开展现场处置工作。

b. 抢救伤员，保护现场。

（2）现场应急处置

① 现场应具备条件：

a. 通信工具、照明工具、安全工器具、防坠差速器等工器具。

b. 安全帽、急救箱及药品等防护用品。

② 现场应急处置程序：

a. 现场抢救伤员。

b. 拨打急救电话 120、公安报警电话 110 请求援助。

c. 汇报光伏电站站长。

d. 将伤员送至医院抢救。

③ 现场应急处置措施：

a. 作业人员坠落在高处或悬挂在高空时，应尽快使用绳索或其他工具将坠落者营救至地面，然后根据伤情进行现场抢救。

b. 及时拨打急救电话 120，说清楚事件发生的具体地址和伤员情况，安排人员接应救护车，保证抢救及时。及时拨打公安报警电话 110，请求援助。

c. 及时向光伏电站站长汇报人员受伤及抢救情况（必要时向公司总部领导汇报人员受伤及抢救情况）。

d. 协助专业救护人员进行现场救治，安排人员陪同前往医院抢救。

④ 注意事项：

a. 对坠落在高处或悬挂在高空的人员，施救过程中要防止被救和施救人员出现高空坠落。

b. 在伤员救治和转移过程中，防止加重伤情。

c. 在医务人员未接替救治前，不应放弃现场抢救。

10. 坍（垮）塌现场处置方案

生产、基建作业现场发生施工机械、跨越架、脚手架、建筑物、基坑塌方、杆塔倒塌等坍（垮）塌事件，造成人员伤亡和设施损坏时，应启动坍（垮）塌现场处置方案。

（1）岗位应急职责

① 现场负责人：

a. 负责组织坍（垮）塌现场应急处置工作。

b. 拨打急救电话 120、火警电话 119、公安报警电话 110 报警。

c. 将事件信息报告给光伏电站站长。

② 现场作业人员：

a. 服从现场负责人指挥。

b. 全力做好人员施救工作。

c. 维持现场秩序，保护好事件现场。

d. 做好信息收集，及时汇报现场负责人。

③ 现场其他有关工作人员：

a. 服从现场负责人指挥。

b. 协助做好现场应急处置工作。

（2）现场应急处置

① 现场应具备条件：

a. 通信工具及有关通讯录。

b. 急救箱及药品。

c. 应急照明器具、作业使用的工器具。

② 现场应急处置程序：

a. 立即对伤员进行抢救。

b. 查看和了解现场情况。

c. 根据现场情况拨打报警电话。

d. 将事件信息报告给光伏电站站长。

③ 现场应急处置措施：

a. 作业人员大声呼救，现场负责人立即组织抢救，对未坍（垮）塌部位采取加固或拆除措施，防止坍（垮）塌范围扩大。

b. 采取有效措施，尽快解救被困人员，并将其转移至安全地点。应根据伤员休克、骨折、出血等不同情况，按照《电力安全工作规程》给出的紧急救护法，采取相应施救措施。

c. 迅速确定事故发生的准确位置、可能波及的范围、坍（垮）塌程度、伤亡人数及程度、失踪人数等，并设立危险警戒区域，严禁与应急处置无关的人员进入。

d. 现场负责人发现有人员受伤或施救困难时，及时拨打报警电话，详细说明事发地点、坍（垮）塌程度、人员伤亡情况、联系电话，并派人到路口接应。

e. 现场负责人将事件发生的时间、地点、初步判断的原因、可能波及的范围、坍（垮）塌程度、伤亡和失踪人数以及采取的救治措施等情况报告主管领导。

f. 在没有人员受伤的情况下，应根据实际情况对未坍（垮）塌部位进行加固或拆除。在确保人员生命安全的前提下，现场负责人组织恢复正常工作秩序。

④ 注意事项：

a. 应急救护人员进入事故现场必须佩戴个人安全防护用品，听从指挥，不得冒险蛮干，在确保自身安全的情况下开展施救工作。

b. 施救时，要做好防止再次坍（垮）塌的措施。高处施救时，要采取防高空坠落措施。

c. 用吊车、挖掘机施救，要有专人指挥和监护，并做好防止机械伤害被救人员的措施。

d. 救护伤员时，动作快，操作正确，避免伤员再次受到伤害加重伤情。

e. 施救过程中，应尽可能保护好现场。

11. 光伏电站全站停电现场处置方案

（1）全站停电现象

① 非本站原因造成全站失电事故的主要现象：

a. 变电站全站失电时，照明消失，电气设备运行声音消失，站用电系统失电报警。

b. 蓄电池充电交流电源指示灯不亮，失压报警。

c. 各电压等级母线电压指示均为 0。

d. 各电压等级线路电流、有功功率、无功功率指示均为 0。

② 本站原因造成全站失电事故的主要现象：

a. 各电压等级母线电压或部分母线电压指示为 0。

b. 各电压等级线路电流、有功功率、无功功率或部分线路电流、有功功率、无功功率指示为 0。

c. 站用电系统电压无指示，变电站全站失电，照明消失，直流系统充电失压报警。

（2）岗位应急职责

① 现场负责人：

a. 负责组织停电现场应急处置工作。

b. 及时将事件信息报告给电网调度部门。

c. 及时将事件信息报告给光伏电站站长及公司总部领导。

d. 组织本站人员开展设备巡查及运行方式调整，查找事故原因。

② 现场作业人员：

a. 服从现场负责人指挥。

b. 开展设备巡查及运行方式调整，查找事故原因。

（3）现场应急处置

① 现场应具备条件：

a. 通信工具及有关通讯录。

b. 应急照明装置、安全工器具。

② 现场应急处置程序：

a. 查看和了解事件现场情况。

b. 根据现场情况及时拨打电网调度电话。

c. 及时将事件信息报告给光伏电站站长及公司总部领导。

③ 现场应急处置措施：

a. 非本站原因造成全站失电事故的处置措施：

● 记录时间、事故信号并复归事故，值班人员检查一次、二次、后台参数指示等，判断造成全站失电的事故范围。

● 检查自动跳闸的开关，详细记录开关动作原因以及保护装置上的相关报文，并向当值调度汇报。

● 准确判断失电原因、故障范围，并及时向调度汇报当前设备状态，同时向相关部门、领导汇报。

● 当值人员应加强设备的巡视监视工作，做好事故抢修后的恢复供电准备工作。

b. 本站原因造成全站失电事故的处置措施：

● 根据站内运行方式以及保护动作情况、音响、事故信号、仪表指示综合判断故障设备和故障点。

● 记录时间、事故信号并复归事故，值班人员检查一次、二次、参数指示等，检查故障点及故障范围。

● 采取有效的措施对故障点进行隔离。

● 若不能隔离故障点、故障设备，则向调度汇报后按调度命令执行。

● 应及时汇报调度和相关部门、领导，安排进行事故抢修。

● 当值人员应加强设备的巡视监视工作，做好事故抢修后的恢复供电准备工作。

④ 注意事项：

a. 当派人外出检查设备和寻找故障点时，未与当值值长取得联系之前，无论情况如何紧急，也决不允许对被检查设备合闸送电。

　　b. 发生故障时，值班人员迅速检查、分析、判断发生故障的原因，按照保人身、保设备、保电网的原则迅速解除对人身和设备的危害，并立即按事故处理的规定解列故障设备。同时，注意保持非故障设备的正常运行。

　　c. 当值值长是事故处理过程中的总指挥，值长的命令除对人身、设备有直接危害的，均应坚决执行，并将采取的措施汇报值长和有关领导。处理事故中，应始终保持相互联系，服从领导。

　　d. 接到命令要复诵，并问明情况，以防盲目操作；执行后迅速向发令人汇报。

　　e. 从发生故障直到消除故障恢复正常运行，值班人员不得擅离岗位。如故障发生在交接班时，应延时交接班，接班人员应协助交班人员消除故障，正常后方可交接。

2.5.3　光伏电站生产运营指标

　　通过对光伏电站生产运营数据的统计、分析，可直观、准确地表现光伏电站运行状态、生产水平和运维水平，为光伏电站管理者提供必要的可判断、可对比、可评价的量化指标，科学指导光伏电站生产运营管理，从而带动光伏电站生产经营活动向低成本、高效益方向发展，最终实现光伏电站投资收益最大化。

　　1. 技术术语

　　① 太阳能资源（solar energy resource）：可转化成热能、电能、化学能等，能够直接或间接被人类利用的太阳能。

　　② 辐照度（irradiance）：照射到面元上的辐射通量与该面元面积之比，单位为 W/m^2。

　　③ 总辐射量（global radiation）：通过总辐射仪测量的光伏电站内太阳能辐射的单位面积总辐射量，单位为 $kW \cdot h/m^2$（或 MJ/m^2）。

　　④ 日照时数（sunshine duration）：太阳辐照度达到或超过 120 W/m^2 的时间总和，单位为 h。

　　⑤ 峰值日照时数（peak sunshine hours）：将当地的太阳辐射量折算成标准测试条件（辐照度 1 000 W/m^2）下的小时数，单位为 h。

　　⑥ 光伏电站［photovoltaic（PV）power station］：利用光伏电池的光生伏特效应，将太阳辐射能直接转换成电能的发电系统，一般包含变压器、逆变器和光伏组件方阵，以及相关辅助设施等。

　　⑦ 光伏组件（PV module）：具有封装和内部联结、能单独提供直流输出的太阳能电池组合装置，又称为太阳能电池组件。

　　⑧ 光伏组件方阵（PV array）：将若干光伏组件和其他必需的元件，按机械结构、电气性能要求综合装配构成的直流（DC）电源供电单元。

　　⑨ 逆变器（inverter）：将直流电转换为交流电的设备，是功率调节器的一部分。

　　⑩ 并网点（point of interconnection）：对于有升压站的光伏电站，指升压站高压侧母线或节点；对于无升压站的光伏电站，指光伏电站的输出汇总点。

　　2. 生产类指标

　　（1）生产计划

　　① 计划发电量：年度或月度制订的光伏电站计划发电量，单位为 $kW \cdot h$。计划发电

量应结合光伏电站历史年发电数据、辐射数据和组件衰减率进行合理制订。

② 发电单元计划停机小时数：年度计划检修和例行维护的停运小时数，为所有发电单元计划停机小时数之和，单位为 h。

③ 计划运维费用：年度制订的计划运维费用，包括修理发电设备及站内生活设施的材料费、修理费、工资、福利费、检修费等，单位为万元。

（2）生产运行

① 发电量：统计周期内光伏电站各支路电表计量的有功电量之和。其符号为 E_p，单位为 kW·h。

② 理论直流发电量：统计周期内入射到光伏组件方阵中的太阳辐射按光伏组件峰瓦功率转换的直流发电量。其符号为 E_{DC}，单位为 kW·h。

$$E_{DC} = \frac{H_r}{G_{STC}} \times P_o$$

式中：H_r 为光伏组件方阵倾斜面总辐射量，kW·h/m^2；G_{STC} 为标准辐射强度，1 000 W/m^2；P_o 为光伏电站装机容量（峰瓦功率），kWp。

③ 等效利用小时数：统计周期内光伏电站发电量折算到该站全部装机满负荷运行条件下的发电小时数，也称作等效满负荷发电小时数。其符号为 Y_P，单位为 kW·h/kWp。

$$Y_P = \frac{E_P}{P_o}$$

式中：E_P 为发电量，kW·h；P_o 为光伏电站装机容量（峰瓦功率），kWp。

④ 上网电量：统计周期内光伏电站向电网输送的全部电能，可从光伏电站与电网的关口表计量处读取。其符号为 E_{out}，单位为 kW·h。

⑤ 上网等价发电时：统计周期内光伏电站上网电量折算到该站全部装机满负荷运行条件下的发电小时数。其符号为 Y_f，单位为 kW·h/kWp。

$$Y_f = \frac{E_{out}}{P_o}$$

式中：E_{out} 为上网电量，kW·h；P_o 为光伏电站装机容量（峰瓦功率），kWp。

⑥ 购网电量：统计周期内由光伏电站关口表计量的电网向光伏电站输送的电能，为电网反向输送电量。其符号为 E_{in}，单位为 kW·h。

⑦ 厂用电量：统计周期内站用变压器计量的正常生产和生活用电量（不包含基建、技改用电量）。其符号为 E_C，单位为 kW·h。

⑧ 综合厂用电量：统计周期内光伏电站运行过程中所消耗的全部电量，包括发电单元、箱变、集电线路、升压站内电气设备（包括主变、站用变损耗和母线等）和送出线路等设备的损耗电量。其符号为 E_{TC}，单位为 kW·h。

$$E_{TC} = E_P - E_{out} + E_{in} + E_C$$

式中：E_P 为发电量，kW·h；E_{out} 为上网电量，kW·h；E_{in} 为购网电量，kW·h；E_C 为厂用电量，kW·h。

备注：

a. 若光伏电站的厂用电量通过站用变压器单独计量（即厂用电量不包含在购网电量中），则综合厂用电量计算公式中需要加上厂用电量。

b. 若光伏电站的厂用电量包含在购网电量中（即光伏电站的购网电量一部分用于发电设备晚上供电，另一部分用于光伏电站人员生产和生活），则综合厂用电量计算公式中无须加上厂用电量。

3. 运营类指标

① 发电计划完成率：统计周期内光伏电站实际发电量占计划发电量的百分比。

$$发电计划完成率 = \frac{实际发电量}{计划发电量} \times 100\%$$

② 消缺率：统计周期内完成的消除缺陷数占总缺陷数的百分比，用于衡量一段时间内故障消缺的作业完成情况。

$$消缺率 = \frac{消除缺陷数}{总缺陷数} \times 100\%$$

③ 单位千瓦运维费：统计周期内光伏电站运维费与光伏电站装机容量之比，用于反映单位容量运维费用的高低，单位为万元 /kWp。

$$单位千瓦运维费 = \frac{M}{P_o}$$

式中：M 为光伏电站运维费，万元；P_o 为光伏电站装机容量（峰瓦功率），kWp。

4. 性能类指标

（1）系统性能

① 最大出力：统计周期内光伏电站的最大输出功率，取光伏电站并网高压侧有功功率的最大值。其符号为 P_{max}，单位为 kW。

② 系统效率：统计周期内光伏电站上网等价发电时与光伏电站峰值日照小时数的比值。光伏电站系统效率受很多因素的影响，包括当地温度、污染情况、光伏组件安装倾角及方位角、光伏电站年利用率、光伏组件方阵转换效率、周围障碍物遮光、逆变器损耗、集电线路及箱变损耗等。

$$PR = \frac{Y_f}{Y_r} \times 100\%$$

式中：Y_f 为光伏电站上网等价发电时，kW·h/kWp；Y_r 为光伏电站峰值日照小时数，h。

（2）设备性能

① 逆变器平均转换效率：统计周期内逆变器将直流电量转换为交流电量的效率。

$$\eta_{INV} = \frac{E_{AC}}{E_{DC}} \times 100\%$$

式中：E_{DC} 为逆变器输入电量，kW·h；E_{AC} 为逆变器输出电量，kW·h。

② 光伏组件方阵平均转换效率：表示光伏组件方阵的能量转换效率，即光伏组件方阵输出到逆变器的能量（逆变器输入电量）与入射到光伏组件方阵上的能量（按光伏组件方阵有效面积计算的总太阳辐射能量）之比。

$$\eta_A = \frac{E_{DC}}{A \times H_T} \times 100\%$$

式中：E_{DC} 为逆变器输入电量，kW·h；A 为光伏组件方阵中所有光伏组件的有效面积，m^2；H_T 为光伏组件方阵倾斜面总辐射量，kW·h/m^2（或 MJ/m^2）。

③ 故障弃光率：统计周期内因光伏电站内输变电设备故障导致逆变单元停运和逆变单元本体设备故障停运产生弃光电量占实际发电量、故障弃光电量和电网限电弃光电量之和的百分比。

④ 限电弃光率：统计周期内电网限电弃光电量占实际发电量、故障弃光电量和电网限电弃光电量之和的百分比。

5. 资源类指标

① 平均风速：统计周期内通过光伏电站内的环境监测仪测量得到的瞬时风速的平均值。其符号为 V_{ws}，单位为 m/s。

② 平均温度：统计周期内通过光伏电站内的环境监测仪测量得到的环境温度的平均值。其符号为 T_{am}，单位为 ℃。

③ 相对湿度：空气中的绝对湿度与同温度下的饱和绝对湿度的比值。其符号为 RH，单位为 %。

④ 水平面总辐射量：统计周期内照射到水平面单位面积上的太阳辐射量。其符号为 H_G，单位为 kW·h/m^2（或 MJ/m^2）。

⑤ 倾斜面总辐射量：统计周期内照射到某个倾斜面单位面积上的太阳辐射量。其符号为 H_T，单位为 kW·h/m^2（或 MJ/m^2）。

2.6　大型光伏电站设备台账和档案资料管理

2.6.1　光伏电站设备台账管理制度

1. 设备台账管理内容

制定光伏电站设备台账管理制度的主要目的是实现光伏电站设备规范化管理，明确管理职责、主要工作流程、内容和要求。光伏电站设备台账包括设备技术台账和运行维护管理台账。

设备技术台账：对设备技术规范、维护、故障、检修、改造等的记录，便于对设备的使用状况予以监控。

运行维护管理台账：在生产工作中对运行维护生产工作、设备运行状态、工器具使用等情况的记录，实现对运行维护工作的规范管理。

（1）设备技术台账主要内容

设备技术台账主要包括设备投产前情况记录、设备明细记录、设备检修交代记录、设备异常（缺陷）记录等。

① 设备投产前情况记录：主要记录设备投产制造和出厂试验情况、试运情况、试运过程中出现的主要设备缺陷及缺陷消除情况等。

② 设备明细记录：主要记录主要设备的名称、型号、制造厂家、出厂日期、投产日期、安装单位、安装地点、设备编码（KKS）、技术参数等。

③ 设备检修交代记录：主要记录设备历次检修时间、检修性质、修前状况、检修主

要内容、修后状况、用工、物耗、费用情况、检修评价、检修负责人等。

a. 检修时间：计划和实际检修起止日期。

b. 检修性质：大修、小修、临修。

c. 修前状况：设备检修前运行情况和存在的主要问题。

d. 检修主要内容：检修过程中进行的特殊项目、消除的主要缺陷、更换的主要部件和检修中发现的主要问题及处理情况。

e. 修后状况：设备检修后主要试验数据和修后遗留问题及对策。

f. 用工、物耗、费用情况：用工、物耗、费用实际发生情况。

g. 检修评价：对设备的总体评价，用优、良、合格、不合格表示。

h. 检修负责人：检修工作负责人。

对上述内容应及时整理、记录，建立设备电子化档案。

④ 设备异常（缺陷）记录：主要记录设备故障发生时间和消除时间、消除负责人、性质分类、原因及过程、对设备的影响、处理措施等。

a. 故障发生时间和消除时间：设备故障发生日期和消除日期。

b. 消除负责人：设备故障消除负责人。

c. 性质分类：分为事故、障碍、异常、缺陷四类。

d. 原因及过程：经过及原因分析。

e. 对设备的影响：设备发生事故、障碍、异常时，对该设备完好情况造成的影响。

f. 处理措施：跟踪处理措施及处理结果。

对上述内容应及时整理、记录，建立设备电子化档案。

（2）运行维护管理台账主要内容

运行维护管理台账主要包括运行值班记录、值长日志等。

① 运行值班记录：主要记录交接班时设备的状态、所进行的操作、接受和发布的调度命令、工作票与操作票的执行情况及其相关的主要安全措施布置情况、当值设备检修情况、设备主要参数的异常变化、发现缺陷与事故时的所有经过和典型状态量等。

② 值长日志：主要记录当天班前及班后会内容（包括具体工作安排、安全事项交代、危险源预控与分析、当日工作完成情况总结等）、本值人员出勤、班值其他事项等。

2. 设备台账管理程序

（1）设备技术台账管理程序

① 设备大修、小修、临修结束后，应在检修工作结束后由检修结束日当值设备管理责任人负责录入，当值值长负责审核。

② 设备安装改造及设备异动变更后，应在设备安装试运结束后由试运结束日当值设备管理责任人负责录入，当值值长负责审核。

③ 事故、异常、缺陷发生后，应在设备抢修恢复运行后由恢复运行当日当值设备管理责任人负责录入，当值值长负责审核。

④ 设备检修交代记录由工作负责人进行填写，工作许可人核查，双方共同对记录内容负责，当值值长负责审核确认。

⑤ 光伏电站负责人应明确设备管理责任人，每月至少组织一次对设备技术台账的检查。光伏电站生产管理部门每季度至少组织一次对设备技术台账的检查，确保台账信息的

全面性、准确性、及时性及唯一性。

（2）运行维护管理台账管理程序

① 运行值班记录应按事件发生的先后时间为序，在当班期间由值长负责填写，及时记录。

② 现场各类运行管理记录台账，按月、年度配发并收回、标注归档。

③ 工作票登记本、保护定值整定（修改）登记本、电站保护与自动装置投退登记本、电站接地线（接地刀闸）装拆登记本、设备绝缘测量登记本，由当班值班人员负责填写，当班值长审核。

④ 工作日志、调度命令记录、检修申请等由当班值长负责填写，光伏电站负责人监督检查。

⑤ 光伏电站负责人每月至少进行一次对运行维护管理台账的检查。公司相关部门每季度至少组织一次对运行维护管理台账的检查，确保台账信息的准确性和完整性。

3. 设备台账管理要求

（1）设备技术台账管理要求

① 所有生产设备都必须在所在光伏电站建立设备技术台账，并分类管理。

② 新设备安装验收完成后，应及时录入光伏电站设备技术台账中。

③ 建立设备技术台账是设备全过程管理的一项基础性工作，要认真对待设备的台账录入、保存等管理工作，要求数据翔实、准确，专业术语规范，纸质台账字体规范、整洁。设备技术台账管理应按设备分工，实施动态管理，由设备管理责任人负责台账信息的建立、修改、补充及更新，任何时候设备技术台账不得处于无人管理状态。

④ 设备技术台账内容的填写应按照台账格式要求进行。设备技术台账的内容必须真实准确，与现场实物相符，做到内容完整、修订及时、管理规范。

⑤ 设备检修交代记录、设备异常（缺陷）记录的填写按设备检修管理制度和设备缺陷管理制度进行。在填写时，要按记录本页数编号，逐页进行填写，不得跳页填写。

（2）运行维护管理台账管理要求

① 为确保光伏电站运行维护管理工作有序进行，运行维护管理台账应做到分类管理。

② 值班记录应翔实，任何人不得篡改、毁损记录。若记录内容有误，须经光伏电站负责人同意，在错误处画删除线或注明"此页作废"并签名。

同时，设备技术台账和运行维护管理台账未经批准不得外借及复印，外借台账应经光伏电站负责人同意，并在限期内归还。对存档报表、台账应及时归档。

2.6.2　光伏电站档案资料管理制度

1. 档案资料管理内容

① 凡是能准确反映光伏电站各项业务的文件、图纸、说明书、声像、报表，都必须及时归档，确保完整无缺。

② 档案管理员必须坚持文书随时立卷的归档制度，并分别归类，做好收集、整理、立卷、归档工作。

③ 档案内容包括从成立之日起，每年在光伏电站管理工作中形成或公司制发的应归档的文件材料。

2. 档案资料分类

光伏电站的档案资料一般可按照以下类别进行分类。

① 项目前期资料：项目申请报告、立项报告、项目勘察报告、可行性研究报告、项目评估报告、环境影响评价报告等。

② 设计类资料：电站总平面布置图、电气一次图纸、电气二次图纸、土建设计图纸、道路规划图纸等。

③ 建设类资料：施工图纸、竣工报告、监理报告、设备到货清单、设备验收清单、设备安装调试报告等。

④ 生产类资料：合同协议、设备台账、记录文件（工作票、操作票、巡检记录、检修记录等）、规章制度等。

⑤ 教育培训类资料：专业书籍、视频等。

⑥ 财务类资料：资金的原始凭证、记账簿等。

3. 档案立卷要求

① 归档的文件材料种类、份数以及每份文件页数，均应齐全完整。

② 在归档的文件材料中，应当将每份文件的正本与副本、印件与定稿，分类一起排列，不得分开。

4. 档案的借阅与销毁

① 借阅档案需按规定办理借阅手续，在规定的范围内借阅。不得在档案上涂改、撕毁，并应及时归还。

② 财务档案一律不准外借。内部调阅应经电站负责人同意。查阅财务档案时不得将档案带出光伏电站。如需摘抄、复印，应经光伏电站负责人同意后方可办理。

③ 档案管理员需定期对档案进行鉴定，准确制定档案销毁清单。对失去保存价值的档案，登记造册，经站长审核，批准后方可销毁。销毁时需有两人以上参加，并在销毁清册上签字。

2.7 技能训练

2.7.1 制定大型光伏电站运维人员组织架构

训练目标 >>>

掌握大型光伏电站运维人员组织架构，能按照任职要求配置光伏电站运维人员，能制定运维班组轮休制度和运维考核方案。

训练内容 >>>

1. 大型光伏电站运维人员组成

大型光伏电站运维人员主要包括站长、值长（主值班员）、安全员和运维员。

2. 岗位职责

光伏电站运维人员岗位职责如表 2–1 所示。

表 2–1　光伏电站运维人员岗位职责

岗位	职责	任职要求
站长	（1）贯彻执行国家有关生产方针、政策、法规和公司有关规定，对光伏电站的安全、稳定运行和直接经营成果负总责； （2）负责落实所辖光伏电站的经营计划，并参与计划评审，对计划产生的相关费用以及计划的必要性、及时性、准确性和结果的有效性负责； （3）负责光伏电站运行人员的管理工作，负责运维人员的月度、年度考核工作； （4）担任设备治理、消缺工作的第一负责人； （5）负责光伏电站运行数据的核实、审批、归档工作； （6）负责与上级领导的汇报工作	（1）电力系统、电力系统及自动化、计算机等相关专业本科及以上学历，有高压电工证、特种作业许可证优先； （2）5 年以上电力运行、检修或管理经验，其中至少 2 年以上值长或 1 年以上站长工作经验； （3）熟知光伏电站运行安全规程相关事宜，具有较强的人员管理能力； （4）熟悉发电设备专业技术、光伏电站及电气系统工作原理，掌握光伏电站运行规程，能判断和鉴定常见电气设备故障和缺陷； （5）具有较好的文字功底，思维清晰，反应敏捷
值长	（1）负责光伏电站设备运行参数的监视和统计管理； （2）负责光伏电站设备的巡视和检查管理； （3）负责当日光伏电站运行数据管理； （4）负责安排设备的定期维护工作； （5）负责做好下属人员的工作分配、运维人员的值班纪律管理；负责本值员工的考核、激励、评价工作； （6）负责上级交办的其他工作	（1）光伏发电技术、电气工程、机电一体化等专业大专及以上学历； （2）3 年以上光伏电站或厂区配电站相关运行岗位工作经验； （3）身体状况良好，熟悉电力生产安全知识； （4）有电工证，持有高压进网作业许可证
安全员	（1）落实安全措施，排除光伏电站安全隐患； （2）负责光伏电站生产过程的交接班、巡回检查、倒闸操作、事故处理、设备维修、设备运行状态监督、调整等各项技术指导工作； （3）负责光伏电站生产过程中与电网调度联系、协调工作； （4）在值班期间监督值班员认真填写各种记录，按时抄录各种数据；受理操作票，并办理工作许可手续； （5）负责光伏电站的文明生产工作	（1）电力系统、供电专业或相关专业大专及以上学历； （2）熟悉电力系统发供电设备的原理、运行、维修； （3）熟悉电力生产工作流程，熟悉电力生产规章制度； （4）动手能力强，肯吃苦耐劳，具有较强的组织能力； （5）有高压电工证、特种作业许可证优先

岗位	职责	任职要求
运维员	（1）负责建立健全完整的技术档案资料，并建立光伏电站运行档案； （2）负责定期对光伏电站进行巡检，并做好相应记录； （3）负责定期对设备进行除尘，保持设备清洁，保持光伏组件采光面的清洁； （4）负责定期巡检高低压线路及设备，及时发现缺陷，及时进行整改处理，保证线路安全； （5）负责做好光伏电站的防盗工作，确保光伏电站安全稳定运行； （6）负责定期做好光伏电站发电信息汇报工作	（1）电力、电气工程、机电一体化等专业大专及以上学历； （2）1年以上电气运行等相关工作经历，具有光伏电站运维工作经验者优先； （3）有进网操作许可证、电工证或相关资格证书； （4）具有独立分析问题和解决问题的能力，具有较强的自我学习能力

3. 光伏电站运维班组轮休制度

如对两个班组制定轮休方案，则两个班组每月至少要有 4 天时间共同驻站，有利于集中进行故障消缺和隐患排查。

人员轮休计划如图 2-2 所示。图中，1~30 代表每月日期，A 和 B 代表两个运维班组，浅色部分代表每个班组的值班日期，深色部分代表每个班组的休假日期。

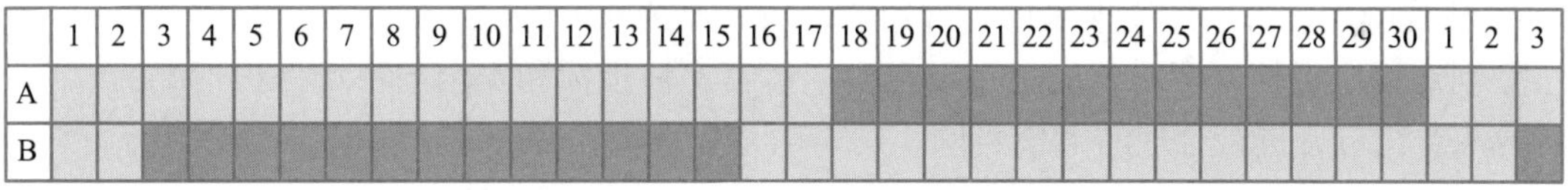

	1	2	3	4	5	6	7	8	9	10	11	12	13	14	15	16	17	18	19	20	21	22	23	24	25	26	27	28	29	30	1	2	3
A																																	
B																																	

图 2-2　人员轮休计划

4. 光伏电站运维考核指标

光伏电站运维考核指标主要包括生产运营评估指标和安全与环境保护情况。

（1）生产运营评估指标

可用于评估光伏电站生产运营的指标有发电量、系统效率、缺陷消缺率、综合厂用电率、单位千瓦运维费、发电计划完成率等，光伏电站可根据自身实际情况合理制定考核指标、指标基准值、指标标准分值和考核标准。如可根据完成发电量的考核基准值、增长率、降低率等要素制定考核标准。表 2-2 所示为某光伏电站生产运营指标考核表。

表 2-2　某光伏电站生产运营指标考核表

序号	考核指标	标准分	考核标准
1	发电量 （万 kW·h）	40 分	完成考核基准值，得 40 分；每增长 1 个百分点，加 4 分；每降低 1 个百分点，扣 2 分

续表

序号	考核指标	标准分	考核标准
2	系统效率（%）	25 分	完成考核基准值，得 25 分；每增长 1 个百分点，加 3 分；每降低 1 个百分点，扣 3 分
3	缺陷消缺率（%）	20 分	完成考核基准值，得 20 分；每增长 1 个百分点，加 2 分；每降低 1 个百分点，扣 2 分
4	综合厂用电率（%）	10 分	完成考核基准值，得 10 分；每增长 1 个百分点，扣 3 分；每降低 1 个百分点，加 3 分
5	单位千瓦运维费（万元 /kWp）	5 分	完成考核基准值，得 5 分；每超过 1 个百分点，扣 2 分

（2）安全与环境保护情况

光伏电站整个年度的生产运营过程中不能发生以下影响安全和环境的事件：

① 人身重伤及以上事故。

② 责任性较大及以上设备损坏事故。

③ 较大及以上火灾事故。

④ 责任性较大及以上非计划停电事故或事件。

⑤ 较大及以上环境污染或生态破坏事件。

⑥ 环境保护部门的通报事件（含罚款、项目限批等）。

制定运维考核方案时，应合理设定生产运营评估指标和安全与环境保护情况的权重，计算综合得分，进行合理的考核奖惩。

2.7.2　大型光伏电站运维管理质量控制要点

训练目标 >>>

根据大型光伏电站管理体系，掌握光伏电站人员管理、设备管理、备品备件管理、工器具管理、作业方法、作业制度、环境控制等方面的质量控制要点。

训练内容 >>>

对于光伏电站的运维管理，可引入全面质量管理 / 现场管理五因素（人、机、料、法、环）方法，以确保整个光伏电站运维管理、运维作业的质量。

1. 人员管理质量控制要点

根据所从事的运维工作的特点和工作量，合理配备管理人员和值班人员，确认其能力并监督其工作，确保其工作符合运维管理体系的要求。

控制要点如下：

① 所有参与运维的各岗位人员上岗前由相关负责人对其能力进行审查，根据岗位工作的需要和岗位任职资格条件的规定，对人员的教育水平、参加过的技能培训、工作经验等证明材料进行检查、评价，以确定是否满足本运维工作需要。

② 对于新入职的运维人员，需进行岗位培训，确保各岗位运维人员明确知晓该岗位工作流程与责任，熟悉安全操作规范，由相关负责人监督考核后，方能正式上岗。

③ 对有特殊要求的关键岗位（如安全员），必须选派经专业考核合格、有相关知识背景的人员担任。

④ 日常作业要严格遵守相关管理规定、作业准则。

2. 设备管理质量控制要点

为了保证光伏电站最大发电能力，所有发电设备需保证完好及工作状态正常。

控制要点如下：

① 建立完整设备台账，保持设备线路标志标示清晰、完整。

② 运维人员需严格遵守设备运行维护、缺陷消缺管理制度，最大程度减少设备故障次数。

③ 设备的运维检修操作必须严格按照相关专业指导书和操作手册进行，杜绝非正常操作。

3. 备品备件管理质量控制要点

为确保故障的及时排除和设备检修更换，备品备件需保证储备充足，完好可用。

控制要点如下：

① 建立合理的备品备件采购计划，并严格把控备品备件物资采购的质量和成本。

② 定期安排备品备件库存巡查和完好性检查工作，确保备品备件足量可用。

4. 工器具管理质量控制要点

为确保运维工作的顺利实施，须确保工器具的专业性和可用性。

控制要点如下：

① 根据工作内容和使用条件，选择合适的专用工具，避免不合适工具的混用、顶用。

② 定期检查工器具的完整性和有效性，特别针对高压作业工器具，需按规范检测，确保其安全性。

③ 工器具的使用需严格按照规范操作，避免安全事故发生。

④ 严格执行工器具管理规范，避免工器具挪借他用。

5. 作业方法质量控制要点

为了保证运维工作安全、顺利进行，运维操作活动需在可控状态下进行，以确保人员和设备的安全性。

控制要点如下：

① 所有运维操作活动须严格按照相关作业指导书和规范进行，如遇特殊情况产生的方法偏离，需与相关负责人确认，并在安全可控条件下进行。

② 严格执行光伏电站两票管理制度，确保所有操作工作留有相关记录，可追溯。

③ 专业性操作，特别是电气高压操作人员须持证上岗，并在有安全保护和监督的条

件下开展工作。

④ 作业方法及相关文件的改变，需多方确认和验证，并重新组织相关人员学习掌握。

6. 作业制度质量控制要点

合理的制度是运维工作顺利开展的基础，运维体系所涉及的作业制度文件需保证可操作性和适用性。

控制要点如下：

① 运维体系所涉及作业制度文件须尽可能标准化，表述清晰，具备可操作性。

② 作业制度文件需根据各光伏电站条件和设备特点专门编写，避免简单参照。

③ 根据运维工作实际情况，需定期对作业制度文件进行适用性确认，如有不合理情况，及时讨论更新。

7. 环境控制质量控制要点

为了保证光伏电站安全高效运行，光伏电站管理人员需根据运行需要对不同区域环境提出控制要求。必要时，配置环境监控和记录设施，对可能影响运维工作的环境因素进行有效的监控。光伏电站环境设施、安全应急设施、办公通信设施、服务性设施等各种设施的配置均应满足运维工作正常和安全开展的需要。

控制要点如下：

① 由光伏电站站长负责生产区域与生活区域的环境控制，保证所有场所、工作设施、通风、照明和水、电、气、温度等环境条件满足与运维工作有关的技术规范、标准和人员安全的要求，确保光伏电站配置与运维范围相应的安全防护装备及设施，如个人防护装备、紧急救援装备、灭火器等，并进行定期检查。

② 需定时认真对发电生产区环境进行巡检清查，并及时对灰尘、温度、湿度、可燃物、异物、动物、杂草等可能引起光伏电站系统和设备安全隐患和性能影响的环境因素进行有效控制。

③ 严格控制生活区用电安全，及时消除电气安全隐患，避免造成人员财产伤害。

④ 对可能引起安全隐患的环境问题需及时清除，如不能及时清除，需有明显标识，并实施隔离。

⑤ 在光伏电站的生产区、控制区和生活区张贴环境保护标志、标识。

⑥ 光伏电站运营期间不能对当地的生态环境、地表植被等造成破坏。

⑦ 光伏电站日常运营过程中产生的生活垃圾和污水应合理处理，不能对当地环境造成影响。

2.7.3　制定光伏电站电气设备着火应急预案

训练目标 ▶▶▶

根据大型光伏电站设备火灾现场处理方案，掌握一般设备火灾，蓄电池室着火、电缆隧道着火、主控制室着火等情况下应急预案的制定方法和要求。

训练内容 ▶▶▶

1. 一般设备火灾应急预案

① 当保护柜、测控柜等插件着火时，应立即使用 CO_2 灭火器灭火。

② 监控计算机着火时，不可用水浇，可以在切断电源后，用棉被将其盖灭。若使用灭火器灭火，不应直接射向显示器屏幕，以免其受热后突然遇冷而爆炸。

③ 高压室内设备着火时，如可判明着火设备，可立即断开其上级电源，然后用干粉灭火器灭火；如无法判明着火设备，可断开室内所有电源，找到着火设备后用干粉灭火器灭火，同时恢复其他线路供电。在火灾未全部扑灭时，不得打开事故排风扇。当高压室内发生火灾并伴有大量有毒烟雾及其他有害气体时，进入高压室时应戴防毒面具。

2. 蓄电池室着火应急预案

① 蓄电池室着火时，应立即切断着火的蓄电池电源，用消防器材灭火。

② 蓄电池室着火时，应立即停止充电，切断蓄电池的充电电源，防止泄露的氢气引发更大的火势，并采用 CO_2 灭火器灭火。

③ 蓄电池通风装置的电气设备着火时，应立即切断该设备的电源。

④ 当蓄电池室受到外界火势威胁时，应立即停止充电，如刚充电完毕，则应继续开启排风机，抽出室内不良气体。

3. 电缆隧道着火应急预案

① 电缆沟一旦着火，应一边扑救，一边汇报调度，同时向应急指挥部和消防部门报告。

② 准备必要的防火设施、灭火器、防毒面具，着火以后可能影响照明系统，准备临时照明和应急灯。

③ 扑救电缆火灾时，为预防高压电缆导电部分接地产生跨步电压，如扑救人员在室内，不得走进故障点 4 m 范围以内；如在室外，不得走进故障点 8 m 范围以内。

④ 扑救人员应戴防毒面具及绝缘手套，穿上绝缘靴。

⑤ 扑救电缆火灾时，应断开电源，并将电缆芯接地，采用 CO_2 灭火器灭火，也可以使用干土、干砂等。

⑥ 电缆间隔着火，未断开电源不得靠近，扑救前要与现场人员取得联系，由电气人员向参与灭火人员讲清邻近设备情况，首先断开高低压侧开关，然后协助共同灭火。

⑦ 低压电缆着火时，如来不及切断电源或切断电源会影响电网一次设备运行时，可以用 CO_2 灭火器、干粉灭火器等带有绝缘性能的器材进行扑救，严禁在带电情况下用水灭火。

⑧ 电缆着火时，应禁止非电气人员、非值班人员、消防人员对设备进行任何停电操作。

⑨ 内电缆故障时，应立即启用事故排风扇，做好安全措施后进行处理。

⑩ 扑救完毕后，应排除夹层和沟道内由于失火产生的有毒气体，防止人员中毒伤亡。

4. 主控制室着火应急预案

① 主控制室着火时，立即将有关设备的电源切断，影响生产设备安全的应紧急停运，

同时通知调度员。

② 立即切断交流电源，开启直流事故照明电源。

③ 用灭火器灭火。

④ 灭火时应注意将控制室的门窗关严。

⑤ 室内灭火人员应注意防止烧伤及窒息，必要时戴防毒面具。

 习 题

1. 简述光伏电站的运维特点。

2. 光伏电站运维的不稳定因素有哪些？

3. 简述光伏电站运维人员组成及要求。

4. 简述光伏电站设备巡回检查管理制度的要求。

5. 简述光伏电站定期试验与轮换管理制度的要求。

6. 简述光伏电站交接班管理制度的要求。

7. 简述光伏电站设备标志标识管理制度的要求。

8. 简述光伏电站设备缺陷管理制度的要求。

9. 简述光伏电站设备异动管理制度的要求。

10. 简述光伏电站备品备件管理制度的要求。

11. 简述光伏电站设备台账和档案资料管理制度的要求。

第3章

大型光伏电站主要设备运维

知识目标

1. 掌握大型光伏电站的结构、组成和光伏电站并网接入方式。

2. 掌握光伏支架、光伏组件、光伏汇流箱、光伏逆变器、直流配电柜、箱式变电站、变压器的运维方法和检修方法。

3. 掌握架空线路、电缆和接地防雷的维护方法。

4. 掌握光伏组件标准连接头制作方法，掌握智能运维平台光伏组件方阵组装与调试、汇流箱组装与调试、逆变器安装与调试、并网箱组装与调试方法。

5. 掌握利用虚拟仿真技术进行光伏电站运行、光伏组件与支架巡检、直流汇流箱巡检、交流汇流箱巡检、集中式逆变器巡检、组串式逆变器巡检等的模拟操作方法。

能力目标

1. 能分析大型光伏电站的结构、组成和光伏电站并网接入方式。

2. 能进行光伏支架、光伏组件、光伏汇流箱、光伏逆变器、直流配电柜、箱式变电站、变压器等的运维和检修操作。

3. 能进行光伏组件标准连接头制作，能进行智能运维平台光伏组件方阵组装与调试、汇流箱组装与调试、逆变器安装与调试、并网箱组装与调试等操作。

4. 能利用虚拟仿真技术进行光伏电站运行操作，能利用虚拟仿真技术进行光伏组件与支架、直流汇流箱、交流汇流箱、集中式逆变器、组串式逆变器等的巡检操作。

截至 2019 年年底，我国累计光伏装机已超 200 GW，背后孕育着的是万亿规模存量的光伏运维市场。光伏电站运维是指以光伏电站系统安全为基础，通过定期与不定期的设备检测、检修、巡检，合理地对光伏电站进行管理，保证光伏电站的安全平稳运行和投资收益率。运维贯穿着光伏电站 25 年的全生命周期，为其发电量保驾护航，对整个行业发展的重要性不言而喻。本章针对光伏电站的主要设备，分别重点介绍其运行规则、定检、巡检要求与标准，及定期测试内容等。

3.1　大型光伏电站结构及并网方式

3.1.1　大型光伏电站结构及组成

大型地面集中式并网光伏电站是一种充分利用荒漠、山丘、河滩等拥有丰富和相对稳定的太阳能资源的地面所构建的大型并网光伏电站。集中式并网光伏电站一般都是国家级电站，其主要特点是容量大，所发电能直接输送到电网，由电网统一调配向用户供电。但这种电站投资大、建设周期长、占地面积大。光伏电站逆变器接入方案有集中式、组串式、集散式等形式。

1. 集中式逆变器方案

集中式逆变器方案如图 3-1 所示。光伏电站主要由光伏组件方阵、汇流箱、集中式逆变器、双分裂升压箱变（箱式变电站）等组成。光伏组件方阵接收光照发电，通过汇流箱汇聚电流，直流电能传输到逆变器后转换成交流电能，然后经过双分裂升压箱变升压并入电网。

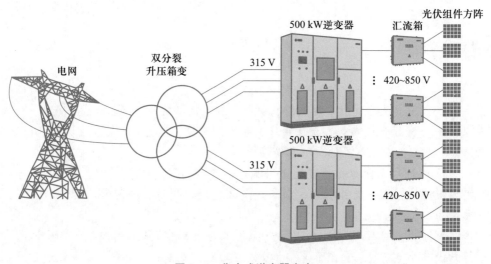

图 3-1　集中式逆变器方案

集中式逆变器方案一般采用直流汇流箱或 1 MW 逆变器（含 2 台 500 kW 逆变器）来实现单个兆瓦级子阵列设计。以典型的 1 MW 子阵列为例，每个光伏组件的功率为

300 Wp［Wp 为峰值功率，指在标准条件（组件温度为 25℃，大气质量 AM＝1.5，太阳辐照度＝1 000 W/m² ）下测得的输出功率］，一个光伏组串一般由 18~20 个光伏组件串联而成，14~16 个光伏组串并联接至直流汇流箱，6~7 个汇流箱流至 500 kW 逆变单元，2 个逆变单元接至 1 MW 箱变（由低压配电装置、双分裂干式变压器和高压开关设备等组成，实现低压受电、变压器升压、高压配电等功能），最后通过 35 kV 集电线路送出至升压站 35 kV 配电装置。

图 3-2 所示为某集中式光伏电站 1 MW 子阵列系统总体结构，此系统采用分块发电、一次升压、集中并网的设计方案。整个系统设计为 2 个 500 kW 光伏组件方阵发电单元，配置 2 台 500 kW 并网逆变器，输出额定电压为三相 270 V、50 Hz，经 1 台高效 10 kV 双分裂升压箱变（0.315/0.315/35 kV，1 000 kV·A）接入 35 kV 中压电网，实现并网发电。

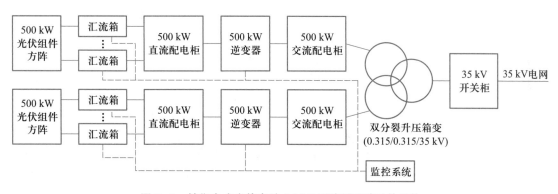

图 3-2　某集中式光伏电站 1 MW 子阵列系统总体结构

集中式逆变器方案的特点是：技术成熟，适合大型地面光伏电站；传输电压较低，损耗较大；MPPT（最大功率点跟踪）数量少，发电量不高；集中并网，电网适应性好；逆变器成本较低。

集中式逆变器方案主要用于所处环境地势平坦，光伏组件朝向一致，无遮挡的大型光伏电站，如利用广阔平坦的荒漠地面资源开发的光伏电站。这类光伏电站规模大，一般大于 6 MW，光伏电站逆变输出经过升压后直接送入 35 kV、110 kV、220 kV 或更高电压等级的高压输电网。该类光伏电站的主要特点是运维更经济和方便，采用集中式逆变器控制更能满足电网的接入要求。

2. 组串式逆变器方案

组串式逆变器方案如图 3-3 所示，主要由光伏组件方阵、组串式逆变器、交流汇流箱、箱变等组成。光伏组件方阵接收光照发电，直接传送到逆变器转换成交流电能，然后通过交流汇流箱传输到双绕组升压箱变并入电网。

相比于集中式逆变器，组串式逆变器对光伏组串布置的要求更加灵活。以 1 MW 子阵列为例，其中每个组串式逆变器可接 7~8 个光伏组串，5 个逆变器接入一个交流汇流箱，5 个交流汇流箱接入一个箱变。

组串式逆变器方案的优点是智能、高效、安全和可靠。组串式逆变器本身具有 IP65 防护等级，无熔丝设计，且可实现对每一路光伏组串电流、电压等信息的高精度采集，精

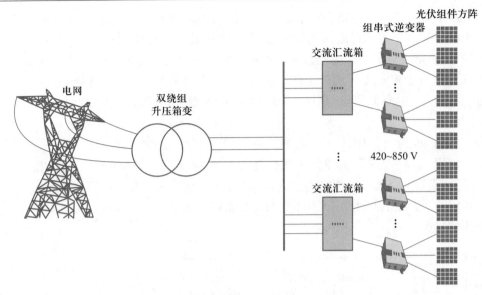

图 3-3　组串式逆变器方案

确定位光伏组件的故障和其他电气故障；无须安装大量的直流汇流箱，仅配置少量的交流汇流箱，采用无易损元器件如熔丝等，无须定期更换，维护更方便；不需要重新架设通信线缆，只要有电线，就能进行数据传递，是光伏电站的最佳方案之一。

组串式逆变器方案主要用于所在环境比较复杂的并网光伏电站。如山丘光伏电站的地形非常复杂，实现 100 kW 光伏组件同一朝向铺设的施工难度很大，所以一般会采用组串式逆变器作为补充。这种类型的光伏电站并网也是采用 10 kV 或 35 kV 接入公共电网或用户电网。根据目前的行业发展情况，组串式逆变器得到了大规模应用，且在发电量、运维、安全等方面均有较为突出的优势。大型光伏电站采用组串式逆变器方案的越来越多，将成为一大主流。

3. 集散式逆变器方案

相比于集中式逆变器方案、组串式逆变器方案，集散式逆变器方案（见图 3-4）把 MPPT 前移到汇流箱中，汇流箱数量与前述组串式逆变器方案中组串式逆变器的数量一致，并在汇流箱中增加升压功能，减少传输损耗。

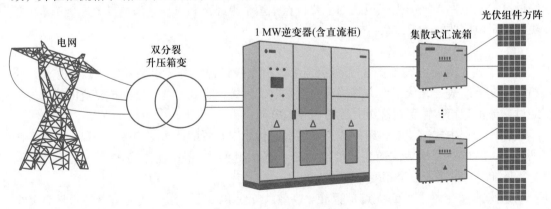

图 3-4　集散式逆变器方案

集散式逆变器方案的特点是：集中并网，电网适应性好；成本介于集中式逆变器方案和组串式逆变器方案之间；发电量得到提升，同时降低损耗，系统效率高。

集散式逆变器方案主要用于大型的分布式项目和大型山地光伏电站。

3.1.2 光伏电站并网接入方式

1. 光伏电站系统接入电压等级分析

光伏电站系统输电线路电压等级按照光伏电站规模一般为 0.4 kV、10 kV、35 kV、110 kV，具体如下：

- 低压配电网：0.4 kV，即发即用，多余的电能送入电网。
- 中压电网：10 kV、35 kV，通过升压装置将电能馈入电网。
- 高压电网：110 kV，通过升压装置将电能馈入电网，远距离传输。

接入电压等级参考如表 3-1 所示。

表 3-1 接入电压等级参考

装机容量 G	电压等级 /kV
$G < 200$ kW	0.4
200 kW $\leq G <$ 400 kW	0.4 或 10
400 kW $\leq G <$ 3 MW	10
3 MW $\leq G <$ 10 MW	10 或 35
$G \geq$ 10 MW	35 或 110

电网接入主要设备如表 3-2 所示。

表 3-2 电网接入主要设备

电压等级 /kV	接入设备
0.4	低压配电柜
10	低压开关柜：提供并网接口，具有分断功能
	双绕组升压变压器：0.4/10 kV
	双分裂升压变压器：0.27/0.27/10 kV（TL 逆变器）
	高压开关柜：计量、开关、保护及监控
35	双绕组升压变压器：0.4/10 kV，10/35 kV（二次升压）
	双分裂升压变压器：0.27/0.27/10 kV，10/35 kV（TL 逆变器）
	高压开关柜：计量、开关、保护及监控

2. 光伏电站系统接入电网方式分析

（1）可逆流低压并网电站

可逆流低压并网电站系统如图 3-5 所示，并网系统接入三相 400 V 或单相 230 V 低压配电网，通过交流配电线给当地负荷供电，剩余的电量送入公共电网。一般系统容量不超过配电变压器容量的 30%，并需要将原有的计量系统改为双向电度表，以便发、用都能计量。

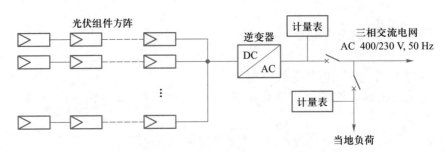

图 3-5　可逆流低压并网电站系统

（2）不可逆流低压并网电站

不可逆流低压并网电站系统如图 3-6 所示，其中安装有功率检测装置（检测电流流向），与逆变器进行通信，当检测到逆流时，逆变器自动控制发电容量，以最大利用并网发电且不出现逆流。

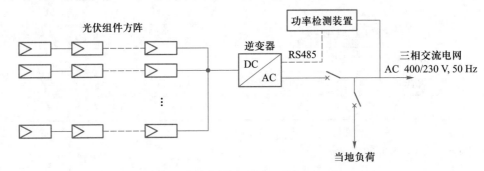

图 3-6　不可逆流低压并网电站系统

（3）10 kV 高压并网电站

10 kV 高压并网电站系统如图 3-7 所示，系统将逆变器输出的低压电通过三相升压变压器升为 10 kV 电压，并入 10 kV 高压电网。

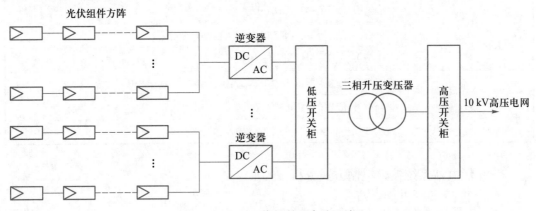

图 3-7　10 kV 高压并网电站系统

（4）35 kV 高压并网电站

35 kV 高压并网电站系统如图 3-8 所示，系统先把低压升压为 10 kV，再通过 10/35 kV 三相升压变压器进行二次升压，并入 35 kV 高压电网。

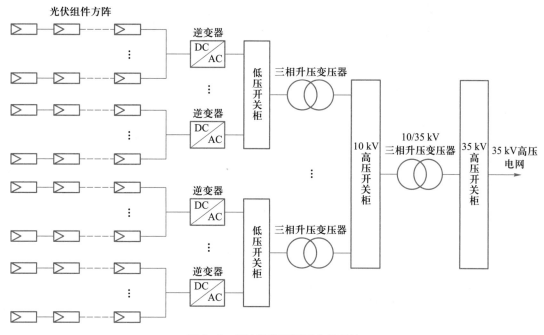

图 3-8　35 kV 高压并网电站系统

3.2　光伏支架运维

3.2.1　光伏支架定检与巡检

1. 光伏支架分类

（1）根据材料分类

根据光伏支架主要受力杆件所采用材料的不同，可将其分为铝合金光伏支架、钢光伏支架以及非金属光伏支架。其中，非金属光伏支架使用较少，而铝合金光伏支架和钢光伏支架各有特点。

（2）根据安装方式分类

根据安装方式，光伏支架可分为固定式光伏支架和跟踪式光伏支架。其中，固定式光伏支架又可分为最佳倾斜角固定式、斜屋面固定式、倾角可调固定式等，跟踪式光伏支架又可分为平单轴跟踪式、斜单轴跟踪式、双轴跟踪式等。

2. 光伏支架定检与巡检要求

光伏组件方阵与支架的定检与巡检应符合表 3-3 中所列规定。

表 3-3　光伏组件方阵与支架的定检与巡检

序号	对象	步骤	标准	方法与工具	周期	工作量化与要求
1	光伏组件方阵	① 检查光伏组件方阵整体有无变形、错位、松动等现象	无变形、错位、松动等现象	观察	90 天 1 次	① 每天每 2 人巡检 200 余串；② 巡检时，必须对光伏组件方阵、支架内容进行检查
		② 检查光伏组件方阵的主要受力构件、连接构件和连接螺栓有无损坏、松动，焊缝有无开焊，金属材料的防锈涂膜有无剥落、锈蚀现象	无损坏、松动、开焊、剥落、锈蚀现象	观察，活动扳手、成套内六角扳手		
		③ 检查光伏组件方阵的支撑结构之间有无其他设施	无其他设施	观察		
2	支架	① 检查支架表面的防腐涂层是否符合设计要求，有无开裂和脱落现象	锌层表面应均匀，无毛刺、过烧、挂灰、伤痕、局部未镀锌（2 mm 以上）等缺陷，不得有影响安装的锌瘤。螺纹的锌层应光滑，螺栓连接件应能拧入；无开裂脱落，否则应及时补刷	观察，内六角扳手、毛刷		
		② 检查支架与接地系统的连接是否可靠，电缆金属外皮与接地系统的连接是否可靠	支架、电缆金属外皮与地之间的接触电阻应不大于 4 Ω，可靠连接	万用表、绝缘电阻测试仪		
		③ 检查所有螺栓、焊缝和支架连接是否牢固可靠	所有螺栓、焊缝和支架连接牢固可靠	观察，电焊工具		
		④ 检查支撑光伏组件的支架构件的直线度是否符合设计要求	弯曲矢高应小于光伏组件方阵长度的 1/1 000，且不应大于 10 mm	观察		
		⑤ 检查混凝土支架基础有无下沉或移位，有无松动脱皮，尺寸偏差是否在允许偏差范围内	无下沉或移位，无松动脱皮，尺寸偏差在允许偏差范围内，基础直径偏差 ≤ 5%	观察		

注：检查后当日值班员应将检查数据汇总整理至定检巡检记录簿，由检修人员完成对故障的处理，并将相应数据作为案例保存到对应云文件夹中。

3.2.2 光伏支架检修

1. 光伏支架检修工作安全管理

① 检修工作开始前，应主动要求光伏电站业主进行现场安全交底和安全检查。

② 检修工作人员开始作业前必须参加相关的岗前培训，经培训合格才可以上岗作业。

③ 防漏电工作：检修前，应检查监控记录中是否有电量输出异常的记载，分析是否可能是因漏电引起。

④ 检修工作人员必须按规定着装。

2. 光伏支架检修工具和材料准备

（1）工具

光伏支架检修工具如表 3-4 所示。

表 3-4　光伏支架检修工具

序号	名称	单位	数量	备注
1	一字钳	把	1	
2	电动扳手	把	1	可装 17 mm 套筒
3	开口扳手	把	4	6 mm、8 mm、10 mm、12 mm
4	活扳手	把	2	150 mm、250 mm
5	卷尺	把	1	7.5 m×25 mm
6	直尺	把	1	1 m
7	角尺	把	1	$L = 500$ mm
8	水平尺	把	1	$L = 1\,000$ mm
9	软胶管	m	1	20 m
10	铁锤	把	2	木柄圆头，质量大于 2 kg
11	内六角扳手	个	2	M6
12	内六角套筒	个	2	17 mm
13	木工铅笔	把	2	
14	尖嘴钳	把	1	
15	剪刀	把	1	

（2）材料

光伏支架检修材料如表 3-5 所示。

表 3-5　光伏支架检修材料

序号	单位	名称	数量	备注
1	螺栓	套	100	具体材料数量根据现场情况调整
2	支架构件	套	1	
3	环氧富锌漆	kg	10	

3. 光伏支架常见问题及解决方法

光伏支架常见问题及解决方法如表 3-6 所示。

表 3-6　光伏支架常见问题及解决方法

项目	常见问题	解决方法
底座化学锚栓	锚栓有松动迹象	如因混凝土基础强度不足导致锚栓松动，则需提高混凝土质量，更换混凝土基础；如是锚栓本身质量问题，则需联系生产厂家更换或购买锚栓或化学药剂
连接件螺栓	螺栓有松动迹象	如因安装过程中螺栓未拧紧，则需重新拧紧螺栓；如是螺栓本身质量问题，或因极端恶劣气候条件导致构件孔位扩孔，则需联系生产厂家更换或购买
组件压块	压块有松动迹象	如因安装过程中螺栓未拧紧，导致压块松动、错位，则需重新安装压块
光伏组件	光伏组件整体不平整，角度不一致	如因支架构件变形导致光伏组件不平整，则需对支架构件纠正变形，或更换支架构件；如因安装时未控制好支架平整度，则需重新调整支架达到水平对齐、高度一致
支架构件	支架构件有生锈现象	在运输、现场二次搬运的过程中，应注意小心轻放，避免构件因碰撞导致镀锌层被破坏；在安装过程中，应避免构件碰撞，或利器、重物敲击构件，避免镀锌层被破坏；镀锌层被破坏后，应立即刷环氧富锌漆，漆层厚度不小于 120 μm；若镀锌层被腐蚀耗尽，支架构件出现生锈现象，应采用砂纸人工打磨除锈，并刷环氧富锌漆或其他防腐油漆进行保护

图 3-9 所示为光伏支架组件压块、连接件螺栓、支架构件的检查。

图 3-9　光伏支架检查

4. 光伏支架检修规定

① 运行前要对支架接地进行检测，以确保人身安全。

② 在更换支架时，必须先卸下光伏组件（必须断开与光伏组件相连的相应汇流箱开关、支路熔断器及相连光伏组件接线）。

③ 在支架除锈后必须刷涂防锈漆。

④ 巡视光伏组件整体是否平整，若不平整则要检查支架是否发生歪曲变形。

⑤ 巡视支架是否下沉，若有下沉，则要检查基础是否损坏。

⑥ 在大雨天过后应全面巡视基础有无被冲毁现象。

⑦ 在大风天过后应巡视支架是否有角度改变。

5. 光伏支架尺寸偏差检修

（1）光伏支架基础的标高偏差

光伏支架基础的标高偏差如表 3-7 所示。

表 3-7　光伏支架基础的标高偏差

项目名称	允许偏差 /mm	
同一条基础之间	基础顶标高偏差	≤±2
同一方阵内基础之间（东西方向、相同标高）	基础顶标高偏差	≤±5
同一方阵内基础之间（南北方向、相同标高）	基础顶标高偏差	≤±10

（2）光伏支架尺寸允许偏差

光伏支架的垂直特性可由光伏支架的中心线、立柱垂直度、立柱上表面标高、横梁水平、横梁对角线长度等尺寸表述。光伏支架尺寸允许偏差如表 3-8 所示。

表 3-8　光伏支架尺寸允许偏差

项目	允许偏差 /mm	
中心线	≤2	
立柱垂直度（每米）	≤1	
立柱上表面标高	相邻立柱间	≤1
	东西向全长（相同轴线）	≤5
横梁水平	相邻横梁间	≤1
	东西向全长（相同标高）	≤10
横梁对角线长度	相邻横梁间	≤1

6. 光伏支架检修报告

光伏支架及本章后面将要介绍的光伏组件、光伏汇流箱、光伏逆变器、直流配电柜、箱式变电站、变压器等的检修报告中均应有以下基本内容：

① 设备计划检修和实际检修的起止日期。

② 设备检修的计划工日和实际消耗工日。

③ 从上次检修到本次检修设备的实际运行小时、备用小时、两次检修间的事故次数。

④ 检修中发现的缺陷和消除情况。

⑤ 检修工作评语，简要文字总结。

⑥ 检修的试验记录报告和结果分析报告。

⑦ 检修、试验工作负责人和工作班成员名单。

⑧ 检修、试验工作负责人的签名。

检修报告及技术文件的整理应采用计算机进行，并做好电子台账。

3.3　光伏组件运维

3.3.1　光伏组件检查与维护

1. 光伏组件运行规定

① 运行中不得有物体长时间遮挡光伏组件光线，以避免光伏组件无光照部位产生热斑效应。

② 光伏组件固定压块的螺钉应紧固无松动；光伏组件边框应接地，边框和支架的接触电阻应不大于 0.24 Ω，接地电阻应不大于 4 Ω。

③ 光伏组件应无碎裂、破碎现象；光伏组件应密封，不应发生破损；光伏组件接线盒无变形、鼓起、开裂、熔化。

④ 光伏组件污秽、输出下降时应及时清洗。

⑤ 同一汇流箱光伏组件的支路电流最大值与最小值的差值不应超过平均值的 5%。

⑥ 光伏组件间的连接插头应安全牢靠无虚接，光伏组件不应发生过电流运行情况。

⑦ 每天在监控系统中对支路光伏组串电流进行监测，对小于该汇流箱平均支路电流 0.5 A 的支路进行记录和现场检查。

⑧ 在大风天过后需对光伏组件方阵进行一次全面巡检。

⑨ 光伏组串必须悬挂安全标识牌，且内容清晰。

⑩ 光伏组件膜色不应出现明显变黄及过热灼烧现象，光伏组件的最高工作温度不超过 85 ℃。

2. 光伏组件定检与巡检内容

① 检查光伏组件的边框是否整洁、平整、无腐蚀斑点。

② 检查光伏组件表面是否无裂痕、无划痕、无碰伤、无破裂现象，光伏组件整体盖板是否整洁、平直，盖板表面是否无树叶、杂草、鸟粪等遮挡物。

③ 检查光伏组件间的连接插头是否无脱落、烧损现象，检查线路连接是否规范。

④ 检查接线盒是否无腐蚀和炭化现象，检查接线盒是否盖好。

⑤ 检查光伏组件的外壳、支架接地是否完好，边框和支架的接触电阻应不大于 0.24 Ω，接地电阻应不大于 4 Ω。

⑥ 在太阳辐照度较好时检查光伏组件的温度不应超过 85 ℃，单块光伏组件各区域的温差不应超过 20 ℃。

⑦ 检查支架基础是否牢靠，连接螺栓是否无松动，焊接是否牢固，支架是否无变形；检查支架表面是否无锈蚀，如有应采用刷漆等方法防锈。

⑧ 检查光伏组件玻璃或背面 TPT 背板是否破损，若有破损应令该组光伏组串停止运行，将损毁的光伏组件正负极插头断开，并及时更换。

图 3-10 所示为对光伏组件表面、线路连接、接线盒进行巡检时发现的问题。

(a) 光伏组件表面

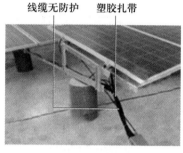

(b) 线路连接

(c) 接线盒

图 3-10　光伏组件巡检问题

3. 光伏组件的定检与巡检

根据光伏组件运行标准，应对光伏组件进行定期检查，即定检和巡检，发现问题及时修复，如表 3-9 所示。

表 3-9　光伏组件的定检与巡检

序号	对象	步骤	标准	方法与工具	周期
1	U 形卡板	① 检查 U 形卡板有无缺失	无缺失	观察	
		② 检查 U 形卡板有无松动	无松动	观察	
2	光伏组件	① 检查光伏组件表面钢化玻璃是否开裂破损	无开裂破损	观察	90 天 1 次
		② 检查光伏组件中的电池片有无破损、隐裂、热斑、变色异常等	无破损、隐裂、热斑、变色异常	观察	
		③ 检查光伏组件表面有无气泡、EVA 脱层、水汽	无气泡、EVA 脱层、水汽	观察	
		④ 检查光伏组件上的带电警告标识有无缺失	无缺失，保存完好	观察	

续表

序号	对象	步骤	标准	方法与工具	周期
2	光伏组件	⑤ 检查光伏组件的金属边框是否牢固接地，有无生锈、变形	牢固接地，无生锈、变形	观察	90天1次
		⑥ 检查背板有无划伤、开胶、鼓包、气泡等	无划伤、开胶、鼓包、气泡等	观察	
		⑦ 检查光伏组件有无松动、脱落	无松动、脱落	触摸，内六角扳手	
3	MC4插头	检查光伏组件连接线 MC4 公母插头是否紧固	紧固	内六角扳手	
4	接线盒	检查接线盒塑料有无变形、扭曲、开裂、老化及烧毁等	无变形、扭曲、开裂、老化及烧毁等	观察，万用表	

注：检查后当日值班员应将检查数据汇总整理至光伏组件定检巡检记录簿，由检修人员完成对故障的处理，并将相应数据作为案例保存到对应云文件夹中。

4. 光伏组件的维护

（1）光伏组件的表面清洗

① 清洗条件：

a. 应针对实际光伏组件的清洁程度、转换效率下降情况，结合上网电价和清洗成本制定经济合理的光伏组件清扫方案和周期。

b. 有条件的光伏电站可设置清洗参考组串，保持清洁。根据其他正常积灰的光伏组串与参考组串的电能差来确定灰尘遮挡的影响，合理安排清洗时间。如同一时间用高精度直流电能表实时测量 2 个清洗前组串的电量及 2 个清洗后组串的电量，若两个电量的对比差值大于或等于 4%，则需要安排清洗。光伏组件清洗前后对比如图 3-11 所示。

图 3-11 光伏组件清洗前后对比

c. 光伏组件表面出现积灰和污物时，应及时进行清洗。

② 清洗注意事项：

a. 春、夏、秋三个季节采用先除尘再用水洗，冬季采用人工抹布擦洗的方式。每次清洗完成后应保持光伏组件干燥。

b. 清洁时用清水冲洗，冲洗水压不超过厂家规定值。

c. 光伏组件与水的温差不大于 10 ℃，水质化验合格无腐蚀性，避免使用化学用品，清洗时间选择在傍晚或光照较弱的时候（辐照度低于 200 W/m²）。

d. 清理油污时，可使用无腐蚀性的清洗剂和柔软的布料。

e. 清理时要避免尖锐硬物划伤光伏组件表面，避免光伏组件受到外力损伤，避免碰松光伏组件间的连接电缆。

f. 清洗时严禁人或清扫设备长时间遮挡光伏组件，避免产生阴影，引起热斑效应。

g. 清洗过程中需注意人员安全，要佩戴安全用具，防止漏电、碰伤等情况发生。在清洗过程中严禁踩踏光伏组件。

③ 清洗时间。光伏电站光伏组件的清洗工作应选择在清晨、傍晚、夜间或阴雨天进行，严禁选择中午前后或阳光比较强烈的时段进行。主要考虑以下两个原因：一是避免清洗过程中因为人为阴影带来光伏组件方阵发电量损失，甚至引起热斑效应；二是中午或光照较好时光伏组件表面温度较高，冷水激在光伏组件表面玻璃上容易引起玻璃损伤。同时，在早晚清洗时，也需要选择在阳光暗弱的时间段内进行。也可以考虑在阴雨天进行清洗工作，此时因为有降水的帮助，清洗过程会相对高效和彻底。

④ 清洗周期和区域的规划。由于大型光伏电站占地很大，光伏组件数量庞大，而每天适宜进行清洗作业的时间又较短，因此光伏组件的清洗周期和区域需按照光伏电站的电气结构来进行规划，以减少发电量的损失。

⑤ 清洗方法。常规清洗可分为普通清扫和冲洗清洁两种，如图 3-12 所示。

(a) 普通清扫　　　　　　　　　　(b) 冲洗清洁

图 3-12　光伏组件的清洗

a. 普通清扫：用干燥的小扫把或抹布将光伏组件表面的附着物如干燥浮灰、树叶等扫掉。对于紧附于玻璃上面的硬性异物，如泥土、鸟粪、黏稠物体，则可用稍硬的刮板或纱布进行刮擦处理，但需注意不能使用硬性材料来刮擦，避免破坏玻璃表面。根据清扫效果来决定是否要进行冲洗清洁。

b. 冲洗清洁：对于紧密附着在玻璃上的鸟粪的残余物、植物汁液、湿土等无法用普通清扫去除的物体，需要通过冲洗来处理。冲洗过程一般使用清水，配合柔性毛刷来进行清除。如遇到油性污物等，可用洗洁精或肥皂水等对污染区域进行单独清洗。

⑥ 清洗验收：

a. 目视光伏组件整体外观，应清洁、明亮、无污渍。

b. 抽样检查光伏组件表面，应无积灰，用手轻轻触摸光伏组件表面，应无未处理干净的粉尘。

c. 距光伏组件 1.5 m 内，应看不到光伏组件上有尘土。

d. 抽查光伏组串电流（电压或功率），在同辐照度下对比清洗前后的光伏组串电流（电压或功率），应有提升。

（2）光伏组件的更换

① 更换条件：

a. 光伏组件表面破裂或光伏组件受损。

b. 光伏组件背板接线盒严重老化破损。

c. 光伏组件产生严重的热斑效应，电压下降超过 10 V。

d. 光伏组件旁路二极管损坏。

② 更换步骤：

a. 断开汇流箱直流断路器，挂好"禁止合闸，线路有人工作"安全标示牌。

b. 断开汇流箱对应的熔断器。

c. 拔开故障光伏组件与串联光伏组串的连线插头。

d. 对单个光伏组件进行检修时，应在检修光伏组件表面罩上遮阳罩。

5. 光伏组件故障处理

① 支路电流偏低时，应先检查光伏组件是否被遮挡，若可排除遮挡原因，则可通过对光伏组件进行开路电压测量及输出功率测量来查明原因进行处理。

② 支路无电流时，应先检查支路线路连接是否有问题，若非线路连接问题，可检测汇流箱内支路熔断器是否正常。

③ 光伏组件着火时，应先断开与之对应的汇流箱开关、支路熔断器及相连光伏组件接线，用干粉灭火器及消防沙进行灭火。

④ 光伏组件方阵电缆绝缘不合格时，应断开各侧电源，并打开接头后逐级检测接地点。

⑤ 光伏组件线缆出现烧损需更换时，应先断开与之对应的汇流箱开关、支路熔断器及相连光伏组件接线，再进行更换。

6. 光伏组件运维注意事项

① 在维护光伏组件的过程中，严禁佩戴影响工作和安全的金属饰品。

② 使用质量合格的绝缘工具、防护手套。

③ 在更换光伏组件时，必须断开与之对应的汇流箱开关、支路熔断器及相连光伏组件接线。

④ 在更换完光伏组件后，必须测量开路电压，并进行记录。

⑤ 进行光伏组件维护工作时，应使用绝缘工具，防止误碰带电体。

⑥ 开挖电缆沟时，要防止损伤沟内其他电缆。

⑦ 对于产生明显热斑的光伏组件应注意防止烫伤。

3.3.2　光伏组件检修

1. 光伏组件检修工作安全管理

① 检修工作开始前，应主动要求光伏电站业主进行现场安全交底和安全检查。

② 检修工作人员开始作业前必须参加相关的岗前培训，经培训合格才可以上岗作业。

③ 防漏电工作：检修前，应检查监控记录中是否有电量输出异常的记载，分析是否可能是因漏电引起。

2. 光伏组件检修规定

① 光伏电站运行中不得有植物、建筑物等长时间遮挡光伏组件，以避免光伏组件无光照部位产生热斑效应。

② 光伏组件表面玻璃出现破裂应及时进行更换；发现光伏组件玻璃或背面 TPT 板破损，应令该光伏组串停止运行，将损毁的光伏组件正负极插头断开，更换光伏组件；若光伏组件晶体硅颜色变黄，则可能是发生了热斑效应，要及时采取措施更换光伏组件。

③ 更换光伏组件时，必须断开与之相应的汇流箱开关、支路熔断器及相连光伏组件接线。

④ 光伏组件间的连接插头出现烧损需更换时，必须断开与之相应的汇流箱开关、支路熔断器及相连光伏组件接线。

⑤ 除以上安全措施外，工作维护人员需使用绝缘工器具，保证人身安全。

⑥ 在更换完光伏组件后，必须测量开路电压，并进行记录。

⑦ 在大风天过后需对光伏组件进行一次全面检修。

⑧ 夏季每天 11 时至 14 时应对光伏组件的温度用红外热像仪和测温仪进行抽检，光伏组件温度不应超过 85 ℃。若超过 85 ℃，应及时降低逆变器输出，控制光伏组件温升，或隔离并更换光伏组件。

⑨ 光伏组件发生过电流运行情况时，应及时检查处理，防止光伏组件出现热斑或损毁；光伏组件密封不严发生漏气情况时，内部引线颜色会发生变化并且变薄，应及时采取措施进行处理。

3. 光伏组件检修质量判定标准

① 出现下列情况时必须做进一步的检测，必要时应维修或更换光伏组件：

a. 相同或相近的测试环境下，光伏组件的最大功率低于比较基准或测试光伏组件最大功率的 5%。

b. 同一汇流箱、不同光伏组串、同一时点、同一运行环境下运行电流偏差超过 5%。

c. 同一汇流箱、不同光伏组串、同一时点、同一运行环境下开路电压偏差超过 5%。

d. 光伏组件出现裂片、蜗牛纹、黑片、严重热斑（温差大于 15 ℃）。

② 光伏组件接地检测要求：使用金属边框的光伏组件，边框和支架应结合良好，两者之间的接触电阻应不大于 4 Ω。

③ 输出电流要求：使用钳型数字万用表在太阳辐照度基本一致的条件下测量接入同一个直流汇流箱的各光伏组串的输入电流，其偏差应不超过 5%。

3.4　光伏汇流箱运维

3.4.1　光伏汇流箱检查与维护

1. 光伏汇流箱的运行规程

① 投切汇流箱熔断器时，工作人员必须使用绝缘工具，防止人身触电。

② 对汇流箱进行维护时，须取下汇流箱各支路熔断器及断开连接的光伏组串，断开直流配电柜对应的开关，并悬挂安全标示牌。

③ 在相同的外部条件下，测量接入同一汇流箱的光伏组串的输入电流，其偏差不应超过 5%。

④ 发生直流柜开关跳闸时，应对相应的汇流箱和电缆进行检查，测量直流柜、汇流箱、电缆的绝缘正常后方可合闸送电。

⑤ 检查时不得触碰其他带电回路，使用的工具确保绝缘良好，防止造成短路，现场检查人员最少两个人一组，相互监护作业。

2. 光伏汇流箱的定检

光伏汇流箱的定检如表 3–10 所示。

表 3–10　光伏汇流箱的定检

序号	内容	步骤	标准	方法与工具	周期
1	温度测量	① 用测温仪对汇流箱内的每一支路端子进行温度测量，一人测量，一人记录数据	≤ 75 ℃	测温仪	一般每年5 月、11 月开展，半年 1 次
		② 将每一支路熔断器断开，再进行温度测量，一人测量，一人记录数据			
2	电缆紧固	① 对熔断器座上下口螺栓进行紧固	用力矩扳手紧固达到 45 N·m	十字螺丝刀	
		② 检查汇流箱总开关上下口电缆连接处标记，如需紧固，将逆变器室内对应支路开关断开		8 mm 内六角扳手	
3	电压测量	① 测量时将汇流箱内的总开关闭合（断开）	光伏组串电压 ≤ 762 V，各光伏组串电压差 ≤ 20 V	万用表	45 天1 次
		② 将每一支路熔断器断开			
		③ 测量各光伏组串电压，一人测量，一人记录数据			

续表

序号	内容	步骤	标准	方法与工具	周期
4	避雷器检查	查看避雷器是否变色（绿色表示正常，红色表示不正常）	显示绿色	观察	
5	电流测量	① 现场人员读取显示装置实时电流，并与实际测量值对比，查看是否一致	光伏组串电流≤ 8.98 A（视光伏组件特性）	钳形数字万用表、对讲机	45 天 1 次
		② 控制室值班人员在记录现场数据的同时，对比后台显示的相应支路电流并进行记录			
		③ 通过后台显示与现场测量数据进行对比，查看汇流箱是否正常			

3. 光伏汇流箱的巡检

光伏汇流箱的巡检如表 3-11 所示。

表 3-11　光伏汇流箱的巡检

序号	对象	步骤	标准	方法与工具	周期
1	汇流箱外观	① 检查汇流箱是否存在变形、锈蚀、漏水、积灰现象	无变形、锈蚀、漏水、积灰现象	观察	90 天 1 次
		② 检查箱体外表面的安全警示标识是否完整无破损	完整无破损	观察	
		③ 检查箱体上的防水锁是否启闭灵活	启闭灵活	观察	
		④ 检查箱体表面的汇流箱编号是否完整，表面是否有鸟粪等杂物	编号完整，无鸟粪等杂物	观察	
		⑤ 检查汇流箱各接线端子温度是否正常	各接线端子温度均衡	测温枪	
2	汇流箱内部线路	① 检查汇流箱内部是否有打火痕迹	无打火痕迹	观察	
		② 检查汇流箱避雷器是否变色	显示绿色	观察	
		③ 检查汇流箱内部的防火泥是否封堵完善，是否发黑变质	封堵完善，未发黑变质	观察	
		④ 检查智能监控模块显示是否正常	显示正常、全面	按键查看	
		⑤ 检查直流输出母线端配备的直流断路器的分断功能是否灵活、可靠	分断功能灵活、可靠	螺丝刀按动自检按钮	

注：以上为巡检中必须完成的工作内容，每次检查后当日值班员应将检查数据汇总整理后，保存到对应云文件夹中。

4. 光伏汇流箱的定检与巡检现场

在检修汇流箱某一支路时，一定要先断开直流断路器，再断开要检修支路的熔断器。切记不能在未断开直流断路器时就去拔光伏组件连接插头 MC4，也不能在未断开直流断路器的情况下直接去断开熔断器，以免造成人身安全事故。在检修汇流箱时，要养成将所有螺钉紧固一遍的习惯，并做好记录，及时发现和消除汇流箱设备缺陷，避免发生事故。光伏汇流箱的定检与巡检现场如图 3-13 所示。

(a) 光伏汇流箱检查

(b) 光伏汇流箱结构

图 3-13　光伏汇流箱的定检与巡检现场

5. 光伏汇流箱的定期测试

光伏汇流箱的定期测试项目包含机械强度、绝缘电阻、绝缘强度、显示功能、通信功能、汇流箱热特性等。

6. 光伏汇流箱的维护

（1）汇流箱投入

汇流箱投入的步骤为：先合上光伏组串输入正、负极熔断器，再合上输出直流断路器，此时汇流箱投入运行，需检查支路是否全部运行正常。

（2）汇流箱退出

汇流箱退出的步骤为：先断开直流断路器，再依次取下输入正、负极熔断器，需检查支路是否正常退出。

（3）直流断路器的更换注意事项

① 更换时应先断开与该汇流箱对应的逆变器室内直流防雷配电柜中的汇流输入直流断路器，依次取下汇流箱的输入正、负极熔断器，再更换直流断路器。

② 更换时需注意对应原线号的恢复，并紧固好对应螺钉，确保接线无松动。

（4）汇流箱故障处理方法

① 若发现汇流箱内部接线头有发热、变形、熔化、接地等现象，先拉开汇流箱内的直流断路器，然后进行线头处理及更换。

② 若汇流箱支路通信异常或无通信，应先检查通信模块是否正常工作、汇流箱 485 接线端子是否接线牢靠，若无问题再检查监测模块的通信地址、波特率是否正确。

③ 若汇流箱监测模块检测的电流值偏差较大，应及时联系汇流箱厂家进行处理或整改。

④ 若发现汇流箱有冒烟、短路等异常情况或者发生火灾，先断开汇流箱开关，然后断开汇流箱内所有支路熔断器，最后再进行检修与更换处理。

（5）汇流箱运维注意事项

① 运维汇流箱过程中，严禁佩戴影响工作和安全的金属饰品。

② 使用质量合格的绝缘工具和防护手套。

③ 在汇流箱进行接线等接触导体的工作时，要断开汇流箱的断路器，取下汇流箱内所有熔断器，并悬挂安全标示牌，注意用电安全。

④ 汇流箱更换熔断器时必须断开汇流箱总输出开关，熔断器必须使用同容量、同型号的产品，更换熔断器后，必须保证投入的熔断器两端导电部分与熔断器座接触部分接触良好。

3.4.2　光伏汇流箱检修

1. 光伏汇流箱检修前的准备工作

① 根据汇流箱运行状况、技术监控数据进行状态评估，并根据评估结果和年度检修工程计划要求，对检修项目进行确认和必要的调整，制定符合实际的对策和技术措施。

② 根据检修项目和工序管理的重要程度，制定质量管理、质量验收和质量考核等管理制度，明确检修单位和质检部门职责。

③ 落实检修费用、材料和备品备件计划等，并做好材料和备品备件的采购、验收和保管工作。

④ 检查施工机具、安全用具，并试验合格；测试仪器仪表应有有效的合格证和检验证书。

⑤ 编写或修编检修项目的工艺方法、质量规程、技术措施、组织措施和安全措施。

⑥ 所有检修人员和相关管理人员应学习安全规程、质量管理手册、检修工艺要求及组织措施、技术措施、保障措施，并经考试合格。

⑦ 检修开工前，公司应组织相关人员检查上述各项工作的完成情况。

2. 光伏汇流箱检修项目、质量规程以及安全注意事项

① 对汇流箱柜体表面及内部进行清扫，做到干净无积灰。

② 对汇流箱开关、熔断器、电缆接头、指示灯等设备进行检查。

③ 对汇流箱进行绝缘测试工作。

④ 检查汇流箱的固定螺栓，如有松动的螺栓，必须紧固。

⑤ 检查汇流箱防雷器是否完好。

⑥ 发现汇流箱内部接线头有发热、变形、熔化等现象时，应拉开直流防雷配电柜内的直流输入开关，再拉开汇流箱内的直流断路器，断开光伏组件输入该汇流箱的串并接电缆接头，方可开始处理工作。

⑦ 在检查汇流箱内部设备前，必须断开与之对应的开关、支路熔断器。

⑧ 汇流箱内部设备需更换时，必须断开与之对应的开关、支路熔断器。除以上安全措施外，工作人员需使用绝缘工器具，做好安全措施后方可进行工作。

⑨ 检修完成后，必须测量绝缘电阻，绝缘电阻值必须大于 $0.5\ \mathrm{M\Omega}$；测量汇流箱输

入、输出极性，检查正常后方可投入运行；配合检查监控信息采集是否准确。

⑩ 对于检修过程中发现的无法消除的缺陷，应填写原因，并按相应程序处理。

光伏汇流箱检修项目及质量规程如表 3-12 所示。

表 3-12　光伏汇流箱检修项目及质量规程

检修项目	质量规程	检修工艺
清扫柜体	清扫干净，物见本色	
汇流箱检修	柜体无变形，漆膜无脱落	
	柜体电缆穿线孔防火封堵完好	
	柜体密封完好无损	
	电缆与接线板或母排之间连接紧固，无过热迹象	接引时用砂布除去氧化层，并在接触面涂导电脂或中性凡士林
	母线及接线铜牌无损伤、变形及过热变色等现象	用清洁干燥的软布擦拭母线
断路器检修	断路器表面清洁，无污渍	
	上、下部接线端子固定螺栓紧固	
	操作手柄无损伤、放电痕迹，表面光洁，无污渍	
	开关触头接触电阻值符合要求	
	断路器分合闸位置指示与断路器实际状态一致	
操动机构检修	断路器分合闸位置指示与断路器实际状态一致	
	操动机构手动分合闸操作灵活，无卡阻现象	
检测模块、熔断器检查	检测模块清扫干净，无放电、过热迹象	
	熔断器接触良好，熔断管完好	
接线端子检查	接线端子清扫干净，无放电、过热迹象，螺钉紧固	

续表

检修项目	质量规程	检修工艺
检修后的试验	断路器、母线、霍尔元件的试验结果符合《电力设备预防性试验规程》中的相关规定	

3.5 光伏逆变器运维

3.5.1 光伏逆变器检查与维护

1. 光伏逆变器运行规程

光伏逆变器的运行和自动运行规程如表 3-13 所示。

表 3-13 光伏逆变器的运行和自动运行规程

运行规程	自动运行规程
逆变器并网运行时有功功率不得超过所设定的最大功率。若超出设定的最大功率，应查明原因，设法恢复到规定功率范围内，如无法恢复，应将逆变器停机	逆变器自动并网，无须人为干预。输入电压在额定的直流电压范围、电网电压在正常工作范围时自动并网
逆变器正常运行时不得更改逆变器的任何参数	当逆变器并网运行，系统发生扰动后，逆变器将自动解列。在系统电压、频率未恢复到正常范围之前，逆变器不允许并网。当系统电压、频率恢复正常后，逆变器需要经过一个可延时时间后才能重新并网。由于所选逆变器厂家不同，逆变器重启时间会有所差异
若逆变器由于某种原因退出运行，再次投入运行时，应检查直流电压及电流变化情况	逆变器运行时必须保证逆变器功率模块风机运行正常，室内通风良好，禁止关闭或堵塞进、出风口
逆变器关机 20 min 后，方可打开柜门工作。在进行逆变器逆变模块维护工作时，在逆变模块拔出 5 min 后，方可进行模块的维护工作。工作结束 10 min 后，方可将逆变模块重新插入机柜	

2. 光伏逆变器的定检与滤网清扫

（1）光伏逆变器的定检

光伏逆变器的定检如表 3-14 所示。

表 3-14　光伏逆变器的定检

序号	内容	步骤	标准	方法与工具	周期
1	温度测量	① 在逆变器内用测温仪对每一支路、每一极进行测温	温度 ≤ 75 ℃	测温仪、对讲机、手电	每季度 1 次
		② 在显示屏上读取各模块的温度			
		③ 控制室值班人员记录现场温度数据，并将其与后台监控显示的数据进行对比			
2	电缆紧固	检查逆变器各支路开关上下口电缆连接处标记，如需紧固，应先将逆变器室内对应支路及汇流箱开关拉开	紧固扭矩不小于 45 N·m	扳手、记号笔	
3	电压测量	① 在显示屏上读取直流及交流电压	交流 315×（1±10%）V，直流 460~850 V	万用表、验电笔	
		② 控制室值班人员记录现场数据，并将其与后台监控显示的数据进行对比			
4	电流测量	① 现场人员通过测量显示装置读取实时电流	测量电流 ≤ 145 A（与光伏组串结构相关）	钳形数字万用表、对讲机	
		② 控制室值班人员记录现场数据，并将其与后台监控显示的数据进行对比			
5	发电参数测量	① 在显示屏上读取输出功率、日发电量、总发电量	现场数据与后台数据偏差较小	对讲机	半个月 1 次
		② 控制室值班人员记录现场数据，并将其与后台监控显示的数据进行对比			
6	阻抗检查	① 在显示屏上读取正、负对地阻抗	阻抗值 ≥ 50 kΩ	对讲机	
		② 控制室值班人员记录现场数据，并将其与后台监控显示的数据进行对比			
7	防火封堵检查	① 检查逆变器各支路、通信柜、配电柜进线防火泥是否脱落	无脱落	观察	
		② 检查逆变器投掷鼠药是否还有，如无应进行补充	有鼠药	观察	
		③ 检查逆变器基坑是否积水，是否有异物	无积水、无异物	观察	

注：每次检查后当日值班员应将检查数据汇总整理后，保存到对应云文件夹中。

（2）光伏逆变器的滤网清扫

光伏逆变器的滤网清扫如表 3-15 所示。

表 3-15 光伏逆变器的滤网清扫

序号	内容	步骤	标准	方法与工具	周期
1	滤网清扫	① 拆下箱房进风口滤网，用吸尘器逐个清扫	滤网无尘	酒精、抹布、毛刷、吸尘器	半年1次
		② 更换逆变器进风口滤网，用水清洗滤网并晒干备用			
		③ 用毛刷清理逆变器内部卫生			
		④ 用吸尘器清理箱房内卫生			
2	防火防堵	① 检查逆变器投掷鼠药是否还有，如无应进行补充	有鼠药	观察	
		② 检查逆变器基坑是否积水，是否有异物	无积水、无异物	观察	
3	消防器材检查	检查灭火器喷嘴、压力、外观、铅封是否正常	压力指示在绿色区	观察	

（3）光伏逆变器定检与滤网清扫现场

为了保证光伏逆变器可靠稳定地运行，避免逆变器因通风不畅而发生各种故障，光伏电站工作人员必须严格按照规定要求，定期对逆变器进行定检与滤网清扫工作。光伏逆变器定检与滤网清扫现场如图 3-14 所示。

(a) 定检

(b) 滤网清扫

图 3-14 光伏逆变器定检与滤网清扫现场

3. 光伏逆变器的巡检

（1）集中式光伏逆变器及集装箱的巡检

集中式光伏逆变器及集装箱的巡检如表 3-16 所示。

表 3-16　集中式光伏逆变器及集装箱的巡检

内容	标准	方法与工具
检查逆变器是否出现报警	无报警，无故障	观察
检查逆变器显示的正、负极对地电阻值	大于或等于 1 000 kΩ	观察
检查逆变器各直流支路断路器是否跳闸，是否有电流（汇流箱侧是否跳开）	未跳闸，有电流	电流表
检查逆变器结构和电气连接是否保持完整，是否存在锈蚀、积灰等现象，散热环境是否良好	电气连接保持完整，无锈蚀、积灰等现象，散热环境良好	观察
检查逆变器运行时有无较大振动和异常噪声	无较大振动和异常噪声	观察
检查集装箱接地扁铁是否虚焊、生锈，黄绿漆有无掉漆	集装箱接地扁铁无虚焊、生锈，黄绿漆未掉漆	观察
检查箱体是否牢固，表面是否光滑平整，无剥落、锈蚀及裂痕等现象	箱体牢固，表面光滑平整，无剥落、锈蚀及裂痕等现象	观察
检查逆变器上的警示标识是否完整无破损	逆变器上的警示标识完整无破损	观察
检查各种连接端子是否连接牢靠，没有烧黑、烧熔等损坏痕迹	各种连接端子连接牢靠，没有烧黑、烧熔等损坏痕迹	观察
检查逆变器中模块、电抗器、变压器的散热器风扇根据温度自行启动和停止的功能是否正常	散热器风扇根据温度自行启动和停止的功能正常	观察
检查散热风扇运行时有无较大振动和异常噪声	散热风扇运行时无较大振动和异常噪声	观察
检查逆变器内部防火泥是否封堵完善，有无变质发黑现象	防火泥封堵完善，无变质发黑现象	观察
检查逆变器中直流母线电容温度是否过高或超过使用年限	逆变器中直流母线电容温度正常且未超过使用年限	测温枪
检查集装箱内是否清洁，逆变器内部是否有明显灰尘	集装箱内清洁且逆变器内部无可见灰尘	观察
检查集装箱内部排风扇、荧光灯是否正常	集装箱内部排风扇、荧光灯正常	观察
检查集装箱线缆槽内是否有积水、杂物	无积水、杂物	观察
检查集装箱、逆变器的铭牌、安全标示牌是否脱落	未脱落	观察

（2）组串式光伏逆变器的巡检

组串式光伏逆变器的巡检如表 3-17 所示。

表 3-17　组串式光伏逆变器的巡检

内容	标准	方法与工具
检查逆变器的散热片有无遮挡及灰尘脏污	无遮挡及灰尘脏污	观察
检查逆变器外观是否损坏或变形	无损坏或变形	观察
检查逆变器在运行过程中是否有异常声音	无异常声音	观察
检查逆变器接线端子连接是否脱落、松动	无脱落、松动	观察
检查逆变器接地线连接是否紧固，有无松脱、锈蚀现象	连接紧固，无松脱、锈蚀现象	观察
检查逆变器线缆是否有损伤，电缆与金属表面接触的表皮是否有割伤的痕迹	无损伤，无割伤的痕迹	观察
将蓝牙模块插入 USB 接口，用手机连接逆变器，查看逆变器运行参数	电流 ≤ 8.47 A（与光伏组件参数相关）	蓝牙模块
使用测温枪测量每个接线端子的温度，一人测量，一人记录	温度 ≤ 75 ℃	测温枪

（3）光伏逆变器巡检现场

光伏电站巡检人员应严格按规定的要求对光伏逆变器进行巡视、检查，发现并消除影响产品质量的因素或隐患并做好记录，从而提高系统运行品质。光伏逆变器巡检现场如图 3-15 所示。

图 3-15　光伏逆变器巡检现场

4. 光伏逆变器的维护

（1）逆变器投入运行操作

① 根据交流辅助电源接线要求，连接好交流辅助电源线缆。

② 根据交流辅助电源熔断器选择要求，将合适的熔断器放入指定的熔断器盒。

③ 接入所有的直流配电开关。

④ 确保逆变器直流输入正负极正确，光伏组件开路电压小于 1 000 V，交流相序正确，电压在 315 ×（1 − 10%）~315 ×（1 + 15%）V 范围内。

⑤ 闭合交流开关，闭合辅助电源开关，控制系统工作。

⑥ 观察 LCD 面板的信息提示，当出现"请闭合直流开关"的信息框时，闭合所有直流开关。

⑦ 约 1 min 后，可听到并网接触器自动闭合的声音，表明逆变器并网成功，LCD 面板显示"并网发电"。

（2）逆变器退出运行操作

① 按下急停按钮，使逆变器停机。

② 拉开逆变器各直流输入开关。

③ 拉开逆变器交流输出开关。

（3）逆变器投入运行方式

① 逆变器就地手动投入运行操作。

② 逆变器中控远程投入运行操作。

（4）系统清洁（半年到 1 年 1 次）

① 检查电路板及元器件表面是否清洁。

② 检查散热器是否有灰尘。

③ 检查空气过滤网是否清洁。

（5）检查功率电缆连接（首次调试之后半年内检修 1 次，此后 1 年 1 次）

① 检查功率电缆是否松动，按照规定的扭矩进行紧固。

② 检查功率电缆、控制电缆有无破损，尤其是与金属表面接触的表皮是否有损伤。

③ 检查电力电缆接线端子的绝缘包扎带是否脱落。

（6）检查端子、排线连接（1 年 1 次）

① 检查控制端子的螺钉是否有松动。

② 检查主回路端子是否有接触不良，螺钉位置是否有过热痕迹。

③ 目测检查设备终端等连接及排布是否正常。

（7）冷却风机维护（1 年 1 次）

① 检查风机叶片是否有裂缝。

② 听风机运转是否有异常声音。

③ 若风扇有异常情况需及时更换。

5. 光伏逆变器故障处理

① 直流欠电压 / 过电压：检查直流线路电压是否超过逆变器阈值，检查电压采样电路是否异常。

② 直流电压极性错误 / 交流相序错误：检查直流极性和交流相序及相应采样电路。

③ 三相电流不平衡：检查滤波装置和采样电路。

④ 交 / 直流接地故障：检查相应导体的对地绝缘和采样电路。

⑤ 防雷模块故障：检查防雷模块和反馈线路。

⑥ 电抗器温度高：检查电抗器风扇及其控制电路，检查反馈信号。

6. 光伏逆变器运维注意事项

① 触摸逆变器电子元器件时，必须遵守静电防护规范。

② 维护时，必须保证逆变器已安全断电且机器所有带电元器件放电完毕，方可工作。

③ 急停按钮用于在紧急情况下（如火灾、水灾等）关闭逆变器。逆变器将关闭逆变模块输出，并迅速切断向电网供电。此时逆变器光伏组件的输入端口和交流输出端口仍然带电。

④ 逆变器由于保护动作停止工作，必须到现场检查并确认故障原因，如逆变器温度过高需停机处理。

⑤ 查明故障原因并处理完毕后，按照逆变器投入运行操作步骤使其投入运行。

⑥ 如逆变器故障暂时无法处理，应将逆变器交直流两侧开关断开，做好检修的隔离措施，并做好故障现象及代码等相关信息的记录。

⑦ 若情况紧急如人员生命受到威胁或设备有损坏危险，值班人员根据规定可紧急停机，进行事故处理，但事后必须立即向上级汇报。

⑧ 如逆变器发生故障未能自动停机，可远程执行停机操作，现场及时断开箱变低压侧开关，并进行检查。

⑨ 如逆变器异常退出运行，再次投入运行时，应检查直流电压及电流变化情况。

⑩ 同一光伏组件方阵所对应的一台逆变器进行柜内检修作业时，必须将另一台逆变器停机，并将交直流侧开关全部断开。

3.5.2 光伏逆变器检修

1. 光伏逆变器检修前的准备工作

① 根据逆变器运行状况、技术监控数据进行状态评估，并根据评估结果和年度检修工程计划要求，对检修项目进行确认和必要的调整，制定符合实际的对策和技术措施。

② 根据检修项目和工序管理的重要程度，制定质量管理、质量验收和质量考核等管理制度，明确检修单位和质检部门职责。

③ 落实检修费用、材料和备品备件计划等，并做好材料和备品备件的采购、验收和保管工作。

④ 完成所有对外发包工程合同的签订工作。

⑤ 检查施工机具、安全用具，并试验合格；测试仪器仪表应有有效的合格证和检验证书。

⑥ 编写或修编检修项目的工艺方法、质量规程、技术措施、组织措施和安全措施。

⑦ 所有检修人员和相关管理人员应学习安全规程、质量管理手册、检修工艺要求及组织措施、技术措施、保障措施，并经考试合格。

⑧ 检修开工前，光伏电站应组织相关人员检查上述各项工作的完成情况。

2. 光伏逆变器检修项目、质量规程及安全注意事项

① 检查逆变器时，必须断开直流侧输入开关、交流侧输出开关。

② 逆变器内部设备需更换时，必须断开直流防雷配电柜所有支路开关，逆变器直流输入开关、交流输出开关和箱变低压侧开关。除以上安全措施外，工作人员需使用绝缘工器具，做好安全措施后方可进行工作。

③ 如发现逆变器内部接头有发热、变形、熔化或受潮等现象时，应拉开直流防雷配电柜所有支路开关，逆变器直流输入开关、交流输出开关和箱变低压侧开关，方可开始处理工作。

④ 将逆变器内部及表面清扫干净，检查螺栓是否松动。

⑤ 检查逆变器交直流侧开关及电缆接头，开关应分合正常，接头应接引牢固；检查逆变器母排及其他内部设备，连接螺栓应紧固，无发热等异常现象。

⑥ 检查逆变器表计、指示灯及按钮，表计、指示灯指示应正常，按钮动作应正常；检查逆变器内部风机是否运转正常；清扫逆变器滤网及检查风道；测试逆变器电缆、母排、开关的绝缘电阻，测试结果应符合投入运行要求。

⑦ 检修完成后，必须测量绝缘电阻，检查正常后投入运行。

⑧ 逆变器检修过程中发现暂时无法消除的缺陷时，应将逆变器交直流侧开关断开，做好检修的隔离措施，填写原因并书面通知上级部门，按相应程序处理。

⑨ 对逆变器参数、定值、保护功能投退情况进行检查，配合检查监控信息采集是否准确。

光伏逆变器检修项目及质量规程如表 3–18 所示。

表 3–18 光伏逆变器检修项目及质量规程

检修项目	质量规程	检修工艺
清扫柜体及断路器本体	清扫干净，物见本色	
配电柜检修	柜体无变形，漆膜无脱落	
	柜体电缆穿线孔防火封堵完好	
	柜体密封完好无损	
	电缆与接线板或母排之间连接紧固，无过热迹象	接引时用砂布除去氧化层，并在接触面涂导电脂或中性凡士林
	母线及接线铜排无损伤、变形及过热变色等现象	用清洁干燥的软布擦拭母线
断路器检修	断路器表面清洁，无污渍	
	灭弧室绝缘外壳无损伤，无划痕	
	上、下部接线端子固定螺栓紧固	
	绝缘操作手柄无损伤、放电痕迹，表面光洁，无污渍	
	开关触头接触电阻值符合要求	
	断路器分合闸位置指示灯与断路器实际状态一致	
	开关绝缘电阻值大于 0.5 MΩ	

续表

检修项目	质量规程	检修工艺
霍尔元件、熔断器检修	霍尔元件清扫干净，无放电、过热迹象	
	熔断器接触良好，熔断管完好	
接线端子检查	接线端子清扫干净，无放电、过热迹象，螺钉紧固	
通风设备检查	逆变器本体的冷却通风设备正常，逆变器室的通风设施正常	
交流 LC 滤波器电抗检查	电抗引线的绝缘包扎情况良好，无变形、变脆、破损现象，引线无断股，引线与引线接头处焊接良好，无过热现象	
	电抗绝缘支架无松动和裂纹、位移情况，引线在绝缘支架内固定情况良好	
	电抗引线与各部位之间的绝缘距离符合要求	
检修后的试验	断路器、母线、霍尔元件的试验结果符合《电力设备预防性试验规程》中的相关规定	

3.6　直流配电柜运维

3.6.1　直流配电柜检查与维护

1. 直流配电柜运行规程

① 正常运行时直流配电柜所有支路开关闭合。

② 当直流汇流箱因故障退出运行时，对应的直流配电柜支路开关应断开。

③ 直流配电柜内任一支路开关跳闸时，查明原因后方可合闸。

④ 直流配电柜内直流开关损坏需更换时，相应的连接逆变器需退出运行，断开逆变器交直流侧开关，断开支路汇流箱内开关。

⑤ 直流汇流箱正极和负极对地的绝缘电阻应大于 1 MΩ。

2. 直流配电柜运维安全注意事项

① 未经许可，非工作人员不得进入配电室。

② 定检、巡检人员需熟悉现场设备、操作方法及安全注意事项。

③ 设备发生接地故障时，在室内不得接近故障点 4 m 范围以内，在室外不得接近故障点 8 m 范围以内。

④ 雷雨天气，需要巡视室外高压设备时，应穿绝缘靴，并不得靠近避雷器和避雷针。

⑤ 确认所用工具是否安全，绝缘防护用品是否可靠，佩戴方式是否正确。必须得到

主控室工作人员的开工许可后才可进行巡检。

⑥ 电气线路在未经验电确定无电前，应一律视为"有电"，不可用手直接触摸。

3. 直流配电柜巡检

直流配电柜的巡检如表 3-19 所示。

表 3-19　直流配电柜的巡检

内容	标准	方法与工具	要求
检查配电柜中标明被控设备编号、名称或操作位置的标识器件是否完整，编号是否清晰、工整	标识器件完整，编号清晰、工整	观察	① 定检内容记录至汇流箱定检记录本中；② 汇总故障缺陷，集中消缺，将缺陷及故障处理汇总至故障记录簿中
检查母线接头是否连接紧密，是否变形，有无放电变黑痕迹	母线接头连接紧密，没有变形，无放电变黑痕迹	观察	
检查各接线端子温度是否正常	各接线端子温度正常，三相温度均衡	测温枪	
检查配电柜中的开关、主触头有无烧熔痕迹，灭弧罩有无烧黑和损坏现象	开关、主触头无烧熔痕迹，灭弧罩无烧黑和损坏现象	观察	
检查各出线孔防火泥是否封堵完善，防火泥是否有发黑变质现象	防火泥封堵完善，无发黑变质现象	观察	
检查信号回路的信号灯、按钮、信号显示是否准确	信号回路的信号灯、按钮、信号显示准确	观察	
检查低压电器发热物件的散热是否良好	低压电器发热物件散热良好	测温枪	
检查紧固连接螺栓是否生锈	紧固连接螺栓无生锈	观察	
检查手车、抽出式成套配电柜推拉是否灵活，有无卡阻碰撞现象，动触头与静触头的中心线是否一致，触头接触是否紧密	手车、抽出式成套配电柜推拉灵活，无卡阻碰撞现象，动触头与静触头的中心线一致，触头接触紧密	倒闸时观察	
检查各接线螺钉是否松动	各接线螺钉紧固牢靠	螺丝刀	
检查开关柜内和配电柜后面引出线处是否有灰尘	开关柜内和配电柜后面引出线处无灰尘	吹吸两用吹风机	
检查手柄操作机构是否灵活可靠	手柄操作机构灵活可靠	倒闸时观察	
把各分开关柜从抽屉柜中取出，检查各接线端子是否紧固	各接线端子紧固	螺丝刀	

配电设施巡回检查，能使巡检人员及时发现设施异常，防止设备事故发生，是确保低压设备安全经济运行的一项重要工作。光伏电站巡检人员必须按照巡检要求认真巡回检查，杜绝因巡检不到位而造成设备异常或事故发生。光伏电站配电室的巡检如图 3-16 所示。

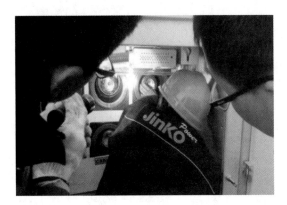 

图 3-16　光伏电站配电室的巡检

3.6.2　直流配电柜检修

直流配电柜检修项目、质量规程以及安全注意事项如下。

① 对直流配电柜表面及内部进行清扫，做到干净无积灰。

② 对直流配电柜开关、熔断器、电缆接头、表计、指示灯等设备进行检查；对直流配电柜进行绝缘测试工作；检查直流配电柜内的防雷器是否完好；检查直流配电柜内的风机是否运转正常。

③ 检查直流配电柜的固定螺栓，如有松动的螺栓，必须紧固。

④ 如发现直流配电柜内部接线头有发热、变形、熔化等现象时，应拉开直流配电柜内的直流输入开关，再拉开汇流箱内的直流断路器，断开光伏组件输入该汇流箱的串并接电缆接头，方可开始处理工作。

⑤ 在检查直流配电柜内部设备前，必须断开与之对应的开关、支路熔断器。

⑥ 直流配电柜内部设备需更换时，必须断开与之对应的开关、支路熔断器。

⑦ 除以上安全措施外，工作人员需使用绝缘工器具，做好安全措施后方可进行工作。

⑧ 检修完成后，必须测量绝缘电阻，绝缘电阻值必须大于 0.5 MΩ，检查正常后方可投入运行。

⑨ 检查直流配电柜仪表信息和监控采集信息，确保监控数据采集信号准确。

⑩ 对于检修过程中发现的无法消除的缺陷，应填写原因，并按相应程序处理。

直流配电柜检修项目及质量规程如表 3-20 所示。

表 3-20　直流配电柜检修项目及质量规程

检修项目	质量规程	检修工艺
清扫柜体及断路器本体	清扫干净，物见本色	
配电柜检修	柜体无变形，漆膜无脱落	
	柜体电缆穿线孔防火封堵完好	
	柜体密封完好无损	
	电缆与接线板或母排之间连接紧固，无过热迹象	接引时用砂布除去氧化层，并在接触面涂导电脂或中性凡士林
	母线及接线铜牌无损伤、变形及过热变色等现象	用清洁干燥的软布擦拭母线
断路器检修	断路器表面清洁，无污渍	
	灭弧室绝缘外壳无损伤，无划痕	
	上、下部接线端子固定螺栓紧固	
	绝缘操作手柄无损伤、放电痕迹，表面光洁，无污渍	
	过电流脱扣动作灵敏，无卡涩	
	开关触头接触电阻值符合要求	
	断路器分合闸位置指示灯与断路器实际状态一致	
	开关绝缘电阻值大于 0.5 MΩ	
操动机构检修	断路器分合闸位置指示灯与断路器实际状态一致	
	操动机构手动分合闸操作灵活，无卡阻现象	
霍尔元件、熔断器检查	霍尔元件清扫干净，无放电、过热迹象	
	熔断器接触良好，熔断管完好	
接线端子检查	接线端子清扫干净，无放电、过热迹象，螺钉紧固	
检修后的试验	断路器、母线、霍尔元件的试验结果符合《电力设备预防性试验规程》中的相关规定	

3.7 箱式变电站运维

3.7.1 箱式变电站检查与维护

1. 箱式变电站运行规程

箱式变电站（简称箱变）是一种把高压开关设备、配电变压器、低压开关设备、电能计量设备和无功补偿装置等按一定的接线方案组合在一个或几个箱体内的紧凑型成套配电装置，目前应用十分广泛。箱式变电站按照结构形式分为组合式变电站（美式箱变）和预装式变电站（欧式箱变）。大型地面光伏电站多采用欧式箱变。

箱式变电站运行一般规定和运行操作规定如表 3–21 所示。

表 3–21　箱式变电站运行一般规定和运行操作规定

运行一般规定	运行操作规定
35 kV 箱变高压侧负荷开关（高压开关柜）不能用来切断故障电流，可以进行变压器的充电操作，为就地手动操作	在操作 35 kV 高压开关柜时，带负荷情况下不允许推拉手车。推拉开关手车时，应检查开关确在断开位置
35 kV 箱变高压侧熔断器熔断后，需断开箱变高低压侧开关，并投入接地刀闸后方可进行更换	闭合接地刀闸前，必须确认无电压
35 kV 箱变更换高压限电流熔断器时应停电，更换时应佩戴干燥无污染的棉布手套	"五防"机械连锁功能应正常
35 kV 高压开关柜为金属铠装式结构，由柜体和可抽出部分（手车）组成。其中，柜体由钢板多层折弯装配而成，包括手车室、母线室、电缆室、低压室等部分	系统运行过程中应经常检查带电显示器指示灯是否完好，若有损坏，应及时更换
	进行紧急操作时，身体不能接触高压开关柜

2. 箱式变电站巡检

（1）箱式变压器巡检项目

① 检查油位是否合适，油位计指针是否准确。

② 检查变压器盖板、套管、油位计、排油阀是否密封良好，有无漏油、渗油现象。

③ 检查温度指示控制器、套管、气体继电器、压力释放阀等产品的零件有无损坏。

④ 检查油箱接地是否良好。

⑤ 检查电源侧、负荷侧，进出线端子与断路器连接处是否压接牢固。

（2）35 kV 高压开关柜巡检项目

① 检查各位置指示灯与断路器实际位置是否相符。

② 检查分散保护装置有无报警信号。

③ 检查开关柜有无异味及异常声响。

④ 检查开关柜内电度表是否运行正常。

⑤ 检查开关柜上的电流、电压指示表是否正常工作并指示正常。

（3）母线在运行中的巡检项目

① 检查绝缘子是否清洁，有无裂纹损伤，有无电晕及严重放电现象。

② 检查设备线卡、金具是否紧固，有无松动脱落现象。

③ 检查母线有无断股，连接片处有无发热，伸缩是否正常。

④ 检查所有架构的接地是否良好、牢固，有无断裂现象。

3.7.2　箱式变电站检修

1. 箱式变电站检修项目

① 检查变压器的安装状况，检查变压器外壳的完整性，检查变压器周围环境是否利于运行。

② 检查变压器通风状况和温度检测装置。

③ 检查变压器是否过热，高压熔断器的安装是否到位。

④ 检查电缆接头是否连接可靠，变压器的分接开关是否处于正确位置。

⑤ 检查负荷开关的转动是否灵活，是否处于正确位置。

⑥ 检查组合变压器本体及内部接地排接地是否良好。

⑦ 检查组合变压器油位表的油位高度是否正常。

⑧ 检查压力释放阀投运前是否已将顶部的压板或插销拔去。

⑨ 清除变压器内外灰尘、污垢及水分等。

⑩ 更换和检修易损零件。

2. 箱式变电站检修后的质量验收

① 检修质量管理宜实行内部自检和三级验收相结合的方式，必要时可引入监理制度。

② 验收人员应对直接影响检修质量的部位进行检查和确认。

③ 所有项目的检修施工和质量验收应实行签字责任制和质量追溯制。

④ 设备检修后投运前，必须有完整的技术资料及相关试验报告。

3. 箱式变电站检修总结和技术文件整理

① 箱式变电站检修完毕后，应认真总结检修经验，整理检修资料，对材料、费用消耗进行统计。对于特殊、有创造性的技术和工艺，成功的技术革新和设备改造成果等，应进行专题总结，写出书面报告。

② 箱式变电站检修完毕应根据变动情况及时修订图纸和技术说明书。局部变动应在设备正式投运前修订完成，并发放到运行及管理部门。变动较大的地方应在检修结束后按实际接线和功能修订图纸和技术说明书，并在设备试运行期间发放到运行及管理部门。检修后做好电子台账记录工作。

3.8 变压器运维

3.8.1 变压器检查与维护

1. 变压器运行规程

① 运行中的变压器每班进行一次巡回检查，新投运或大修后的变压器应增加巡回检查次数。

② 变压器运行中和充电前，保护、测量及信号装置应正常投入。

③ 变压器充电操作从高压侧充电，不允许从低压侧充电，充电时低压侧断路器应在断开位置。

④ 箱式变压器高压侧熔断器熔断后，需断开箱式变压器各侧开关，并投入接地刀闸后方可进行更换。

⑤ 变压器三相负荷不平衡时，应监视最大电流相的负荷电流值不超过额定值；变压器允许短时间过负荷，其过负荷允许值根据变压器的负荷曲线、冷却介质温度以及过负荷前变压器所带负荷等确定；变压器存在较大缺陷时不允许过负荷运行；变压器短时过负荷时，电流不应超过额定电流的 1.5 倍，油温和绕组温度不应超过规定值，运行时间不应超过 0.5 h。

⑥ 备用中的变压器应每月充电一次，充电前应测量绝缘电阻，确保绝缘电阻值合格；变压器检修后，在投入运行前应进行核相操作。

⑦ 变压器绝缘电阻使用 2 500 V 绝缘电阻表测量；变压器线圈的绝缘电阻一般不低于初次在相同温度下测得值的 70%，且在环境温度 20 ℃时，$R > 2\,000$ MΩ，吸收比不得小于 1.3；测量绝缘电阻时，应分别测各侧绕组对地和各侧绕组之间的绝缘电阻；干式变压器停用、备用时间超过 7 天，须测量绝缘电阻一次；绝缘电阻值低于上述规定时，变压器投入运行需经主管领导批准。

2. 变压器检查项目

变压器的检查如表 3-22 所示。

表 3-22 变压器的检查

序号	项目	周期	备注
1	定期巡检	与线路巡检周期相同	
2	清扫管套、检查熔断器等维护工作	每年 2 次	脏污地段适当增加
3	绝缘电阻测量	每年 2 次	
4	符合测量	每年最少 1 次	
5	油耐压、水分试验	5 年至少 1 次	

3. 变压器检查安全注意事项

① 确认所用工具是否安全，绝缘防护用品是否可靠，佩戴方式是否正确。

② 雷雨天气，需要巡视室外高压设备时，应穿绝缘靴，并不得靠近避雷器和避雷针。

③ 高压设备发生接地故障时，在室内不得接近故障点 4 m 范围以内，在室外不得接近故障点 8 m 范围以内。

④ 未经允许不得擅自操作设备，不得触碰带电设备。

4. 油浸式变压器的巡检

油浸式变压器的巡检如表 3-23 所示。

表 3-23 油浸式变压器的巡检

内容	标准	方法与工具	要求
检查变压器套管是否清洁，有无裂纹、损伤、放电痕迹	清洁，无裂纹、损伤、放电痕迹	观察	汇总故障缺陷，集中消缺，将缺陷及故障处理汇总至故障记录簿中
检查各个电气连接点有无锈蚀、过热和烧损现象	无锈蚀、过热和烧损现象	测温枪	
检查灭火器喷嘴、压力、外观、铅封是否正常	压力指示在绿色区，称重合格	称重仪	
检查避雷器（浪涌）是否有动作	正常时透视孔显示绿色	观察	
检查外壳有无脱漆、锈蚀，是否渗油、漏油，是否脏污，接地是否良好	无脱漆、锈蚀，无渗油、漏油，无脏污，接地良好	观察	
检查各支路进线防火泥是否脱落，箱变基坑是否积水、有异物，鼠药是否还有	无脱落，无积水，无杂物，有鼠药	观察	
检查变压器油温、油色、油面是否正常，油标内的油面是否保持在不低于 1/4 且不超过 3/4 处，并保持清亮的颜色	配电变压器的绝缘采用 A 级绝缘，当空气最高温度为 40 ℃时，这类绝缘的最高工作温度为 105 ℃，由于绕组的平均温度比油温高 10 ℃，所以变压器上层油温不宜超过 85 ℃，最高不能超过 95 ℃。变压器不但规定最高容许温度，还规定容许的温升，当周围空气温度为 40 ℃时，绕组的容许温升为 65 ℃，则上层油的容许温升为 55 ℃	观察	
检查箱变各三相接线端子的温度是否正常，高压侧测温贴有无变色		测温枪	
检查变压器台架有无倾斜，栅栏有无封锁损坏，各构件有无腐蚀掉落现象，各种连接螺栓是否紧固齐全	变压器台架无倾斜，栅栏无封锁损坏，各构件无腐蚀掉落现象，各种连接螺栓紧固齐全	观察，螺丝刀、扳手	

内容	标准	方法与工具	要求
检查安全标示牌是否完好，字迹、颜色是否清晰明显	安全标示牌完好，字迹、颜色清晰明显	观察	汇总故障缺陷，集中消缺，将缺陷及故障处理汇总至故障记录簿中
检查变压器声音是否异常	① 变压器铁芯接地线断裂，会发出放电的劈裂声，若铁芯的接地接触不良，也会发出间断性的"吱吱"放电声音； ② 铁芯夹件松动或变压器外壳与其他外物接触时，在磁场的作用下，会使变压器各部件和与其相接触的外物相互撞击而发出"叮叮当当"的撞击声； ③ 变压器所带的低压线路发生接地时，变压器会发出"轰轰"的声音	观察、倾听	
检查变压器附近有无焦味	无焦味	观察	

5. 干式变压器的巡检

干式变压器的巡检如表 3-24 所示。

表 3-24　干式变压器的巡检

内容	标准	方法与工具	要求
检查并确认已停电并做好安全措施，检查变压器外壳外部是否有灰尘	设备无可见灰尘	酒精、抹布、毛刷、吸尘器	汇总故障缺陷，集中消缺，将缺陷及故障处理汇总至故障记录簿中
检查变压器套管是否清洁，有无裂纹、损伤、放电痕迹	清洁，无裂纹、损伤、放电痕迹	观察	
检查各个电气连接点有无锈蚀、过热和烧损现象	无锈蚀、过热和烧损现象	测温枪	
检查灭火器喷嘴、压力、外观、铅封是否正常	压力指示在绿色区，称重合格	称重仪	
检查避雷器（浪涌）是否有动作	正常时透视孔显示绿色	观察	
检查外壳有无脱漆、锈蚀，是否渗油、漏油，是否脏污，接地是否良好	无脱漆、锈蚀，无渗油、漏油，无脏污，接地良好	观察	

续表

内容	标准	方法与工具	要求
检查各支路进线防火泥是否脱落，箱变基坑是否积水、有异物，鼠药是否还有	无脱落，无积水，无杂物，有鼠药	观察	
检查线圈外观是否正常，是否有烧点、放电痕迹，所有紧固件是否连接可靠	外观正常，无烧点、放电痕迹，紧固件连接可靠	观察，扳手	
检查铁芯外观是否正常，是否无异物脱落，所有紧固件是否连接可靠	外观正常，无异物，紧固件连接可靠	观察，扳手	
检查分接头连接片是否正常，固定分接头连接片的固定螺栓是否紧固	连接片无损坏，螺栓坚固	观察，扳手	
检查散热系统风机是否有灰尘，是否润滑，接线端子是否紧固	无灰尘，动作平滑，接线无松动	吸尘器、螺丝刀	
检查变压器声音是否异常	① 变压器铁芯接地线断裂，会发出放电的劈裂声，若铁芯的接地接触不良，也会发出间断性的"吱吱"放电声音； ② 铁芯夹件松动或变压器外壳与其他外物接触时，在磁场的作用下，会使变压器各部件和与其相接触的外物相互撞击而发出"叮叮当当"的撞击声； ③ 变压器所带的低压线路发生接地时，变压器会发出"轰轰"的声音； ④ 变压器过载运行时，音调比正常要高，音量比正常要大，其负载急剧变化时，会影响内部铁芯振动，会出现间歇性的"咯－咯"响； ⑤ 变压器的分接开关接触不良或变压器的高压套管脏污，有裂纹、瓷质表面闪络，都可以听到"嘶嘶"的响声，有时还能看到小火花； ⑥ 变压器绕组短路，会有"噼噼啪啪"的放电声，其匝间短路时，产生严重的局部发热，会使变压器的油沸腾，发出像开锅似的"咕噜"声	观察、倾听	汇总故障缺陷，集中消缺，将缺陷及故障处理汇总至故障记录簿中

续表

内容	标准	方法与工具	要求
检查变压器台架有无倾斜，栅栏有无封锁损坏，各构件有无腐蚀掉落现象，各种连接螺栓是否紧固齐全	变压器台架无倾斜，栅栏无封锁损坏，各构件无腐蚀掉落现象，各种连接螺栓紧固齐全	观察，螺丝刀、扳手	汇总故障缺陷，集中消缺，将缺陷及故障处理汇总至故障记录簿中
检查箱变各三相接线端子的温度是否正常，高压侧测温贴有无变色	无变色，三相温度正常	测温枪	
检查安全标示牌是否完好，字迹、颜色是否清晰明显	安全标示牌完好，字迹、颜色清晰明显	观察	
检查变压器附近有无焦味	无焦味	观察	

6. 变压器的定检

变压器的定检如表 3-25 所示。

表 3-25　变压器的定检

序号	内容	步骤	标准	工具	时间及周期
1	绝缘摇测	① 摇测主变低压侧绝缘并做好记录	低压侧绝缘电阻值 ≥ 400 MΩ，高压侧绝缘电阻值 ≥ 800 MΩ	绝缘手套、5 000 V 绝缘电阻表	春检、秋检
		② 摇测主变高压侧绝缘并做好记录			
		③ 摇测主变铁芯及夹件绝缘并做好记录			
2	清扫卫生	① 用蘸酒精的抹布清扫本体及瓷瓶卫生	无灰尘	酒精、棉纱	
		② 检查本体是否渗油，瓷瓶有无放电痕迹	无渗油，无放电痕迹		
3	电缆紧固	① 检查变压器高低压侧连接处标记，紧固后做防松标记	有防松标记	扳手、记号笔	
		② 紧固二次接线	无松动	一字螺丝刀	
4	更换硅胶	检查呼吸器硅胶是否变色，如变色需更换	硅胶显示蓝色	扳手	
5	补漆	① 检查外壳是否有锈蚀	无锈蚀	毛刷、油漆、稀料	
		② 将变压器锈蚀部分除锈后刷漆	补漆		

注：每次检修后当日值班员应将检查情况汇总整理后，保存到对应云文件夹中。

光伏电站巡检人员应严格按规定的要求对变压器进行定期检查，发现并消除影响产品质量的因素或隐患并做好记录，从而提高系统运行品质。变压器的定检现场如图 3-17 所示。

图 3-17　变压器的定检现场

3.8.2　变压器检修

1. 变压器检修项目

① 检查变压器的安装状况，检查变压器外壳的完整性，检查变压器周围环境是否利于运行。

② 检查变压器通风状况和温度检测装置，检查变压器是否过热，检查变压器引线支持状态及各部连接状况。

③ 检查套管及连接板状态，检查线圈压板及垫板连接状况。

④ 检查变压器接地状态，测量线圈的绝缘电阻。

⑤ 检查线圈绝缘是否有异常变色和裂纹等。

⑥ 清除变压器内外灰尘、污垢及水分等。

⑦ 更换和检修易损零件。

注：干式变压器比油浸式变压器更容易受到环境的影响，因而应得到更周到细致的保护。

2. 变压器检修工艺

（1）检修前准备

① 了解变压器在运行中所发现的缺陷和异常（事故）情况，以及出口短路的次数和情况。

② 了解变压器上次大修的技术资料和技术档案。

③ 了解变压器的运行状况（负荷、温度、其他附属装置的运行情况）。

④ 查阅变压器的原试验记录，了解变压器的绝缘状况。

（2）拆卸注意事项

① 拆卸的螺栓零件应用去污剂清洗，如有损坏应修理或更换，然后妥善保管，防止丢失或损坏。

② 拆卸时应先拆小型仪表和套管，后拆大型铁件，组装时顺序相反。

③ 全面检查器身的完整性，确认是否存在缺陷（如过热、弧痕、松动、线圈变形、接点变色等）。对异常情况要查找原因并进行检修处理，同时要做好记录。

（3）检查注意事项

① 检查相间隔离板和围屏有无破损、变色、变形、放电痕迹，如发现异常，应做针对处理。

② 检查线圈表面是否清洁，绝缘有无破损。

③ 检查线圈各部垫块有无位移和松动情况。

④ 检查线圈冷却风道有无污垢或被其他物质堵塞的情况，必要时可用软毛刷（白布或泡沫塑料）轻轻擦洗。

⑤ 检查铁芯外表是否平整，有无片间短路或变色、放电烧伤痕迹，有无松脱。检查上铁轭顶部和下铁轭底部是否有积聚的污垢杂物，如有应进行清扫擦拭。若迭片有翘起或不规则之处，可用木槌或铜锤敲打平整。

⑥ 检查铁芯与上下夹件、方铁、线圈压板（包括压铁）的紧固度和绝缘情况。检查铁芯和夹件的风道是否畅通，气道垫块是否无脱落和堵塞现象。

⑦ 检查铁芯接地片的接触及绝缘情况。检查引线的绝缘包扎情况，有无变形、变脆、破损，引线有无断股，引线与引线接头处焊接是否良好，有无过热现象。

⑧ 检查线圈分接头引线的引接情况是否良好，有无过热现象。检查引线对各部位的绝缘距离是否符合要求。

⑨ 检查绝缘支架有无松动和裂纹、位移情况，检查引线在绝缘支架内的固定情况。

（4）检修注意事项

① 用电吹风或压缩空气从不同角度冲扫变压器内外，至不见灰尘吹出；要注意空气流速不致过大，以免凝结水吹向器身。

② 引出线裸线部分，套管、连接板、外壳等处，可用清洗剂来清洗。

③ 更换和检修易损部件，如绝缘子、接线板、连接线等。

④ 委托当地有资质的专业检修队伍进行电气预防性试验。

3. 变压器检修后的试运行

（1）检修后的试运行准备

① 变压器检修竣工后，应清理现场，整理记录、资料、图纸，提交竣工、验收报告，并提请项目公司运维部进行现场验收工作。

② 提供验收方面的有关资料、开工报告、竣工报告、验收报告、现场检修记录、高压绝缘试验报告、温度计校验报告等。

（2）试运行前的检查项目

① 检查变压器本体、冷却装置及所有附件是否均无缺陷，且无污迹。

② 检查变压器本体固定装置是否牢固。

③ 检查油漆是否完整，接地是否可靠。

④ 检查变压器顶盖上是否无遗留杂物。

⑤ 检查变压器与外部引线的连接接触是否良好。

⑥ 检查温度计指示是否正确，整定值是否符合要求。

⑦ 检查冷却装置试运行是否正常。

（3）站用变压器试运行时的检查规范

① 进行额定电压下的冲击试验（交接时进行 5 次试验，更换线圈时进行 3 次试验，大修时进行 2 次试验），应无异常，励磁涌流不致引起保护装置动作。

② 受电后，10 min 内变压器应无异常情况。

③ 带电后，变压器应无异常振动或放电声。

检修过程需严格遵守安全措施，检修人员进行检修时必须持有现场人员签发的工作票，停送电时必须持有操作票并唱票复诵。

3.9　架空线路与接地防雷的维护

3.9.1　架空线路的巡视与检修

1. 架空线路的巡视与检修

架空线路的巡视与检修如表 3-26 所示。

表 3-26　架空线路的巡视与检修

序号	内容	步骤	标准	工具	时间及周期
1	检查杆塔有无鸟窝	① 看标牌，记录塔号，用望远镜查看有无鸟窝、防振锤是否缺失；② 检查基础是否下沉，接地极是否锈蚀、螺母是否松动等	无鸟窝	望远镜	90 天 1 次
2	检查螺栓是否松动		无松动		
3	检查基础是否下沉		无下沉		
4	检查螺母是否松动		无松动		
5	检查是否有安全标示牌		有安全标示牌		
6	检查接地极是否有锈蚀现象		无锈蚀		
7	检查防振锤有无缺失		无缺失		
8	每次检查后当日值班员将检查情况汇总整理后，保存到对应云文件夹中		汇总至故障记录簿	中性笔	

2. 集电线的巡视与检修

对照架空线路巡检，集电线的巡视与检修如表 3-27 所示。

表 3-27 集电线的巡视与检修

序号	内容	步骤		标准	工具	时间及周期
1	检查连接螺栓是否紧固	① 紧固电缆头连接螺栓		45 N·m	绝缘杆、脚扣、传递绳	春检、秋检
		② 紧固拉线、金具、绝缘子				
2	检查电缆头、避雷器是否清洁	用酒精及棉纱清理电缆头		无灰尘		
		用毛刷蘸酒精清理线路避雷器卫生				
3	检查接地线是否断裂或生锈	对断裂、生锈的接地线进行更换并做防腐处理		无断裂，无锈迹		
4	检查横担是否歪斜	紧固歪斜的横担并加装斜撑		无歪斜		
5	检查线杆基础是否下沉，是否牢固	对倾斜的杆塔，用石头和水泥进行加固		基础无下沉，牢固		

注：每次检查后当日值班员应将检查情况汇总整理后，保存到对应云文件夹中。

3. 架空线路、电缆的定检巡检现场

为保证架空线路、电缆状态良好，能够连续安全可靠运行，防止各元件老化、疲劳、氧化、腐蚀甚至损坏，及时发现和消除各种架空线路、电缆故障，光伏电站值班人员应严格按规定的要求对架空线路、电缆进行巡视、检查并及时填写记录表格，发现并消除影响产品质量的因素或隐患，提高系统运行效益。架空线路、电缆的定检巡检现场如图 3-18 所示。

图 3-18 架空线路、电缆的定检巡检现场

3.9.2 接地与防雷系统的巡视与检修

1. 注意事项

① 光伏接地系统与建筑结构钢筋的连接应可靠。

②光伏组件、支架、电缆金属铠装与屋面金属接地网格的连接应可靠。

③光伏组件方阵与防雷系统共用接地线的接地电阻应符合相关规定。

④光伏组件方阵的监视控制系统、功率调节设备接地线与防雷系统之间的过电压保护装置功能应有效，其接地电阻应符合相关规定。

⑤光伏组件方阵的防雷保护器应有效，并在雷雨季节到来之前、雷雨过后及时检查。

2. 检测维修项目

①避雷器、引下线安装。

②避雷器、引下线外观状态。

③避雷器、引下线各部分连接。

④各关键设备内部浪涌保护器设计和状态。

⑤各接地线连接。

⑥接地电阻阻值。

3. 测试项目

①在雷雨季节后，测试光伏电站各关键设备的防雷装置工作状态。

②测试接地电阻。

3.10　技能训练

3.10.1　光伏组件标准连接头制作

训练目标 ▶▶▶

掌握光伏组件标准连接头的组成，掌握标准连接头的制作方法。

训练内容 ▶▶▶

光伏组件标准连接头（公母插头 MC4）如图 3-19 所示，制作步骤如图 3-20 所示，对图 3-20 说明如下。

①认识 MC4 正极连接器结构。

②认识 MC4 负极连接器结构。

③利用剥线钳，将正极线缆和负极线缆的绝缘层分别剥去 8~10 mm。

④将正、负极金属端子分别套在已剥去绝缘层的正极线缆和负极线缆上，并用压线钳压紧。

⑤将压接好的正、负极线缆分别插入对应的正、负极连接器中，直到听见"咔哒"声，说明卡入到位，回拉检验是否插入到位。

⑥借助拆卸扳手紧固正、负极连接器上的锁紧螺母。

图 3-19 光伏组件标准连接头（公母插头 MC4）

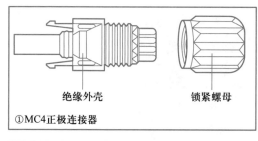

①MC4正极连接器

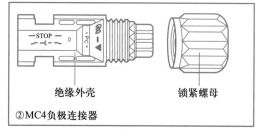

②MC4负极连接器

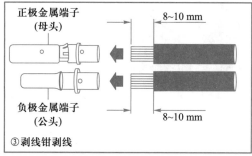

③剥线钳剥线

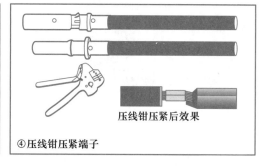

④压线钳压紧端子

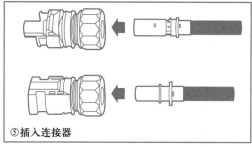

⑤插入连接器

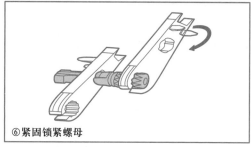

⑥紧固锁紧螺母

图 3-20 公母插头 MC4 制作步骤

3.10.2 智能运维平台光伏组件方阵组装与调试

训练目标 ▶▶▶

掌握光伏电站智能运维平台光伏组件方阵的结构和连接方式，掌握光伏组件方阵的检测方法。

训练内容 ▶▶▶

1. 光伏电站智能运维平台光伏组件方阵连接

在该平台中，光伏组件模块如图 3-21 所示。平台中共配置 8 个光伏组件，每个光伏组件的最大输出功率为 200 W（峰值功率），额定输出电压为 36 V（峰值电压）。

图 3-21　光伏组件模块

根据后续配置的并网逆变器的工作电压（启动电压）要求，光伏组件方阵的串联数必须大于 2 块，所以这 8 个光伏组件可以配置为 2 串 4 并（用 8 个光伏组件）、3 串 2 并（用 6 个光伏组件）、4 串 2 并（用 8 个光伏组件）等具有不同形式和功率的光伏组件方阵。例如，图 3-22 所示为 8 个光伏组件串联的接线示意图。

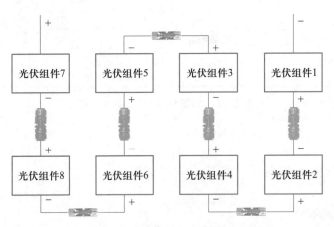

图 3-22　8 个光伏组件串联接线示意图

在进行实物接线时，需要组装若干光伏组件的标准连接头和适当长度的光伏专用导线（PV1-F 1×4 mm²）。每两个光伏组件串联后，分别接入每路支路的接入端，"N 路 +" 连接光伏组件串联支路的正端，"N 路 -" 连接光伏组件串联支路的负端，如图 3-23 所示。

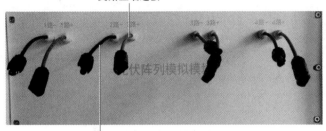

图 3-23　光伏组件方阵支路连接

8 个组件串联的正、负极分别可接入图 3-23 中的"1 路 +"和"1 路 −"端。

2. 光伏电站智能运维平台光伏组件方阵检测

在光伏电站智能运维平台中，光伏组件为模拟器件，额定输出电压为 36 V，最大输出功率为 200 W。平台支持光伏组件参数调整（0~50 V，0~4 A 范围可调），具备短路保护等保护功能，支持光伏组件的串、并联，以达到实际光伏电站的功率要求。在进行光伏组件（方阵）电量测量时，需要为光伏组件提供电源，且不允许光伏组件长时间短路，以防止其烧毁。

平台可以模拟光伏组件阴影遮挡、光伏组件二极管击穿、光伏组件损坏等常见故障。当光伏组件阴影遮挡时（视为部分损坏），额定输出电压为 30 V；当光伏组件内部断路时，额定输出电压为 0 V；当光伏组件二极管击穿时，额定输出电压为 5 V。

如在上述 8 个光伏组件串联的光伏组件方阵连接中，将钳形数字万用表的功能量程旋钮置于直流电压挡，红表笔连接串联支路的"+"端，黑表笔连接串联支路的"−"端，读取钳形数字万用表上显示的电压值，即为串联支路的开路电压值。测量读数和光伏组件故障如表 3-28 所示。

表 3-28　测量读数和光伏组件故障

形式	电压值 /V	光伏组件故障
8 个光伏组件串联	288	正常
	0~282	不正常，可能存在光伏组件部分损坏、光伏组件二极管击穿、光伏组件内部断路等故障
单个光伏组件	36	正常
	30	光伏组件部分损坏
	5	光伏组件二极管击穿
	0	光伏组件内部断路
2 个光伏组件串联	72	支路中 2 个光伏组件均正常
	66	支路中 1 个光伏组件正常，1 个光伏组件部分损坏
	60	支路中 2 个光伏组件均部分损坏

形式	电压值 /V	光伏组件故障
2 个光伏组件串联	41	支路中 1 个光伏组件正常，1 个光伏组件二极管击穿
	36	支路中 1 个光伏组件正常，1 个光伏组件内部断路
	10	支路中 2 个光伏组件均二极管击穿
	0	支路中 2 个光伏组件均内部断路

表 3-28 中也给出了光伏电站智能运维平台中单个光伏组件、2 个光伏组件串联这两种情况下不同工作状态时的开路电压值与光伏组件故障。在测量电压过程中，要确保平台电源已经开启。

3.10.3　智能运维平台汇流箱组装与调试

训练目标 ▶▶▶

掌握直流汇流箱的工作原理和基本组成，掌握直流汇流箱的组装和调试方法，能完成 4 进 1 出直流汇流箱元器件组装。

训练内容 ▶▶▶

1. 工具及耗材
（1）需求工具
标准安装工具包 1 套，配置如表 3-29 所示。

表 3-29　标准安装工具包配置

序号	名称	型号 / 规格	数量 / 把
1	冷压端子压接钳	四边形	1
2	冷压端子压接钳	U 形	1
3	剥线钳	20 cm	1
4	斜口钳	16 cm	1
5	铜鼻子压接钳	—	1
6	梅花螺丝刀	M6×100 mm	1
7	梅花螺丝刀	M3×75 mm	1
8	一字螺丝刀	M6×100 mm	1

续表

序号	名称	型号／规格	数量／把
9	一字螺丝刀	M3×75 m	1
10	一字两用测电笔	M3 水晶柄	1
11	活动扳手	20 cm	1

（2）需求耗材

标准安装耗材包 1 套，配置如表 3-30 所示。

表 3-30　标准安装耗材包配置

序号	名称	型号／规格	数量／套
1	冷压端子	C45-2.5（含护套）	1
2	U 形裸端子	SNB2-3（含护套）	1
3	螺钉组合	M4（含 1 平 1 弹 1 螺母）	1
4	管型冷压端子	H2.5/15D	1
5	接线铜鼻子	M6（含护套）	1
6	光伏专用电缆	2.5 mm^2（红、黑）	1
7	控制电缆	0.5 mm^2（棕、蓝）	1
8	通信电缆	0.2 mm^2	1

2. 操作步骤

（1）检查元器件清单

根据直流汇流箱元器件清单（见表 3-31），检查元器件的型号、规格、数量是否一致。

表 3-31　直流汇流箱元器件清单

序号	名称	型号／规格	数量
1	导轨	TS35×7.5，14.5 cm/31 cm/31 cm	各 1 根
2	防反二极管	MDK55A/1 800 V	2 只
3	散热板	10 cm×12 cm×0.7 cm	1 块
4	铜排	—	2 根
5	直流熔芯底座	TSA108/DC 3 A	2 个
6	直流电涌保护器	ADM5-2P 40 kA	1 个

续表

序号	名称	型号 / 规格	数量
7	直流断路器	IC65N/16A/2P	1 个
8	直流熔芯底座	TSA108/DC 15 A	8 个
9	汇流排	A9XPH112	1 根
10	电流采集器	ZH-40242/0~25 A	1 个
11	监控模块	Fonrich/RS485	1 个
12	耗材	含线缆、端子排等	1 套

（2）直流汇流箱结构

4 输入的直流汇流箱结构示意图如图 3-24 所示。

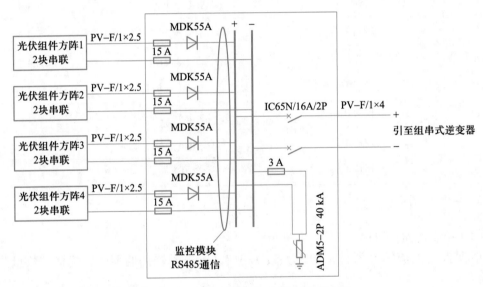

图 3-24　4 输入的直流汇流箱结构示意图

（3）安装与连接

① 导轨的安装，如图 3-25 所示。

将 14.5 cm×1 导轨用 M4×8 十字螺钉固定于汇流箱安装板第一行安装孔，导轨安装位置见图 3-25。

将 31 cm×2 导轨用 M4×8 十字螺钉固定于安装板第二、三行安装孔，导轨安装位置见图 3-25。

将接地标识贴在第二根导轨右上方，位置见图 3-25。

② 元器件的安装，如图 3-26 所示。

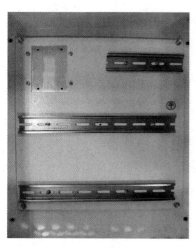

图 3-25 导轨安装

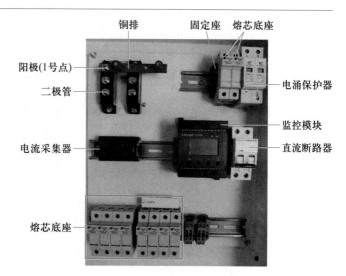

图 3-26 元器件安装

在两个二极管的底部涂抹导热硅脂，使用 M4×20 加平垫螺钉将二极管竖向固定在散热板上，然后用 M4×8 螺钉将散热板安装在安装板上，二极管阳极（1号点）朝上。

从第一行导轨最右端开始依次安装固定座×1、电涌保护器×1、熔芯底座×2（2个3 A的熔芯）、固定座×1。

从第二行导轨最右端开始依次安装固定座×1、直流断路器×1、固定座×1、监控模块×1、固定座×1，电流采集器×1（位于二极管正下方）；

从第三行导轨左侧开始依次安装固定座×1、熔芯底座×4（15 A的熔芯）、固定座×1、熔芯底座×4（15 A的熔芯）、固定座×1、端子排（含挡片）×2、固定座×1、端子排（含挡片）×2、固定座×1。

两个二极管的1号点用5孔铜排连接（连接点为铜排的1号孔与3号孔），在铜排的2、5号孔位安装绝缘端子。

安装完成后与图 3-26 认真核对，检查是否有错误。

③ 正极布线连接，如图 3-27 所示。

将2根红色光伏线的铜鼻子端分别接入1号防反二极管的2、3号点，另一端穿过电流采集器2、1号孔，接入下方2、1号熔芯底座上端。

将2根红色光伏线的铜鼻子端分别接入2号防反二极管的2、3号点，另一端穿过电流采集器的3、4号孔，接入下方3、4号熔芯底座上端。

将1根红色光伏线的一端接入2号防反二极管的1号点，另一端接入直流断路器输入端。

将1根红色光伏线的一端接入铜排4号孔（用M4×8含螺母），另一端接入1号3 A熔芯底座下端。

将1根红色光伏线的一端接入1号3A熔芯底座上端，另一端接入监控模块的"PV＋"点。

将1根红色光伏线的一端接入电涌保护器L端，另一端接入2号3 A熔芯底座上端。

接线完毕与图 3-27 认真核对，查看线路是否接错。

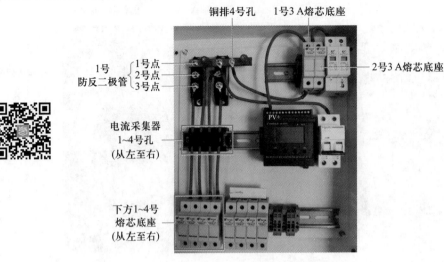

图 3-27　正极布线连接

④ 负极布线连接，如图 3-28 所示。

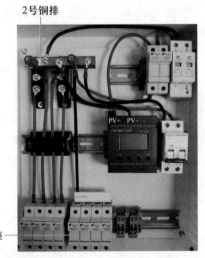

图 3-28　负极布线连接

在 2 号铜排的 1、4 号孔安装绝缘端子，将 1 根黑色光伏线的一端接入 2 号铜排的 2 号孔，并将铜排安装在 1 号铜排的绝缘端子上，将黑色光伏线的另一端接入电涌保护器。

将 1 根黑色光伏线的一端接入 2 号铜排的 4 号孔（使用 M4×8 含螺母），另一端接入 5 号熔芯底座上端。

将 1 根黑色光伏线的一端接入 2 号铜排的 5 号孔，另一端接入直流断路器上端的 N 极端口处。

将 1 根黑色光伏线的一端接入 2 号铜排的 3 号孔，另一端接入监控模块的"PV-"点。

接线完毕与图 3-28 认真核对，查看线路是否接错。

⑤ 通信布线连接，如图 3-29 所示。

将 RS485 通信线缆 A 线（棕色）的一端接入监控模块的"A"点，另一端接入下方第 3 个端子排（从右往左数，下同）；将 RS485 通信线缆 B 线（蓝色）的一端接入监控模块的"B"点，另一端接入下方第 4 个端子排。

用 FFC 排线连接电流采集器和监控模块。

将 0+ 线（含二极管）二极管一端接入监控模块的"0+"点，另一端接入下方第 1 个端子排；将 SG 线的一端接入监控模块的"SG"点，另一端接入下方第 2 个端子排。

将接地线的一端接入电涌保护器，另一端接入下方接地端子。

—— 端子排

图 3-29　通信布线连接

接线完毕后参照图 3-29 核对检查。

⑥ 贴标签。

在汇流箱熔断器接线端位置粘贴正、负极标签，注意勿混淆正、负接线端。

在直流断路器出线铜排位置粘贴正、负极标签，在接地铜排处粘贴接地标签。

在汇流箱箱门内侧粘贴汇流箱电气原理图。

3. 汇流箱自检

组装完成后按表 3-32 完成自检。

表 3-32　直流汇流箱组装自检表

1. 规格检查		
检查项目	要求	自检结果
输入路数	4 路	
输出路数	1 路	
接线	与图纸一致，符合工艺规范	
防雷接地	符合工艺规范	
箱体防护等级	IP65	
2. 内、外观检查		
检查项目	要求	自检结果
标牌丝印	完好无损	
门板安装	开关转动灵活	
器件装配	与图纸相符合	
焊接质量	无虚焊、气孔	
面板布局	与图纸相符合	
表面处理	无划伤、裂纹	

3. 电气性能测试		
测试项目	要求	自检结果
绝缘电阻	—	
绝缘强度	—	
电气间隙和爬电距离	电气间隙不小于 8 mm，爬电距离不小于 16 mm	
通电试验	用万用表测量各回路是否连通，是否有断路、短路现象	

3.10.4　智能运维平台逆变器安装与调试

训练目标 ▶▶▶

掌握光伏电站智能运维平台逆变器安装方法及电气连接方法，掌握逆变器离网调试方法。

训练内容 ▶▶▶

1. 逆变器安装与固定（见图 3-30）

① 用螺钉将背挂板与工位进行固定，并确保支架是水平的。

② 将逆变器抬起，使得逆变器背部安装支架中的开孔对准背挂板上部的凸起，然后缓慢将逆变器固定到背挂板上。逆变器牢固安装后，操作人员可松开设备。

③ 使用配件中的螺钉，将逆变器紧固在背挂板上。

图 3-30　逆变器安装与固定

2. 逆变器电气连接

（1）逆变器电气连接注意事项

① 关闭电网供电断路器。

② 关闭逆变器直流侧输入开关。

③ 勿将光伏组串的正极或负极接地，否则会对逆变器造成严重损伤。

④ 连接之前，需确保光伏输入电压的极性与逆变器外的"DC＋"和"DC-"的标识相对应。

⑤ 连接逆变器之前，需确保光伏组件方阵最大直流输入电压在逆变器的承受范围之内。

（2）直流输入端电气连接（见图 3-31）

① 将光伏组件方阵直流正端电缆连接光伏标准接头（公），与逆变器输入正端（母）接头连接，当听到轻微的"咔哒"声时，表示连接妥当。

② 将光伏组件方阵直流负端电缆连接光伏标准接头（母），与逆变器输入负端（公）接头连接，当听到轻微的"咔哒"声时，表示连接妥当。

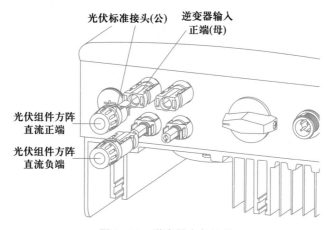

图 3-31　逆变器电气连接

（3）逆变器输出端电气连接（见图 3-32）

① 拆开交流连接器，将交流电缆线的黄绿线固定到接地端，将红线（或褐线）固定到相线端（L 端），将蓝线（或黑线）固定到中性线端（N 端），紧固连接器上的螺钉，并轻拽线缆，确保连接稳固，然后将螺帽和端子连接在一起。

交流连接器内部结构

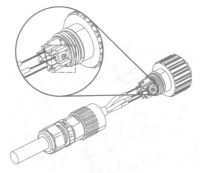
电缆线连接

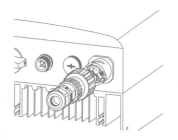
连接器与逆变器连接

图 3-32　逆变器输出电气连接

② 将交流电网终端连接到逆变器上，将端子头向右旋转，听到轻微的"咔哒"声表示连接妥当。

（4）逆变器外部接地（见图 3-33）

逆变器外部接地时，将 16 mm² 黄绿线拨出 7 mm，使用压线钳将 OT 端子与黄绿线压接牢固，并使用螺钉将黄绿线的一端固定在逆变器右侧接地孔位上；同样方式，将黄绿线的另一端与工位接地点固定。

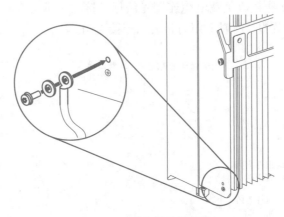

图 3-33　逆变器外部接地

（5）逆变器通信线路连接

将 RS485 通信线的 A、B 端接入逆变器对应的 RS485 通信接口。

3. 逆变器离网上电调试

在 3.10.3 节中已经完成了光伏组件方阵（2 串 4 并）的连接，将光伏组件方阵的直流正端连接到逆变器输入正端，将光伏组件方阵的直流负端连接到逆变器输入负端，并保证光伏组件方阵有直流电能输出，此时逆变器显示界面会显示运行状态为"无电网"，因为此时逆变器还未通过并网箱与电网进行连接，如图 3-34 所示。

图 3-34　逆变器离网上电调试

3.10.5　智能运维平台并网箱组装与调试

训练目标 ▶▶▶

掌握并网箱的设备组成、选型和技术要求，掌握隔离刀闸、并网专用开关、断路器、智能电表等设备的连接方法，掌握并网箱电气接线图的识图和绘图，掌握并网箱的组装和设备整体的安装和接线方法。

训练内容 ▶▶▶

1. 并网箱组装

（1）并网箱结构

光伏电站并网箱结构示意图如图 3-35 所示。

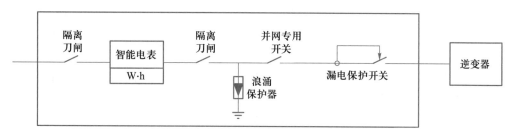

图 3-35　并网箱结构示意图

（2）并网箱元器件清单

并网箱主要由隔离刀闸、智能电表、并网自动重合闸断路器（并网专用开关）、浪涌保护器、漏电保护开关（剩余电流保护器）等部件组成。并网箱元器件清单如表 3-33 所示。

表 3-33　并网箱元器件清单

序号	名称	型号 / 规格	数量 / 个
1	隔离刀闸	220 V，50 Hz	2
2	智能电表	DDZY285-Z	1
3	并网自动重合闸断路器（并网专用开关）	CSB9-80	1
4	浪涌保护器	40 A，2P	1
5	断路器	IC65N C 40 A	1
6	断路器	IC65N C 16 A	1
7	漏电保护开关（剩余电流保护器）	2P，40 A	1

（3）并网箱组装耗材

并网箱组装耗材清单如表 3-34 所示。

表 3-34　并网箱组装耗材清单

编号	种类	型号／规格	数量	单位	备注
1	电缆	BVR-450/750 V-2.5 mm^2	1.2	m	出厂硬线
2	电缆-蓝	BVR-450/750 V-2.5 mm^2	1.2	m	训练软线
3	电缆-黄绿	BVR-450/750 V-2.5 mm^2	0.2	m	代替 16 mm^2
4	电缆接头	铜，2.5 mm^2	30	个	
5	扎带	—	5	个	
6	铜排	—	—	个	
7	RS485 屏蔽线	RVSP	1	m	

（4）并网箱组装（见图 3-36）

① 拆开隔离刀闸外壳，使用配套固定螺钉将隔离刀闸安装至并网箱计量室内的电木板上，使其牢固固定，且保持水平。

② 在并网箱计量室内电木板上的合适位置安装电表架，将智能电表固定在电表架上。

③ 拆开隔离刀闸外壳，使用配套固定螺钉将隔离刀闸安装至并网箱下室内的电木板上，使其牢固固定，且保持水平。

④ 用螺钉将导轨（30 cm）固定在并网箱下室内的电木板上，依次将浪涌保护器、并网专用开关、漏电保护开关安装至导轨上。

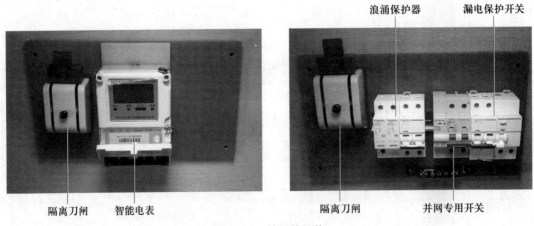

图 3-36　并网箱组装

2. 并网箱系统连接

（1）并网箱内部接线

并网箱系统接线示意图如图 3-37 所示。

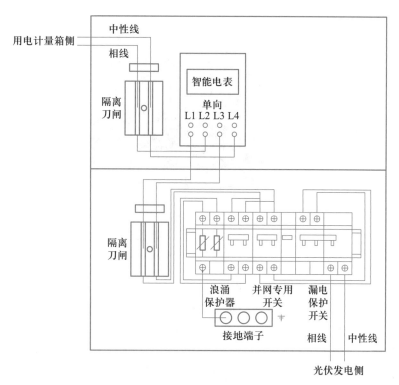

图 3-37 并网箱系统接线示意图

在接线过程中要注意如下问题：

① 对于浪涌保护器、并网专用开关、漏电保护开关等电器，制作好接线头后，仔细观察图纸接线顺序，避免虚接、错接。

② 隔离刀闸接线前，应先将刀闸置于断开位置，然后卸下外壳，完成接线头的制作后，找到对应的接线端子接线即可。

③ 智能电表的接线主回路为 L1、L2、L3、L4 四个端子。其中 L1、L3 两个端子接电能的输入，L2、L4 两个端子接电能的输出；L1、L2 接相线，L3、L4 接中性线。

并网箱接线如图 3-38 所示，智能电表接线如图 3-39 所示。

（2）并网箱输入 / 输出连接（见图 3-40）

① 进线端接线。将逆变器引出交流侧电

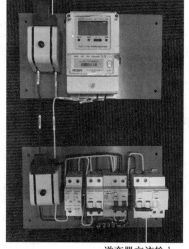

图 3-38 并网箱接线

153

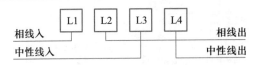

图 3-39　智能电表接线

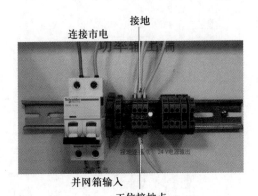

图 3-40　并网箱输入 / 输出连接

缆的另一端接入并网箱进线断路器下端。

② 输出端接线。使用压线钳分别将 L、N、PE 线的两端用接线端子压接牢固，分别将 L、N、PE 线的一端接入并网箱上室刀闸的上端接线柱，另一端接入工位侧面的市电开关下端接线柱，用螺丝刀进行紧固。

③ 接地线连接。将地线（黄绿线）两端接线端子用压线钳压接牢固，地线的一端接入接地排的接地孔，另一端接入工位上的接地点。

3. 并网箱检测

（1）并网箱自检

并网箱安装后的自检内容如表 3-35 所示。

表 3-35　并网箱自检

检验项目	检验要求	结论
电击防护和保护 电路的完整性	外露可导电部分有效接地	
	主开关支架完好	
	分开关支架完好	
	门锁完好	
	仪表门完好	
	端子排完好	

续表

检验项目	检验要求	结论
开关器件和元件的组合	开关器件和元件的选择：开关器件和元件及其配合符合相关标准的要求，技术参数满足成套设备整机要求	
	开关器件和元件的安装：开关器件和元件的安装和布线符合图纸要求，其本身的功能不致由于正常工作中出现相互作用而受到损害	
	可接近性：端子（不包括 PE）与柜体面应留有一定间距，使电缆易于连接	
内部电缆连接	主电路：母线的规格与图纸一致 辅助电路：辅助电路导体的规格与图纸标志一致	
外接导线端子	端子的数量、类型和标识符合成套设备制造商的说明书	
机械操作	机械操作 5 次，元器件、联锁机构、规定的防护等级等不受影响	
布线、操作性能、功能	铭牌标识、技术资料等正确；检查布线，并进行电气功能通电试验，结果符合工艺及设计要求，认证标志使用正确	

（2）并网箱开关器件检测

并网箱开关器件包括两个隔离刀闸和两个断路器（16 A 和 40 A），需测试器件的开关特性是否正常。利用钳形数字万用表的"通断蜂鸣"（按"SEL"键选择）功能进行开关器件功能检测。首先选择钳形数字万用表"通断蜂鸣"功能挡，然后将钳形数字万用表的红表笔连接各断路器上端，黑表笔连接各断路器下端（同一相线）。当断路器闭合时（上拉），钳形数字万用表发出"滴滴"声，表示断路器闭合导通；当隔离刀闸断开时（下拉），钳形数字万用表无"滴滴"声，表示隔离刀闸功能正常，能正常工作。

（3）并网箱电气连接检测

并网箱电气连接检测主要测试线路通断情况。如并网箱所有开关器件都闭合，则并网箱的交流输入端和输出端视为导通。由于并网箱安装后的检测无交流电输入或输出，并网专用开关是断开的，所以电气连接检测要分为两部分，第一部分为并网箱输入端至并网专用开关输入端，第二部分为并网专用开关输出端至并网箱输出端（隔离刀闸输出端）。电气连接通断也可用钳形数字万用表的"通断蜂鸣"功能来进行检测。

3.10.6 虚拟仿真光伏电站运行模拟操作

训练目标 >>>

掌握 10 MW 光伏电站的组成，能识别主要设备或部件；掌握光伏电站的运行操作方法，能利用虚拟仿真技术完成光伏电站的运行操作。

训练内容 **>>>**

1. 直流汇流箱的投切操作

（1）直流汇流箱投入操作

① 点击导航栏中的"工具库"，选择"钥匙"工具，打开直流汇流箱箱门，如图 3-41 所示。

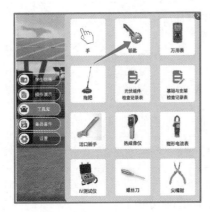

图 3-41　打开直流汇流箱箱门

② 点击导航栏中的"工具库"，选择"手"工具，依次合上光伏组串输入正、负极熔断器，如图 3-42 所示。

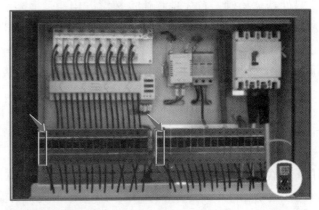

图 3-42　合上光伏组串输入正、负极熔断器

③ 合上输出直流断路器，直流汇流箱投入运行，如图 3-43 所示。

④ 点击导航栏中的"工具库"，选择"万用表"工具，用万用表依次测量支路熔断器上端正、负极电压，确认所有支路全部投入运行，如图 3-44 所示。

⑤ 点击导航栏中的"工具库"，选择"钥匙"工具，关闭直流汇流箱箱门。

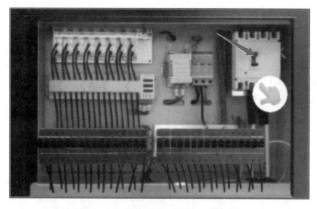

图 3-43　合上输出直流断路器

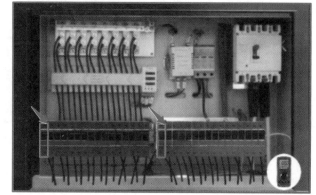

图 3-44　测量支路电压

（2）直流汇流箱退出操作

① 点击导航栏中的"工具库"，选择"钥匙"工具，打开直流汇流箱箱门。

② 点击导航栏中的"工具库"，选择"手"工具，断开输出直流断路器，如图 3-45 所示。

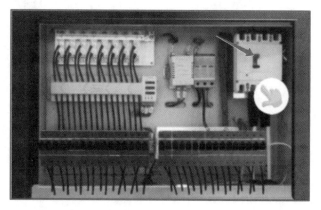

图 3-45　断开输出直流断路器

③ 依次断开光伏组串输出正、负极熔断器，取下正、负极熔断器。

④ 用目测法检查支路是否全部退出运行。

⑤ 点击导航栏中的"工具库"，选择"钥匙"工具，关闭直流汇流箱箱门。

2. 交流汇流箱的投切操作

（1）交流汇流箱投入操作

① 点击导航栏中的"工具库"，选择"钥匙"工具，打开交流汇流箱箱门，如图 3-46 所示。

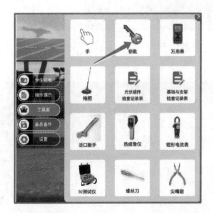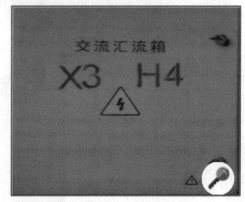

图 3-46　打开交流汇流箱箱门

② 点击导航栏中的"工具库"，选择"手"工具，依次合上各支路交流断路器，如图 3-47 所示。

图 3-47　合上各支路交流断路器

③ 合上输出总交流断路器，交流汇流箱投入运行，如图 3-48 所示。

④ 点击导航栏中的"工具库"，选择"万用表"工具，用万用表依次测量支路熔断器上端正、负极电压，确认所有支路全部投入运行，如图 3-49 所示。（注意：依次测量，每次测量显示电压 AC 540 V，1 个支路测量 3 次，4 个支路共测量 12 次。）

图 3-48　合上输出总交流断路器

图 3-49　测量支路熔断器上端正、负极电压

⑤ 点击导航栏中的"工具库"，选择"钥匙"工具，关闭交流汇流箱箱门。

（2）交流汇流箱退出操作

① 点击导航栏中的"工具库"，选择"钥匙"工具，打开交流汇流箱箱门。

② 点击导航栏中的"工具库"，选择"手"工具，断开输出总交流断路器，如图 3-50 所示。

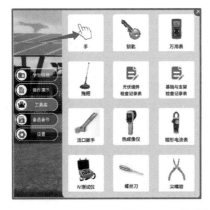 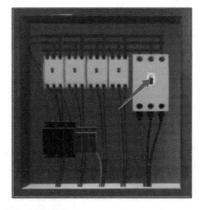

图 3-50　断开输出总交流断路器

③ 依次断开各支路交流断路器。

④ 使用万用表交流挡，依次测量各支路线电压（A-B、A-C、B-C），查看是否全部退出运行。（注意：依次测量，每次测量显示电压 AC 0 V，1 个支路测量 3 次，4 个支路共测量 12 次。）

⑤ 点击导航栏中的"工具库"，选择"钥匙"工具，关闭交流汇流箱箱门。

3. 组串式逆变器的投切操作

（1）组串式逆变器投入操作

① 将逆变器上的直流开关旋至"ON"挡，如图 3-51 所示。

② 前往相对应的交流汇流箱，点击导航栏中的"工具库"，选择"钥匙"工具，打开交流汇流箱箱门。

③ 点击导航栏中的"工具库"，选择"手"工具，依次闭合交流汇流箱各支路交流断路器和输出总交流断路器，并关闭箱门。

④ 逆变器自动投入运行，观察逆变器 LED 指示灯状态，指示灯显示蓝色常亮表示已经并网，如图 3-52 所示。

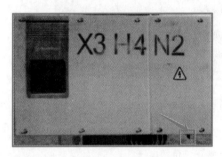

图 3-51　将直流开关旋至"ON"挡

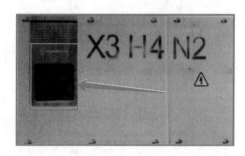

图 3-52　逆变器自动投入运行

（2）组串式逆变器退出操作

⚙ 提示

正常情况下无须关停逆变器，但进行维护或维修工作时需要关停逆变器。

① 前往相对应的交流汇流箱，点击导航栏中的"工具库"，选择"钥匙"工具，打开交流汇流箱箱门。

② 点击导航栏中的"工具库"，选择"手"工具，断开交流汇流箱输出总交流断路器，并关闭箱门。

③ 将逆变器上的直流开关旋至"OFF"挡。

④ 等待至少 5 min，直至内部的电容完全放电；使用 MC4 扳手松开直流连接器锁定部件，移除直流连接器。

⑤ 逆变器自动退出运行，观察逆变器 LED 指示灯状态，指示灯熄灭表示已经退出并网。

3.10.7　虚拟仿真光伏组件与支架巡检模拟操作

训练目标 ▶▶▶

掌握利用虚拟仿真技术进行光伏组件与支架巡检模拟操作的方法，掌握集中式逆变光伏组件、组串式逆变光伏组件与支架的巡检方法。

训练内容 ▶▶▶

1. 集中式逆变光伏组件与支架巡检模拟操作

（1）检查光伏组件表面有无树叶、杂草、鸟粪等遮挡物

① 点击"工具库"，选择"拖把"进行清理。

② 点击"工具库"，选择"光伏组件检查记录表"，记录巡检情况。

（2）检查光伏组件表面玻璃有无裂痕、碰伤、破裂现象

若发现光伏组件表面玻璃破裂，应及时进行更换，更换步骤如下：

① 打开 1# 直流汇流箱箱门。点击"工具库"，选择"钥匙"，点击箱门将其打开。

② 断开直流断路器。点击"工具库"，选择"手"，点击直流断路器将其断开。

③ 断开故障光伏组串熔断器（1# 光伏组串）。点击"工具库"，选择"手"，点击 1# 光伏组串正、负极熔断器将其断开。

④ 关闭箱门，悬挂安全标示牌。点击"工具库"，选择"钥匙"，点击箱门将其关闭；点击"工具库"，选择"禁止合闸，线路有人工作"安全标示牌，点击箱门悬挂安全标示牌。

⑤ 断开故障光伏组件与相连光伏组件的 MC4 连接器。点击"工具库"，选择"活口扳手"，点击正、负极连接器将其断开。

⑥ 更换故障光伏组件。点击"备品备件"，选择故障光伏组件进行更换。

⑦ 恢复光伏组件电气连接。点击"工具库"，选择"手"，点击光伏组件正、负极 MC4 连接器恢复连接。

⑧ 前往 1# 直流汇流箱，测量 1# 光伏组串熔断器正、负极电压。点击"工具库"，选择"钥匙"，点击箱门将其打开；点击"工具库"，选择"万用表"，点击正、负极熔断器下端测量电压，显示应为 818 V；点击"工具库"，选择"手"，闭合 1# 光伏组串熔断器；点击"工具库"，选择"手"，点击箱门将其关闭，再点击安全标示牌将其取下。

⑨ 填写光伏组件巡检记录表。点击"工具库"，选择"光伏组件检查记录表"，记录巡检情况。

（3）检查光伏组件间连接的 MC4 连接器有无脱落、烧熔现象

若发现光伏组件间连接的 MC4 连接器有脱落或烧熔现象，应及时进行更换，操作步骤如下：

① 打开 1# 直流汇流箱箱门。点击"工具库"，选择"钥匙"，点击箱门将其打开。

② 断开直流断路器。点击"工具库"，选择"手"，点击直流断路器将其断开。

③ 断开故障光伏组串熔断器（1# 光伏组串）。点击"工具库"，选择"手"，点击 1# 光伏组串正、负极熔断器将其断开。

④ 关闭箱门，悬挂安全标示牌。点击"工具库"，选择"钥匙"，点击箱门将其关闭；点击"工具库"，选择"禁止合闸，线路有人工作"安全标示牌，点击箱门悬挂安全标示牌。

⑤ 更换故障光伏组件的 MC4 连接器。点击"备品备件"，选择"MC4 接头"，点击故障光伏组件的正、负极 MC4 连接器进行更换。

⑥ 恢复光伏组件电气连接。点击"工具库"，选择"手"，点击光伏组件正、负极 MC4 连接器恢复连接。

⑦ 前往 1# 直流汇流箱，测量 1# 光伏组串熔断器正、负极电压。点击"工具库"，选择"钥匙"，点击箱门将其打开；点击"工具库"，选择"万用表"，点击正、负极熔断器下端测量电压，显示应为 818 V；点击"工具库"，选择"手"，闭合 1# 光伏组串熔断器；点击"工具库"，选择"手"，点击箱门将其关闭，再点击安全标示牌将其取下。

⑧ 填写光伏组件巡检记录表。点击"工具库"，选择"光伏组件检查记录表"，记录巡检情况。

（4）检查光伏组件背面接线盒有无脱落、烧熔现象

① 如发现光伏组件背面接线有脱落或烧熔现象，应及时更换光伏组件，步骤同上。

② 点击"工具库"，选择"光伏组件检查记录表"，记录巡检情况。

（5）检查光伏组件背板有无局部烧灼或烧熔现象

① 如发现光伏组件背板有烧灼或烧熔现象，应及时进行更换。

② 点击"工具库"，选择"光伏组件检查记录表"，记录巡检情况。

（6）检查各光伏组件外壳、支架接地是否完好，接地线有无松脱

① 如发现接地线松脱，应及时紧固。点击"工具库"，选择"活口扳手"，重新连接松脱的接地线。

② 点击"工具库"，选择"光伏组件检查记录表"，记录巡检情况。

（7）太阳辐照度较好时，检查光伏组件是否存在热斑

① 用红外热像仪进行热成像检测。点击"工具库"，选择"热成像仪"，点击光伏组件进行检查。

② 更换热斑光伏组件。如发现光伏组件有热斑，应及时进行更换，步骤同上。

③ 填写光伏组件巡检记录表。点击"工具库"，选择"光伏组件检查记录表"，记录巡检情况。

（8）检查光伏组件的固定螺栓是否松动，光伏组件有无位移或脱落

① 如发现光伏组件的固定螺栓有松动、光伏组件有位移，应及时修复。点击"工具库"，选择"活口扳手"，点击故障位置进行修复。

② 点击"工具库"，选择"基础与支架检查记录表"，记录巡检情况。

（9）检查支架基础是否牢固、有无沉降，各部件螺栓有无松动或脱落，支架有无变形

① 如发现支架有变形等，应及时进行修复。点击"工具库"，选择"活口扳手"，点击故障位置进行修复。

② 点击"工具库",选择"基础与支架检查记录表",记录巡检情况。

（10）检查支架表面有无生锈,检查防腐层脱落情况

① 如发现支架有生锈等,应及时进行修复。

② 点击"工具库",选择"基础与支架检查记录表",记录巡检情况。

2. 组串式逆变光伏组件与支架巡检模拟操作

（1）检查光伏组件表面有无树叶、杂草、鸟粪等遮挡物

① 点击"工具库",选择"拖把"进行清理。

② 点击"工具库",选择"光伏组件检查记录表",记录巡检情况。

（2）检查光伏组件表面玻璃有无裂痕、碰伤、破裂现象

若发现光伏组件表面玻璃破裂,应及时进行更换,更换步骤如下:

① 前往 1# 光伏组串逆变器,悬挂安全标示牌。点击"工具库",选择"禁止合闸,线路有人工作"安全标示牌并悬挂。

② 断开直流开关。点击"工具库",选择"手",点击光伏组串逆变器直流开关将其断开。

③ 断开故障光伏组件与相连光伏组件的 MC4 连接器。点击"工具库",选择"活口扳手",点击正、负极连接器将其断开。

④ 更换故障光伏组件。点击"备品备件",选择故障光伏组件进行更换。

⑤ 恢复光伏组件电气连接。点击"工具库",选择"手",点击光伏组件正、负极 MC4 连接器恢复连接。

⑥ 前往 1# 组串逆变器,测量光伏组串电压,恢复光伏组串逆变器电气连接。点击"工具库",选择"万用表",点击正、负极熔断器下端测量电压,显示应为 818 V;点击"工具库",选择"手",点击正、负极 MC4 连接器恢复连接;点击"工具库",选择"手",点击安全标示牌将其取下。

⑦ 填写光伏组件巡检记录表。点击"工具库",选择"光伏组件检查记录表",记录巡检情况。

（3）检查光伏组件间连接的 MC4 连接器有无脱落、烧熔现象

若发现光伏组件间连接的 MC4 连接器有脱落或烧熔现象,应及时进行更换,更换步骤如下:

① 前往 1# 光伏组串逆变器,悬挂安全标示牌。点击"工具库",选择"禁止合闸,线路有人工作"安全标示牌并悬挂。

② 断开直流开关。点击"工具库",选择"手",点击直流开关将其断开。

③ 断开光伏组串逆变器下故障光伏组串的 MC4 连接器（1# 光伏组串）。点击"工具库",选择"活口扳手",点击 1# 光伏组串正、负极 MC4 连接器将其断开。

④ 断开故障光伏组串与相连光伏组件的 MC4 连接器。点击"工具库",选择"活口扳手",点击 1# 正、负极 MC4 连接器将其断开。

⑤ 更换故障光伏组件的 MC4 连接器。点击"备品备件",选择"MC4 接头",点击光伏组件正、负极 MC4 连接器进行更换。

⑥ 恢复光伏组件电气连接。点击"工具库",选择"手",点击光伏组件正、负极 MC4 连接器恢复连接。

⑦ 前往 1# 光伏组串逆变器，测量 1# 光伏组串正、负极电压。点击"工具库"，选择"万用表"，点击正、负极连接器测量电压，显示应为 818 V；点击"工具库"，选择"手"，恢复光伏组串与逆变器的连接；点击"工具库"，选择"手"，点击安全标示牌将其取下。

⑧ 填写光伏组件巡检记录表。点击"工具库"，选择"光伏组件检查记录表"，记录巡检情况。

（4）检查光伏组件背面接线盒有无脱落、烧熔现象

① 如发现光伏组件背面接线有脱落或烧熔现象，应及时更换光伏组件，步骤同上。

② 点击"工具库"，选择"光伏组件检查记录表"，记录巡检情况。

（5）检查光伏组件背板有无局部烧灼或烧熔现象

① 如发现光伏组件背板有烧灼或烧熔现象，应及时进行更换。

② 点击"工具库"，选择"光伏组件检查记录表"，记录巡检情况。

（6）检查各光伏组件外壳、支架接地是否完好，接地线有无松脱

① 如发现接地线松脱，应及时紧固。点击"工具库"，选择"活口扳手"，重新连接松脱的接地线。

② 点击"工具库"，选择"光伏组件检查记录表"，记录巡检情况。

（7）太阳辐照度较好时，检查光伏组件是否存在热斑

① 用红外热像仪进行热成像检测。点击"工具库"，选择"热成像仪"，点击光伏组件进行检查。

② 更换热斑光伏组件。如发现光伏组件有热斑，应及时进行更换，步骤同上。

③ 填写光伏组件巡检记录表。点击"工具库"，选择"光伏组件检查记录表"，记录巡检情况。

（8）检查光伏组件的固定螺栓是否松动，光伏组件有无位移或脱落

① 如发现光伏组件的固定螺栓有松动、光伏组件有位移，应及时修复。点击"工具库"，选择"活口扳手"，点击故障位置进行修复。

② 点击"工具库"，选择"基础与支架检查记录表"，记录巡检情况。

（9）检查支架基础是否牢固、有无沉降，各部件螺栓有无松动或脱落，支架有无变形

① 如发现支架有变形等，应及时进行修复。点击"工具库"，选择"活口扳手"，点击故障位置进行修复。

② 点击"工具库"，选择"基础与支架检查记录表"，记录巡检情况。

（10）检查支架表面有无生锈，检查防腐层脱落情况

① 如发现支架有生锈等，应及时进行修复。

② 点击"工具库"，选择"基础与支架检查记录表"，记录巡检情况。

3. 光伏组件与支架巡检情况记录

利用虚拟仿真平台模拟光伏组件与支架巡检，将相关检查情况填写在表 3-36 和表 3-37 中。

表 3-36　光伏组件巡检记录表

检查人：		检查时间：		
序号	检查项目	异常情况描述	检查区域	故障位置
1	光伏组件表面有无树叶、杂草、鸟粪等遮挡物			
2	光伏组件表面玻璃有无裂痕、碰伤、破裂现象			
3	光伏组件间连接的 MC4 连接器有无脱落、烧熔现象			
4	光伏组件背面接线盒有无脱落、烧熔现象			
5	光伏组件背板有无局部烧灼或烧熔现象			
6	各光伏组件外壳、支架接地是否完好，接地线有无松脱			
7	光伏组件是否存在热斑			
备注				

表 3-37　支架巡检记录表

检查人：		检查时间：		
序号	检查项目	异常情况描述	检查区域	故障位置
1	光伏组件的固定螺栓是否松动，光伏组件有无位移或脱落			
2	支架基础是否牢固、有无沉降，各部件螺栓有无松动或脱落，支架有无变形			
3	支架表面有无生锈，防腐层脱落情况			
备注				

3.10.8　虚拟仿真直流汇流箱巡检模拟操作

训练目标 >>>

掌握利用虚拟仿真技术进行光伏电站直流汇流箱巡检模拟操作的方法和巡检情况的记录方法。

训练内容 ▶▶▶

1. 直流汇流箱巡检操作

（1）检查直流汇流箱柜体外观是否完好（有无锈蚀、变形、掉漆等），安全标识是否齐全完好，柜体编号是否完好并与光伏组件方阵相对应

① 如发现异常情况，需及时处理，点击相应工具进行修复。

② 点击"工具库"，选择"直流汇流箱检查记录表"，记录巡检情况。

（2）打开箱门，检查进出线孔是否用防火泥封堵，直流汇流箱内是否有积灰、异物，支路线缆编号是否完好

① 如发现异常情况，需及时处理，点击相应工具进行修复。

② 点击"工具库"，选择"直流汇流箱检查记录表"，记录巡检情况。

（3）检查直流汇流箱各熔断器和主断路器是否全部投入运行，有无跳闸

① 如发现跳闸，点击"工具库"，选择"手"，重新合闸。

② 点击"工具库"，选择"直流汇流箱检查记录表"，记录巡检情况。

（4）检查直流防雷模块状态指示灯颜色（红色为失效，绿色为正常）

① 如发现直流防雷模块失效，点击"备品备件"，选择"直流防雷模块"，点击失效的直流防雷模块进行更换。

② 点击"工具库"，选择"直流汇流箱检查记录表"，记录巡检情况。

（5）检查数据采集模块是否正常，各支路电流、电压显示是否正常

① 如发现异常情况，需及时处理。

② 点击"工具库"，选择"直流汇流箱检查记录表"，记录巡检情况。

（6）检查直流汇流箱柜体的接地线连接是否可靠

① 如发现异常情况，需及时处理，点击相应工具进行修复。

② 点击"工具库"，选择"直流汇流箱检查记录表"，记录巡检情况。

2. 直流汇流箱巡检情况记录

利用虚拟仿真平台模拟直流汇流箱巡检，将相关检查情况填入表 3-38 中。

表 3-38　直流汇流箱巡检记录表

检查内容					
序号	检查项目	检查结果	序号	检查项目	检查结果
1	直流汇流箱柜体有无锈蚀		5	直流汇流箱柜体编号是否完好	
2	直流汇流箱柜体有无变形		6	直流汇流箱进出线孔是否用防火泥封堵	
3	直流汇流箱柜体有无掉漆		7	直流汇流箱内是否有积灰、异物	
4	直流汇流箱柜体安全标识是否齐全完好		8	直流汇流箱内支路线缆编号是否完好	

续表

序号	检查项目	检查结果	序号	检查项目	检查结果
9	直流汇流箱各熔断器和主断路器是否全部投入运行，有无跳闸		11	数据采集模块是否正常	
10	直流防雷模块状态指示灯颜色是否正常		12	直流汇流箱柜体的接地线连接是否可靠	

<table>
<tr><th colspan="11">电流记录（位置：01# 区）</th></tr>
<tr><th>汇流箱编号</th><th>HCB01</th><th>HCB02</th><th>HCB03</th><th>HCB04</th><th>HCB05</th><th>HCB06</th><th>HCB07</th><th>HCB08</th><th>HCB09</th><th>HCB10</th></tr>
<tr><td>1</td><td></td><td></td><td></td><td></td><td></td><td></td><td></td><td></td><td></td><td></td></tr>
<tr><td>2</td><td></td><td></td><td></td><td></td><td></td><td></td><td></td><td></td><td></td><td></td></tr>
<tr><td>3</td><td></td><td></td><td></td><td></td><td></td><td></td><td></td><td></td><td></td><td></td></tr>
<tr><td>4</td><td></td><td></td><td></td><td></td><td></td><td></td><td></td><td></td><td></td><td></td></tr>
<tr><td>5</td><td></td><td></td><td></td><td></td><td></td><td></td><td></td><td></td><td></td><td></td></tr>
<tr><td>平均</td><td></td><td></td><td></td><td></td><td></td><td></td><td></td><td></td><td></td><td></td></tr>
</table>

1. 检查意见

每一项检查若出现问题都必须记录下来，电流须详细记录，算出平均值，并与各支路电流进行比较。

2. 说明

"电流记录"部分，横向表示汇流箱编号，纵向表示每个汇流箱的回路数，"平均"表示单个汇流箱的平均电流。

3. 检查结果与处理意见

检查人签字：   检查日期：

3.10.9 虚拟仿真交流汇流箱巡检模拟操作

训练目标 ▶▶▶

掌握利用虚拟仿真技术进行光伏电站交流汇流箱巡检模拟操作的方法和巡检情况的记录方法。

训练内容 ▶▶▶

1. 交流汇流箱巡检操作

（1）检查交流汇流箱柜体外观是否完好（有无锈蚀、变形、掉漆等），安全标识是否齐全完好，柜体编号是否完好并与光伏组件方阵相对应

① 如发现异常情况，需及时处理，点击相应工具进行修复。

② 点击"工具库"，选择"交流汇流箱检查记录表"，记录巡检情况。

（2）打开箱门，检查进出线孔是否用防火泥封堵，交流汇流箱内是否有积灰、异物，支路线缆编号是否完好

① 如发现异常情况，需及时处理，点击相应工具进行修复。

② 点击"工具库"，选择"交流汇流箱检查记录表"，记录巡检情况。

（3）检查交流汇流箱各支路断路器和主断路器是否全部投入运行，有无跳闸

① 如发现跳闸，点击"工具库"，选择"手"，点击断路器重新合闸。

② 点击"工具库"，选择"交流汇流箱检查记录表"，记录巡检情况。

（4）检查交流汇流箱柜体的接地线连接是否可靠

① 如发现异常情况，需及时处理，点击相应工具进行修复。

② 点击"工具库"，选择"交流汇流箱检查记录表"，记录巡检情况。

2. 交流汇流箱巡检情况记录

利用虚拟仿真平台模拟交流汇流箱巡检，将相关检查情况填入表 3-39 中。

表 3-39　交流汇流箱巡检记录表

检查内容						
序号	检查项目	检查结果	序号	检查项目	检查结果	
1	交流汇流箱柜体有无锈蚀		6	交流汇流箱进出线孔是否用防火泥封堵		
2	交流汇流箱柜体有无变形		7	交流汇流箱内是否有积灰、异物		
3	交流汇流箱柜体有无掉漆		8	交流汇流箱内支路线缆编号是否完好		
4	交流汇流箱柜体安全标识是否齐全完好		9	交流汇流箱各支路断路器和主断路器是否全部投入运行，有无跳闸		
5	交流汇流箱柜体编号是否完好		10	交流汇流箱柜体的接地线连接是否可靠		

电流记录								
汇流箱编号	01JL01#	01JL02#	01JL03#	01JL04#	02JL01#	02JL02#	02JL03#	02JL04#
1								
2								
3								

续表

汇流箱编号	01JL01#	01JL02#	01JL03#	01JL04#	02JL01#	02JL02#	02JL03#	02JL04#
4								
平均								

1. 检查意见

每一项检查若出现问题都必须记录下来，电流须详细记录，算出平均值，并与各支路电流进行比较。

2. 说明

"电流记录"部分，横向表示汇流箱编号，纵向表示每个汇流箱的回路数，"平均"表示单个汇流箱的平均电流。

3. 检查结果与处理意见

检查人签字：   检查日期：

3.10.10 虚拟仿真集中式逆变器巡检模拟操作

训练目标 >>>

掌握利用虚拟仿真技术进行集中式逆变器巡检模拟操作的方法，掌握集中式逆变器巡检模拟步骤和巡检情况记录方法。

训练内容 >>>

1. 集中式逆变器巡检模拟操作

（1）检查集中式逆变器运行声音是否正常，风机运行是否正常，外观及安全标识有无缺失、脱落等

① 如发现异常情况，需及时处理，点击相应工具进行修复。

② 点击"工具库"，选择"集中式逆变器检查记录表"，记录巡检情况。

（2）打开集中式逆变器箱门，检查风道集中式滤网是否良好

① 如发现异常情况，需及时处理，点击相应工具进行清理。

② 点击"工具库"，选择"集中式逆变器检查记录表"，记录巡检情况。

（3）检查直流配电柜、逆变器柜、通信柜的外观、门锁、安全标识是否完好

① 如发现异常情况，需及时处理，点击相应工具进行修复。

② 点击"工具库"，选择"集中式逆变器检查记录表"，记录巡检情况。

（4）检查直流配电柜电流表、电压表指示是否正常，与逆变器直流侧电压、电流指示

是否相符

　　① 如发现异常情况，需及时处理。

　　② 点击"工具库"，选择"集中式逆变器检查记录表"，记录巡检情况。

　　（5）检查集中式逆变器各指示灯是否正常，各通信、运行参数是否正常，有无故障记录

　　① 如发现异常情况，需及时处理。

　　② 点击"工具库"，选择"集中式逆变器检查记录表"，记录巡检情况。

　　2. 集中式逆变器巡检情况记录

　　集中式逆变器巡检情况记录表的填写内容包括逆变器及其所连接的直流配电柜、通信设备的运行情况。利用虚拟仿真平台模拟集中式逆变器巡检，将相关检查情况填入表 3-40 中。

表 3-40　集中式逆变器巡检记录表

逆变器编号			逆变器型号			实时负荷	
环境温度			巡检人			巡检日期	
序号	检查项目					检查结果	备注
1	柜体是否清洁，有无变形及损坏						
2	门锁是否灵活可靠						
3	逆变器指示灯（电源灯、运行灯、故障灯）是否正常						
4	逆变器各运动参数是否正常						
5	逆变器后台通信指示是否正常						
6	风道、过滤网是否干净，有无堵塞物						
7	风机转向是否正常，有无异响和明显振动						
8	直流显示电压	V	直流显示电流	A			
	实测电压	V	实测电流	A			
	L_1-L_2 电压	V	L_1 电流	A			
	L_2-L_3 电压	V	L_2 电流	A			
	L_3-L_1 电压	V	L_3 电流	A			
	IBGT 温度	℃	电抗器温度	℃			
	PV + 对地电压	V	PV- 对地电压	V			
9	逆变器对应的直流配电柜电压表指示是否正常						
10	直流配电柜散热风扇运行是否正常						

续表

序号	检查项目	检查结果	备注
11	逆变器对应的直流配电柜各电缆、铜排连接处有无发黑等迹象，有无异味		
12	通信柜电源是否正常，指示灯指示是否正常		
13	交换机指示灯是否正常		
14	通信装置运行是否正常，有无告警		
15	分站房配电柜电压是否正常，空开位置是否正确		

备注：检查项目正常标记"√"，不正常标记"×"，在"备注"栏内写明原因。温度、电压、电流等数据，填写实际数值。

3.10.11 虚拟仿真组串式逆变器巡检模拟操作

训练目标 ▶▶▶

掌握利用虚拟仿真技术进行组串式逆变器巡检模拟操作的方法，掌握组串式逆变器巡检模拟步骤和巡检情况记录方法。

训练内容 ▶▶▶

1. 组串式逆变器巡检模拟操作

（1）检查组串式逆变器运行声音是否正常，外观是否良好，安装是否牢固可靠，安全标识是否完好无缺失等

① 如发现异常情况，需及时处理。

② 点击"工具库"，选择"组串式逆变器检查记录表"，记录巡检情况。

（2）检查组串式逆变器电气连接是否牢固、无松动，接地是否正常，人机界面是否正常

① 如发现异常情况，需及时处理。

② 点击"工具库"，选择"组串式逆变器检查记录表"，记录巡检情况。

（3）检查组串式逆变器运行是否正常，交直流电压、电流显示是否正常

① 如发现异常情况，需及时处理。

② 点击"工具库"，选择"组串式逆变器检查记录表"，记录巡检情况。

2. 组串式逆变器巡检情况记录

利用 VR 模拟组串式逆变器巡检，将相关检查情况填入表 3-41 中。

表 3-41 组串式逆变器巡检记录表

逆变器编号			逆变器型号			实时负荷	
环境温度			巡检人			巡检日期	
序号	检查项目					检查结果	备注
1	组串式逆变器散热片有无遮挡及灰尘脏污						
2	组串式逆变器外观是否损坏或者变形						
3	组串式逆变器在运行过程中是否有异常声音						
4	组串式逆变器接线端子连接是否脱落、松动						
5	组串式逆变器接地线连接是否紧固,有无松脱、锈蚀现象						
6	组串式逆变器线缆是否有损伤,电缆与金属表面接触的表皮是否有割伤的痕迹						
7	温度测量:使用测温枪测量每个接线端子的温度,一人测量,一人记录						
8	直流显示电压	V	直流显示电流	A			
	实测电压	V	实测电流	A			
	L_1-L_2 电压	V	L_1 电流	A			
	L_2-L_3 电压	V	L_2 电流	A			
	L_3-L_1 电压	V	L_3 电流	A			
	IGBT 温度	℃	电抗器温度	℃			
	PV + 对地电压	V	PV- 对地电压	V			

 习 题

1. 简述光伏组件的运行规程。
2. 简述光伏组件的清洗原则、清洗时间的选择及清洗步骤。
3. 简述光伏组件的定检与巡检内容和要求。
4. 简述光伏汇流箱的运行规程。
5. 简述光伏汇流箱的定检与巡检内容和要求。
6. 简述光伏逆变器的运行规程。
7. 简述光伏逆变器的定检与巡检内容和要求。

8. 简述直流配电柜的运行规程。

9. 简述直流配电柜的定检与巡检内容和要求。

10. 简述箱式变电站的运行规程。

11. 简述箱式变电站的巡检内容和要求。

12. 简述变压器的运行规程。

13. 简述变压器的定检与巡检内容和要求。

第4章

大型光伏电站的智能运维平台

  分布在西北、华北的地面光伏电站，存在电站面积广、设备数量庞大等特点，由于这些地区的自然条件艰苦、运营人员团队不足，导致值守巡检存在较多困难；而中部和东部分布式光伏电站的爆发式增长又加剧了运维难的短板。在这样的情况下，以人员值守巡检为主的传统运维模式将难以为继，需要通过高质量运营方式的创新，实现光伏电站全生命周期管理，提升光伏电站的发电效率，降低其运营成本。本章以某款典型光伏电站智能运维平台为案例，重点对其监控系统和生产管理系统进行介绍。该平台全方位覆盖光伏电站运维服务的全生命周期，从提供大数据分析的专业检测评估到基于大数据分析的预警机制及主动维护，全面实现安全、透明、高效的现代化光伏电站运维模式。通过对光伏电站专业化、精细化、标准化的管理，可实现光伏电站真正的资产化管理。

4.1　大型光伏电站智能运维平台功能

大型光伏电站智能运维平台可以完成终端层数据采集、现地数据采集，并可以将数据发送到云平台。智能运维平台一般包括在线监测、能效分析、统计报表、运维管理、档案管理、系统设置等功能，其功能结构如表 4-1 所示。

表 4-1　智能运维平台功能结构

类别	功能模块	功能子项	功能描述
在线监测	系统概览	地图中心	系统管理员可以观察当前系统内的所有站点，以地图的形式显示站点的位置信息
	用户中心	电量概况	显示当前用户电量和负荷的总体运行情况，统计当前累计电量、上月累计电量、负荷实时值和最大值
		负荷概况	
	一次接线图	电气图纸	加载用户站点电气图，电气图与现场设备实时关联，实时在电气图上反馈设备数据采集状态、设备运行状态、实时数据值和开关状态
	设备曲线	数据曲线	以曲线的形式显示设备站点的电流、电压、功率、谐波、功率因数、温度的采集值
	逆变器模块	逆变器实时数据	显示逆变器站点的日发电量、电压、功率、运行状态，还可展示更详细的实时数据
	逆变器曲线	数据曲线	以曲线的形式显示设备站点的发电量、温度、功率参数、电压、电流、对地阻抗、对地电压的采集值
能效分析	报警分析	—	按时间段、站点和报警级别进行报警
	负荷分析	日负荷分析	根据日、月、年条件，分析指定时间内的负荷使用情况，并提供类比和同比分析
		月负荷分析	
		年负荷分析	
	设备用电量对比	—	以柱状图的方式比较设备站点下回路的用电量情况
	逆变器发电量对比	—	以曲线的方式比较逆变器站点下回路的发电量情况

类别	功能模块	功能子项	功能描述
统计报表	逆变器发电量报表	电量差值报表	提供发电量计算后的差值报表,支持将报表导出为Excel格式的文件
	设备用电量报表	日电量报表	提供用电量日、月、年统计报表,支持将报表导出为Excel格式的文件
		月电量报表	
		年电量报表	
	设备原始值报表	原始值报表	提供设备采样原始值报表,支持将报表导出为Excel格式的文件
	负荷统计报表	日负荷报表	提供负荷日、月、年统计报表,支持将报表导出为Excel格式的文件
		月负荷报表	
		年负荷报表	
运维管理	运维信息管理	巡检浏览	管理运维人员和运维单位信息
	设备巡检	巡检编辑	用户编辑和管理设备巡检计划,并根据用户设定的日期进行提醒
档案管理	企业档案	站点基础信息	配置企业和监控点的档案信息
	子站档案	配电房信息	管理监控站点的信息,包括基础位置信息、设备档案信息等
		采集器信息	
		其他信息	
系统设置	用户管理	—	管理用户组别、权限及系统功能菜单的调整
	系统角色	—	
	系统菜单	—	

4.2 典型光伏电站智能运维平台

本节将要介绍的光伏电站智能运维平台包括智能光伏电站监控系统和智能光伏电站生产管理系统两大系统。其中,监控系统主要提供光伏电站光伏发电侧设备和汇集站设备的实时监控和管理功能,生产管理系统主要提供电子化、移动化的生产运行管理和办公管理功能。

4.2.1　智能光伏电站监控系统

1. 智能光伏电站监控系统组成

如图 4-1 所示，某智能光伏电站监控系统界面包括主目录和个人中心区两部分。其中，主目录提供进入系统其他界面的按钮；个人中心区显示当前登录用户名及"帮助""关于""主目录""退出"菜单。

图 4-1　智能光伏电站监控系统界面

2. 系统模块及功能

系统模块包括电站信息、电站索引、汇集站主接线图、分区总图、子阵分图、信息管理、AGC/AVC、电站数字化、系统工具等，下面主要介绍几个重点模块的功能。

（1）电站信息模块

电站信息模块提供电站的实时告警统计、基本信息、生产数据和环境数据等。

① 电站信息展示。打开电站信息模块，主界面如图 4-2 所示。将鼠标指针移动到"电站实时功率"折线图或"发电量统计"柱状图上，可查看具体数据。

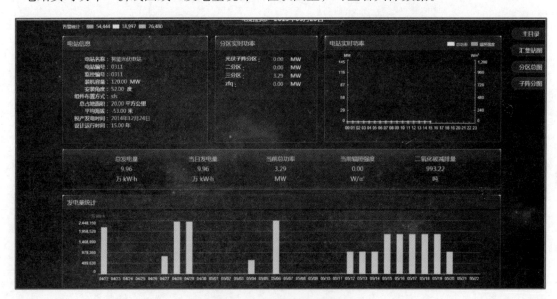

图 4-2　电站信息模块主界面

发电数据与采集的设备信号点相关联，默认显示"分区实时功率""电站实时功率""总发电量""当日发电量""当前总功率""当前辐照强度""二氧化碳减排量"和"发电量统计"，用户可根据实际情况自定义显示内容。

② 电站信息内容设置。电站信息模块主界面中显示的电站基本信息包括电站名称、电站编号、装机容量和安装角度等，用户可根据实际情况进行设置。设置方法为：进入系统工具模块，选择"系统设置"→"电站信息设置"→"电站信息内容设置"，在对应界面中设置并保存，如图4-3所示。

③ 电站信息信号点设置。光伏电站智能运维平台支持自定义数据采集器（简称数采）和通信管理机（DPU，简称通管机）采集设备的信号点。数采根据用户设置的信号点去采集设备的信号，并上报到电站信息模块主界面。如果用户没有设置和启用某信号点，则电站信息模块主界面就不会显示相应内容。电站信息信号点设置界面如图4-4所示。

④ 电站信息系统参数设置。电站信息系统参数设置界面如图4-5所示，可以设置如下参数：

图4-3 电站信息内容设置界面

图4-4 电站信息信号点设置界面

图4-5 电站信息系统参数设置界面

- 光伏电站智能运维平台支持每5 s采集一次设备信息，用户可以根据实际情况修改采集周期，支持5 s、20 s、40 s、60 s等。
- 可以设置子阵/分区功率柱状最大值，子阵/分区发电量柱状最大值，以及落后门限值（即子阵分图和分区总图中发电量和功率的标准值，图中低于该标准值的部分将以红色、橙色或灰色标识）。

● 可以选择在子阵及分区界面中显示的图表类型。

（2）分区总图模块

分区总图呈现了分区的拓扑结构和各子阵的发电功率。可选择按表格视图、布局视图（见图 4-6）或柱状视图的形式查看分区总图。在分区总图中双击子阵图标，可进入子阵视图，查看子阵的具体发电信息。

图 4-6　分区布局视图

（3）子阵分图模块

子阵分图呈现了子阵的拓扑结构，可以查看子阵下各逆变器的发电功率及各设备的运行状态，还可以查看和处理光伏电站实时告警和遥信（指对设备开关的位置信号、保护装置的动作信号和通信设备运行状况信号等状态信息的远程监视）。子阵布局视图如图 4-7所示。

图 4-7　子阵布局视图

在子阵视图中双击逆变器图标，可进入逆变器分图，查看该逆变器的资产信息和运行数据，还可对逆变器进行开关机操作。双击箱变图标可进入箱变分图，查看箱变具体运行数据，还可远程控制箱变断路器。

① 逆变器分图。逆变器分图呈现了逆变器与光伏组件和交流汇流箱之间的电流、电压值，还提供了逆变器的运行状态和设备参数等信息，如图 4-8 所示。

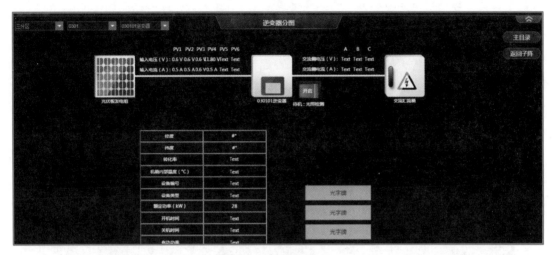

图 4-8 逆变器分图

逆变器是光伏电站的核心，它接收来自光伏组串的直流电能，并将其转化为接入电网的交流电能，为电网或负载供电。用户可根据需要对逆变器的开关进行远程控制。

② 箱变分图。箱变分图呈现了箱变的运行状态和接入的电流、电压值等信息，如图 4-9 所示。

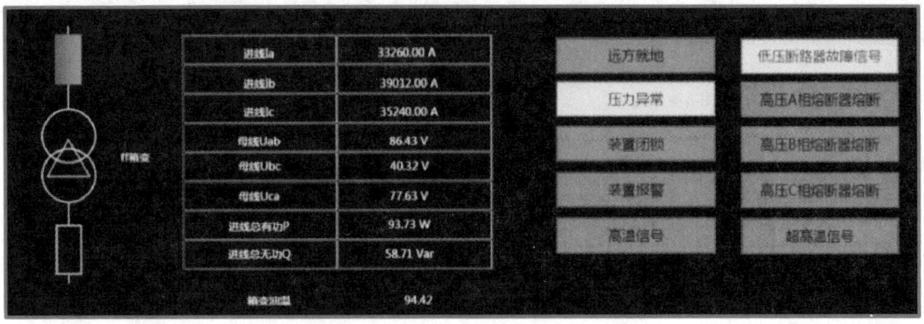

图 4-9 箱变分图

进入箱变分图的方式有以下两种：

- 通过子阵分图模块进入箱变分图：在子阵分图模块中，双击箱变图元，可进入该箱变的箱变分图界面。
- 通过分区总图模块进入箱变分图：在分区功率布局图中，双击箱变断路器图元，可进入该箱变的箱变分图界面。

断路器在电网系统中起着控制和保护电力设备和线路的作用。用户可根据实际情况，控制箱变断路器的开关，保证电网的安全运行。

在箱变分图中，断路器图元有以下三种颜色：

● 红色：表示断路器为闭合状态，即已接入发电设备和电力线路，设备正常供电。

● 绿色：表示断路器为分开状态，即已断开与发电设备和电力线路的连接，设备停止供电。

● 灰色：表示断路器图元未关联设备信号。

（4）信息管理模块

数据采集器将设备告警上报到智能光伏电站监控系统，用户可对其告警进行监控和管理。智能光伏电站监控系统支持多条件组合查询系统中的所有告警。

在监控系统主目录界面（见图 4-1），单击"信息管理"，进入"告警信息"界面，默认打开"告警信息管理"选项卡。单击"遥信信息管理"标签，可进入"遥信信息管理"选项卡，如图 4-10 所示。

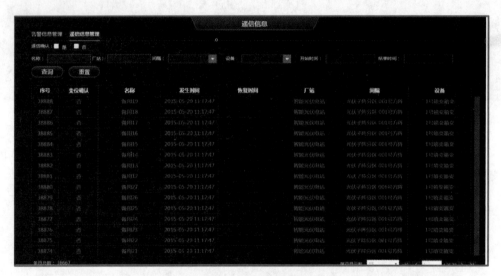

图 4-10 遥信信息管理

① 实时告警 / 实时遥信。智能光伏电站监控系统支持监控电站设备的实时告警 / 实时遥信。实时告警 / 实时遥信会在汇集站主接线图、分区总图、子阵分图、电站信息和 AGC（自动发电控制）/AVC（自动电压控制）界面显示，如图 4-11 所示。

② 实时告警设置及处理。为了更好地管理告警，用户可以对告警数量、告警颜色、告警声音和告警屏蔽状态进行设置。告警处理包括确认告警、清除已确认告警、停止当前告警声音和暂停刷新告警。

③ 设置上报告警。智能光伏电站监控系统默认上报全部告警到智能光伏电站生产管理系统，用户也可根据需要设置上报告警。

（5）系统工具模块

系统工具的功能包括：管理员工（即用户）和角色，设置电站基本信息、信号点和系统参数，导入、修改和删除点表，设置通信参数 / 手动上传数据，日志查询 / 设备管理 / 挂牌检修，License 管理等。

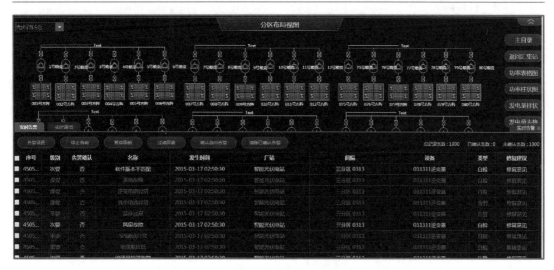

图 4-11 实时告警 / 实时遥信

① 角色管理。在智能光伏电站监控系统中，角色是一个可以赋予用户操作权限的权限集，执行任何操作都要求用户具有相应的权限。角色管理界面如图 4-12 所示，包括创建、修改、删除、查看、搜索等功能。

图 4-12 角色管理

② 员工（用户）管理。admin 用户是智能光伏电站监控系统的默认用户，具有系统所有的操作权限。

新建用户时需要为用户关联角色，如果某用户拥有的角色不包含某菜单项权限，则使用该用户登录系统后，主目录界面中不显示该权限对应的按钮。

③ 用户修改。可通过两种方式修改用户信息：第一，有权限的用户可通过选择"系统设置"→"员工管理"来修改所有用户的信息（admin 用户的信息只能由 admin 用户修改）；第二，用户登录后，可通过系统界面右上角的个人中心区来修改自己的信息。

④ 设备管理：

a. 组串容量管理。在系统工具模块中选择"设备管理"→"组串容量管理"，如图 4-13 所示。智能光伏电站监控系统可根据用户绘制的电站视图自动生成组串式逆变器和直流汇流箱设备列表，用户根据实际需要配置这两种设备接入组串的容量。

图 4-13　组串容量管理

　　b. 组串容量自检。在组串容量管理界面中单击"配置检查"按钮，可进行组串容量自检，如图 4-14 所示。建议在辐照度较好，平均电流大于 2 A 时进行。

图 4-14　组串容量自检

　　c. 挂牌检修。当需要对电站设备或设备开关进行检修时，用户可在分图中对逆变器、断路器和刀闸设备做"挂牌检修"标记，表示该设备处于检修状态。例如，进入子阵布局视图（见图 4-7），右击设备图元，选择"挂牌检修"。挂牌检修设备后，用户可对设备进行编辑挂牌、解除挂牌等操作。

4.2.2　智能光伏电站生产管理系统

　　1. 生产管理系统首页

　　首页主要展示发电量情况、值班信息、当值发电效率、当值告警处理率以及当值运维效率等，如图 4-15 所示。通过单击上方"当值创建未结任务"中的具体任务，可跳转到相应模块。通过单击发电量柱状图可快速跳转到"日负荷曲线"界面并加载当日的日负荷曲线图。

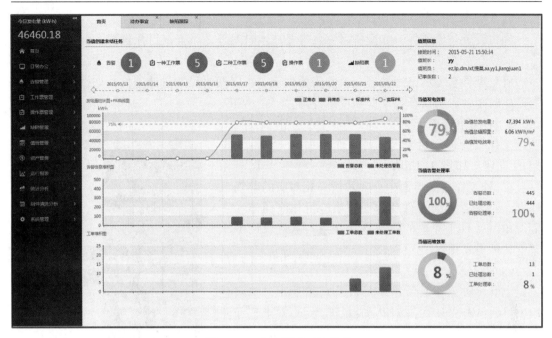

图 4-15　生产管理系统首页

2. 日常办公

（1）客户通讯录

可以进行查询、新增、修改、删除等操作，对通讯录信息进行修正。

（2）待办事宜

可以进行查询、执行、查看详细信息等操作，查询待办事宜的状态。

（3）已办事宜

可以进行查询、执行、查看详细信息等操作，查询已办事宜的状态。

3. 告警管理

（1）未处理告警

智能光伏电站生产管理系统的告警均由智能光伏电站监控系统上报。用户可以针对不同的告警采取不同的处理方式，包括清除告警、确认告警、转缺陷、转一种工作票以及转二种工作票，如图 4-16 所示。

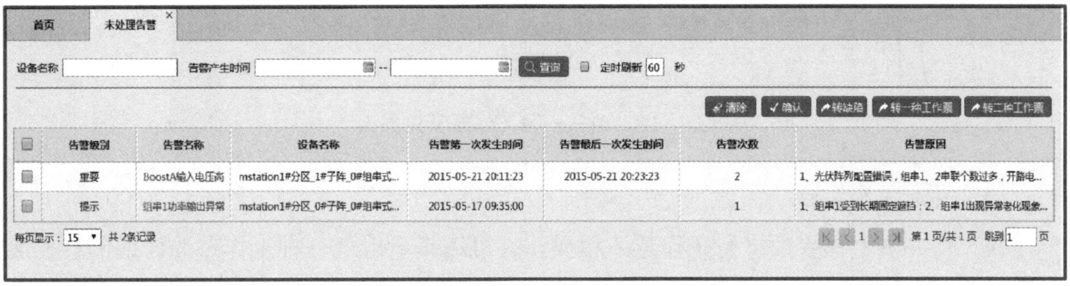

图 4-16　未处理告警

（2）处理中告警

通过设置过滤条件，如设备名称、告警产生时间等，可查询目标告警。

（3）已处理告警

已处理告警显示已经处理完成的告警列表。可以通过设置过滤条件，如设备名称、告警产生时间、告警状态等，查询目标告警。

4. 工作票管理

工作票管理包括电气一种工作票和电气二种工作票的管理，如图 4-17 所示。"电气一种工作票"和"电气二种工作票"界面中会显示所有相对应的电气工作票，可查看详细信息及对工作票进行相应操作。下面对电气一种工作票的管理进行介绍，电气二种工作票的管理与其相同。

（1）新建电气一种工作票

电气一种工作票新建界面如图 4-18 所示，输入必填项目后单击"保存"按钮完成新建。可以对电气一种工作票进行复制、修改等操作，界面与新建界面相同。

（2）启动电气一种工作票

启动电气一种工作票后，该工作票自动生成唯一编号，并出现在待办事宜中。

图 4-17　工作票管理

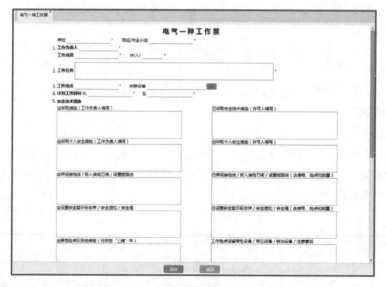

图 4-18　电气一种工作票新建界面

（3）执行电气一种工作票

在"待办事宜"界面进行工作票流程操作，可以查看电气一种工作票的详细信息、流程图等。

5. 操作票管理

（1）操作票模板

提供生产管理系统的操作票模板的制定和操作票模板内容的维护。可以查询、新增、修改、删除、导入、导出操作票模板和查看其详细信息。在操作票模板新增界面能进行操作步骤的新增、修改、删除等操作，根据操作票模板新增规则填写相应信息单击"保存"按钮即可。查看操作票模板详细信息的界面如图 4-19 所示。

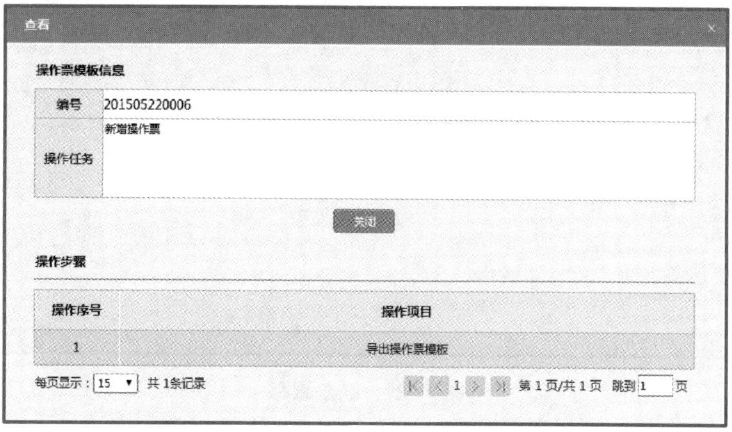

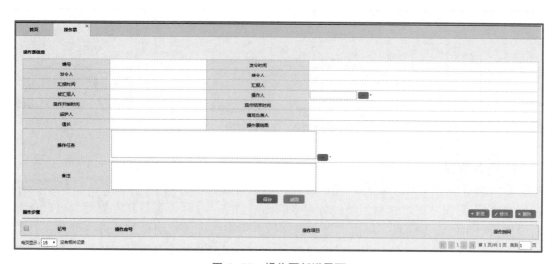

图 4-19　查看操作票模板详细信息界面

（2）操作票

提供查询、新增、复制、修改、删除、导出操作票，启动操作票流程，查看操作票详细信息等功能。操作票新增界面如图 4-20 所示。启动操作票流程后会出现该操作票的唯一识别编号，可以在待办事宜中进行该操作票的流程操作并查看流程图。

图 4-20　操作票新增界面

6. 缺陷管理

（1）缺陷跟踪

提供查询、新增、复制、修改、删除缺陷跟踪，启动缺陷跟踪流程，查看缺陷跟踪详细信息等功能，如图 4-21 所示。启动缺陷跟踪流程后会出现该缺陷的唯一识别编号，可以在待办事宜中进行该缺陷的流程操作并查看流程图。

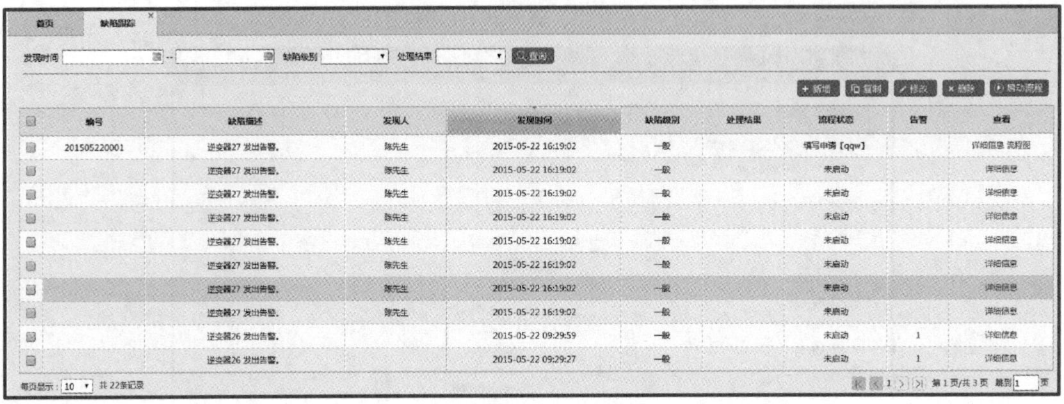

图 4-21　缺陷跟踪

（2）设备缺陷月统计

提供查询功能，可显示 1 年内的缺陷统计信息。

7. 值班管理

使用有运行记录填写权限的用户登录生产管理系统，进入"交接班管理"界面，可记录交接班信息，如图 4-22 所示。

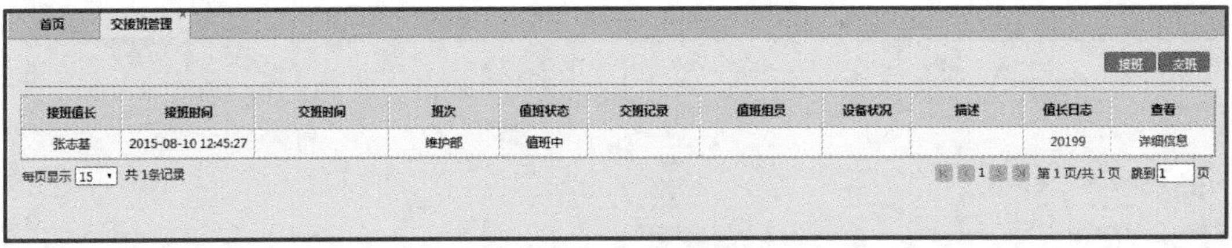

图 4-22　交接班管理

8. 资产管理

提供设备型号管理、设备管理、设备评估、备件管理等功能，如图 4-23 所示。在"设备型号"界面，可以查看当前设备型号的详细信息。在"设备管理"界面，可以查看对应光伏电站的设备信息，单击"设置组件信息"按钮可以对组件信息进行修改，如图 4-24 所示。在"设备评估"界面，可以查看对应版本的总的设备数量、告警、工作票等信息。在"备件管理"界面，可以对备件进行新增、修改、删除、导出等操作，同时可以精确查询所需要的备件信息。

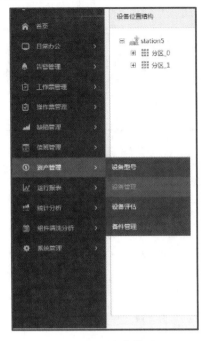

图 4-23 资产管理

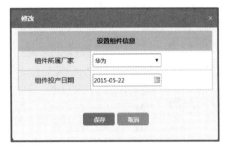

图 4-24 设置组件信息

9. 运行报表

（1）电站日分析报表

"电站日分析报表"界面提供电站日分析报表，并提供导出功能。电站日分析报表中包括当日环境情况、发电量统计、工作票内容等信息，如图 4-25 所示。

图 4-25 电站日分析报表

（2）组串式逆变器运行报表

“组串式逆变器运行报表”界面提供组串式逆变器运行日表，并提供导出功能。可根据时间、级别、离散率等不同查询条件进行查询。组串式逆变器运行日报中包括业务编号、名称、日发电量、转换效率、等价发电时、最大交流功率、最大直流功率、组串离散率、组串最大输入电流等信息，如图 4-26 所示。

报表级别 日报　查询时间 2015-05-21　离散率 全部　查询　导出

2015年05月21日 组串式逆变器运行日报

业务编号	名称	日发电量 (kW·h)	转换效率 (%)	等价发电时 (h)	最大交流功率 (kW)	最大直流功率 (kW)	组串离散率 (%)	组串最大输入电流（A）					
								组串1	组串2	组串3	组串4	组串5	组串6
s1_01_ZCS_NBQ_0	station1#分区_0#子阵_0#组串式逆变器1	139.41	98.03	5.36	20.35	20.98	2.48	7.77	7.36	7.58	7.54	7.13	0.00
s1_01_ZCS_NBQ_9	station1#分区_0#子阵_0#组串式逆变器10	139.59	97.95	5.37	21.75	21.97	1.98	7.77	7.36	7.67	7.71	7.35	0.00
s1_01_ZCS_NBQ_10	station1#分区_0#子阵_0#组串式逆变器11	139.29	98.05	5.36	20.19	20.60	2.03	7.78	7.27	7.71	7.63	7.36	0.00
s1_01_ZCS_NBQ_11	station1#分区_0#子阵_0#组串式逆变器12	137.23	98.04	5.28	20.78	20.99	2.09	7.46	7.54	7.58	7.61	7.47	0.00
s1_01_ZCS_NBQ_12	station1#分区_0#子阵_0#组串式逆变器13	137.94	98.04	5.31	20.46	20.83	2.09	7.70	7.43	7.20	7.66	7.15	0.00
s1_01_ZCS_NBQ_13	station1#分区_0#子阵_0#组串式逆变器14	140.47	98.08	5.40	20.14	20.55	2.65	7.79	7.40	7.58	7.64	7.42	0.00
s1_01_ZCS_NBQ_14	station1#分区_0#子阵_0#组串式逆变器15	139.90	97.92	5.38	20.63	21.27	2.12	7.63	7.49	7.64	7.59	7.28	0.00
s1_01_ZCS_NBQ_15	station1#分区_0#子阵_0#组串式逆变器	139.40	98.00	5.36	21.26	21.48	2.05	7.72	7.49	7.58	7.70	7.49	0.00

每页显示 10 共 160 条记录　1　第 1 页/ 共 16 页　跳到 1 页 GO

图 4-26　组串式逆变器运行日报

（3）集中式逆变器运行报表

“集中式逆变器运行报表”界面提供集中式逆变器运行日报，并提供导出功能。可根据时间、级别等不同查询条件进行查询。集中式逆变器运行日报中包括业务编号、名称、日发电量、转换效率、等价发电时、最大交流功率、最大直流功率等信息，如图 4-27 所示。

报表级别 日报　查询时间 2015-05-21　查询　导出

2015年05月21日 集中式逆变器运行日报

业务编号	名称	日发电量 (kW·h)	转换效率 (%)	等价发电时 (h)	最大交流功率 (kW)	最大直流功率 (kW)
s1_01_JZS_NBQ_0	station1#分区_0#n子阵_2#集中式逆变器1	4387.17	95.96	5.27	660.72	681.16
s1_01_JZS_NBQ_1	station1#分区_0#n子阵_2#集中式逆变器2	4390.56	96.10	5.28	691.63	713.00
s1_01_JZS_NBQ_2	station1#分区_0#n子阵_3#集中式逆变器1	4358.00	95.99	5.24	708.96	730.89
s1_01_JZS_NBQ_3	station1#分区_0#n子阵_3#集中式逆变器2	4363.39	95.85	5.24	650.91	685.17
s1_01_JZS_NBQ_4	station1#分区_1#n子阵_2#集中式逆变器1	4353.97	95.91	5.23	647.95	674.94
s1_01_JZS_NBQ_5	station1#分区_1#n子阵_2#集中式逆变器2	4358.24	96.06	5.24	682.00	710.47
s1_01_JZS_NBQ_6	station1#分区_1#n子阵_3#集中式逆变器1	4363.87	96.09	5.25	675.85	696.75
s1_01_JZS_NBQ_7	station1#分区_1#n子阵_3#集中式逆变器2	4365.21	95.87	5.25	663.47	692.19
合计/平均/最大		34940.41	95.98	5.25	708.96	730.89

每页显示 10 共 8 条记录　1　第 1 页/ 共 1 页　跳到 1 页 GO

图 4-27　集中式逆变器运行日报

（4）生产运行报表

生产运行报表包括日报、月报和年报。如图 4-28 所示，生产运行统计指标月报主要展示被查询月份的发电量、PR 值等指标，单击“导出”按钮可以将数据以 Excel 表格的形式导出。

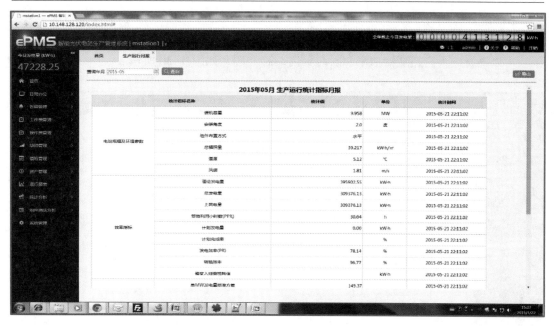

图 4-28　生产运行统计指标月报

（5）电量指标统计分析

如图 4-29 所示，系统支持连续两年对光伏电站按总辐照量、发电量、上网电量等进行对比，单击"导出"按钮可以将数据以 Excel 表格的形式导出。

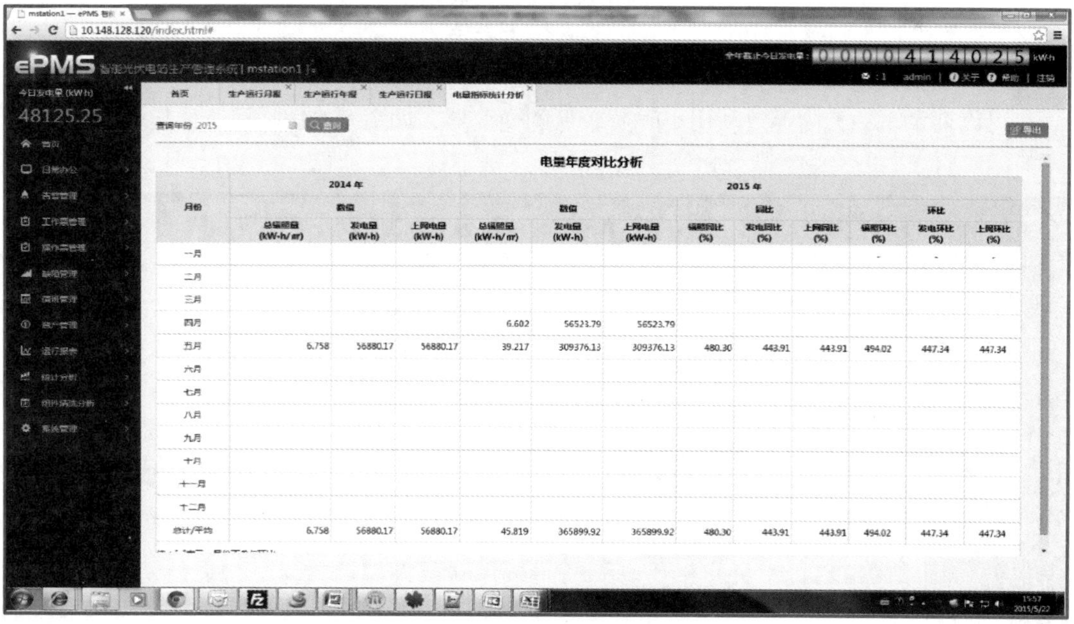

图 4-29　电量指标统计分析

10. 统计分析

（1）日负荷曲线

可以查看一天内逆变器功率和瞬时辐射的趋势图，如图 4-30 所示。

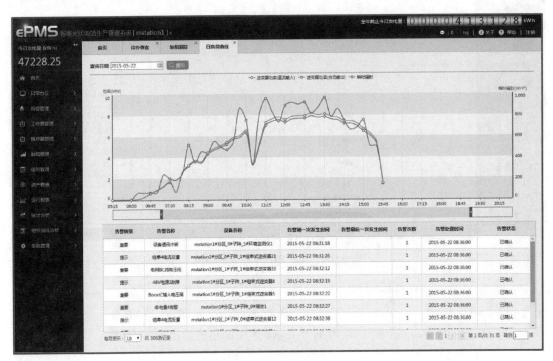

图 4-30　日负荷曲线

（2）低效发电单元分析

可以列举出一天内等效利用小时数较低的逆变器，如图 4-31 所示。

图 4-31　低效发电单元分析

（3）逆变器组串电流离散率

可以列出一日内组串式逆变器的电流离散率情况，如图4-32所示。通过单击柱状图的横坐标，可以对逆变器进行筛选。通过修改查询日期，可以查看不同日期的情况。

图4-32　逆变器组串电流离散率

（4）直流汇流箱组串电流离散率

可以列出一日内直流汇流箱组串的电流离散率情况，如图4-33所示。通过单击柱状图的横坐标，可以对汇流箱进行筛选。通过修改查询日期，可以查看不同日期的情况。

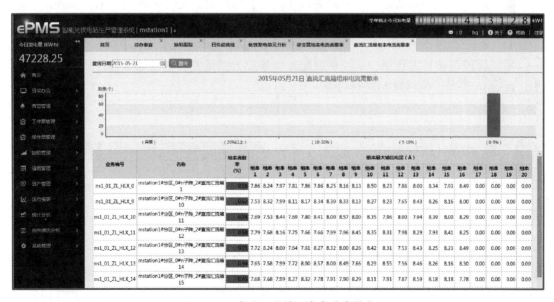

图4-33　直流汇流箱组串电流离散率

（5）班组运维统计

可以根据各班组当值期间的告警处理率、两票处理率和发电效率等信息，对光伏电站各班组的工作情况进行考核、排名，如图 4-34 所示。注意，至少需要建立两个班组，且完成班组交接班以后，班组运维统计才会对上一个班组的工作情况进行评估。可以查看最多一个月内的班组运维情况。

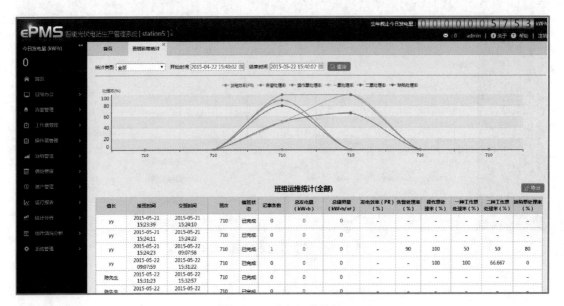

图 4-34　班组运维统计

可以通过选择统计类型来切换想要查看的类型，通过选择开始时间和结束时间来选择统计的时间段。统计类型除了全部类型以外，还有操作票、电气一种票、电气二种票、缺陷票以及告警，对这些统计类型会使用柱状图进行显示。

11. 系统管理

系统管理包括日志管理、系统参数配置、基础数据设置、电站基本信息设置、手工同步、License 管理、偏移量配置等功能。

4.3　智能光伏电站运维成本分析

4.3.1　光伏电站运维评价

光伏电站运维评价是指对光伏电站的投资、技术和性能的成功度进行综合评判，指出项目在光资源普查、投资分析、微观选址、建设、运行、维护等全过程中的经验教训，从完善已建项目、改进在建项目和指导待建项目等方面向投资方、业主方提出有益可行的合理化建议。目前全国 30% 已建成的光伏电站都已经出现了不同程度的问题，对光伏电站科学、精确的评价刻不容缓。

1. 能效比计算

能效比（performance ratio，PR）用百分比表示，是评估光伏电站质量的综合性指标。其数学表达式为

$$PR = \frac{PDR}{PT}$$

式中，PDR 为测试时间间隔内的实际发电量；PT 为测试时间间隔内的理论发电量。

不同的能效比具有不同的含义：

- PR：一般意义上的能效比，适合于任意评估时段。
- PR_{annual}：年能效比，评估周期为 1 年，不考虑温度差异的影响。
- $PR_{annual-eq}$：年平均温度能效比，将不同季节的能效比修正到全年工作时段平均温度，排除了季节温度差异的影响，用于比较同一光伏电站不同季节的质量。
- PR_{STC}：标准能效比，将不同气候区的能效比修正到标准温度（25 ℃）下，排除了不同气候区温度差异的影响，用于比较不同气候区光伏电站的质量。由于修正到 25 ℃会带来较大的修正误差，因此也可以修正到接近实测温度的同一参考温度。

在进行能效比计算时要注意以下几点：

① 默认 PR 指年平均效率。

② PR 是一个不断变化的值。

③ 峰值日照时数是主要误差来源，一般用气象数据、仪表误差、光资源分布不均等参数表述。

④ 折算过程忽略了直流侧的核心关键设备分析和评价。

2. 光伏电站运维评价分析

① 核心关键设备（光伏组件、逆变器等）、光伏组件方阵的失配损失和集电线路的效率和损耗对于光伏电站的再投资和优化设计具有重要意义。

表 4-2 中给出某集团公司不同区域光伏电站，在不同因素影响下，各直流侧设备及集电线路的电能损耗比例及效率。通过对直流侧设备及集电线路的电能损耗分析，可为光伏电站运行优化、决策分析和设备选型提供指导。

表 4-2 某集团公司不同区域光伏电站电能损耗比例及效率

序号	项目			河北某地 12月份	江苏某地 3月份	青海某地 4月份
1	电能损耗比例	外部因素	遮挡、角度偏斜	4.41%	0.00%	0.00%
2			灰尘	4.12%	0.67%	0.50%
3		内部因素	光伏组件衰减	3.57%	3.48%	3.18%
4			其他（温损、失配）	2.26%	4.88%	9.66%
5			BOS（平衡部件损耗）	2.74%	2.45%	2.35%
6			线损	0.92%	1.95%	1.55%
7	至逆变器端系统效率			81.99%	86.57%	82.75%

序号	项目	河北某地 12 月份	江苏某地 3 月份	青海某地 4 月份
8	升压变压器转换效率（根据可研）	98%	97.5%	98%
9	实际系统效率（*PR*）	80.35%	84.84%	80.68%
10	可研系统效率（*PR*）	79%	81.6%	81.64%

② 测量误差严重影响了评价结果，光伏组件的实际性能与标称值的偏差使得很难获得精确测量结果。

光伏组件产品质量不稳定导致光伏电站业主期望对光伏组件实际性能、状态和质量进行精确测试和评价，明确光伏组件或光伏组件方阵的故障原因及建立后续追责的机制。

3. 光伏电站运维评价的困难

① 仪表误差过大导致测量结果难以令多方信服，主要表现为：标准环境（STC）下的光谱条件实际难以获得；辐照度计算误差过大；STC 折算需要的温度会出现测量偏差（背板温度和光伏组件结温偏差）；STC 折算过程中会有误差。

② 实际环境条件的变化性会带来误差，主要表现为：光照条件的不稳定性；冬季北方几乎难以出现测量条件（辐照度多在 400 W/m² 以下）。

③ 光伏电站建设、并网阶段的测试机构作为运维评价机构存在不合理性，需引入新的第三方测试机构。

4.3.2　运维成本案例分析

1. 光伏电站采用不同逆变器的两种方案

随着光伏电站大规模建设并陆续并网，运维已上升为光伏电站的工作重心，其直接关系到光伏电站能否长期稳定运行，并会影响光伏电站运维成本、投资价值及最终收益。目前，光伏电站设计因采用不同逆变器而分为多种方案，如集中式方案与组串式方案。

集中式方案采用集中式逆变器，单台容量可达到 500 kW，甚至更高。1 MW 子阵列（光伏组件方阵）需要 2 台逆变器，子阵列内所有光伏组串经直流汇流箱汇流后，再分别输入子阵列内 2 台逆变器。

组串式方案采用组串式并网逆变器，单台容量只有几十千瓦。1 MW 子阵列需要约 30 台逆变器，子阵列内光伏组串的直流输出直接接入逆变器。

因光伏电站采用的方案不同，造成运维工作的难度及成本也有明显不同，下面将针对这两种方案在运维工作中的实际情况，包括安全性与可靠性、运维难易程度与故障定位精准度、故障影响范围及发电量损失、故障修复难度、防沙防尘与防盐雾等各方面进行对比分析。

2. 两种方案的光伏电站运维成本分析

（1）安全性与可靠性比较

① 集中式方案。集中式光伏组串输出需要通过直流汇流箱并联，再经过直流柜，100

多个光伏组串并联在一起，直流环节长，且每一汇流箱每一光伏组串必须使用熔丝。按每串 20 块 250 Wp 光伏组件串联计算，1 MW 光伏子阵列使用的直流熔丝数量达到 400 个，10 MW 的用量则达到 4 000 个。如此庞大的直流熔丝用量会导致熔丝过热烧坏绝缘保护外壳（层），甚至使得发生直流拉弧起火的风险倍增。

直流侧短路电流来自光伏组件，短路电流分布范围广，在短路电流不够大（受光照、天气的影响）时，不能快速熔断熔丝，但短路电流可能大于熔断器的额定电流，导致绝缘部分过热、损坏，最终引起明火。例如，12 A 的熔断器承载 20 A 电流，需要持续 1 000 s 才能熔断，但熔断前绝缘部分就可能因过温受到损伤，电流继续冲击时就失去了绝缘保护，导致起弧燃烧。

② 组串式方案。组串式方案没有直流汇流箱，在直流侧，每一路组串都直接接入逆变器，无熔丝，直流线缆短且少，做到了主动安全设计与防护，可有效抑制拉弧现象，避免起火事故发生；在交流侧，短路电流来自电网侧，短路电流较大（1～20 kA），一旦发生异常，交流汇流箱内的断路器会瞬时脱扣，将危害降至最低。

（2）运维难易程度与故障定位精准度比较

① 集中式方案。对于集中式方案，多数光伏电站的汇流箱与逆变器非同一厂家生产，通信匹配困难。光伏电站目前普遍存在直流汇流箱故障率高、汇流箱通信可靠性较低、数据信号不准确甚至错误导致无法通信的情况，因此难以准确得知每个光伏组串的工作状态。即使通过其他方面发现异常，也难以快速准确定位并解决问题。

因此，为掌握光伏区每一光伏组串的工作状态，当前的检测方法是：找到区内每一个直流汇流箱，打开汇流箱，用钳形表测量每个光伏组串的工作电流来确认光伏组串的状态。但在部分光伏电站，由于直流汇流箱内直流线缆过于紧密，钳形数字万用表无法卡入，导致无法测量。运维人员不得不断开直流汇流箱开关和对应光伏组串熔丝，再逐串检测光伏组串的电压和熔丝的状态。检查工作量大，现场运维繁琐且困难、缓慢，在给运维人员带来巨大工作量和技术要求的同时，也会危及运维人员的人身安全。

另外，检查期间开关被断开，影响了光伏电站发电。假设单块光伏组件最大功率为 250 W，20 块一串，一个 16 进 1 汇流箱的装机容量即为 16×5 kW＝80 kW，完全检查一个汇流箱并记录共需 10 min（0.17 h）。假设当时光伏组串处于半载工作状态，断电检查一个汇流箱引起的发电量损失为 80 kW×50%×0.17 h＝6.8 kW·h。

一个 30 MW 的光伏电站拥有 400 多个汇流箱，全部巡检一次将花费大量时间，并损失数千度（1 度＝1 kW·h）的发电量。再合并计算人工、车辆等成本投入，巡检所消耗的运维费用将十分可观。此种情况在山地光伏电站会表现得更加明显。需要特别注意的是，这样的巡检方式并不可靠，易产生人为疏忽，比如检查完成后忘记合闸，影响更多发电量。

目前不少光伏电站的运维人员只有几个人，面对几十兆瓦甚至上百兆瓦的庞大光伏电站，势必难以全面检查到每个光伏子阵列，更难以细致到每个光伏组串，所以一些光伏电站的汇流箱巡检约半年一次。这样的巡检频次，难以发现光伏电站运行过程中存在的细小问题，虽然细微，但长期累积引起的发电量损失和危害却不可轻视。

目前光伏电站有关直流汇流箱运维的数据如下：

● 直流汇流箱内的熔丝：易损耗，维护工作量大，部分光伏电站每月有总熔丝 1% 左右的维护量；且因工作量大，检修时容易出现工作疏漏，影响后续发电量。

- 直流汇流箱数据准确性与通信可靠性：直流电流检测精度低，误差大于 5%，弱光时难以分辨光伏组件失效与否，不利于进行光伏组件管理；直流汇流箱通信故障率高、效果不佳，容易断链，导致数据无法上传，通信失效后，光伏组串监控和管理便处于完全失控状态，除非再次巡检时发现并处理。

② 组串式方案。对于组串式方案，逆变器对每个光伏组串的电压、电流及其他工作参数均有高精度的采样测量，测量精度达到 5‰。利用光伏电站的通信系统，通过后台便可远程随时查看每个光伏组串的工作状态和参数，实现远程巡检，智能运维。对于逆变器或光伏组串异常，智能监控系统会主动进行告警上报，故障定位快速、精准，整个过程操作安全、无须断电、不影响发电量，可将巡检、运维成本降至极低水平。

（3）故障影响范围及发电量损失比较

光伏电站建成运行一定时间后，各种因素导致的故障逐渐显现。

① 集中式方案。对于采用集中式方案的光伏系统的各节点及设备，不考虑光伏组件自身因素、施工接线因素及自然因素的破坏，直流汇流箱和逆变器故障是导致发电量损失的重要源头。

直流汇流箱故障在当前光伏电站所有故障中表现得较为突出。一个 1 MW 的光伏子阵列，一个光伏组串（假设采用 20 块 250 Wp 光伏组件，共 5 kW）因熔丝故障不发电，即影响整个子阵列发电量约 0.5%；如果一个汇流箱（16 进 1 出，合计功率 80 kW）出现故障，导致涉及该汇流箱的所有光伏组串都不能正常发电，将影响整个子阵列约 8% 的发电量损失。因汇流箱通信可靠性低，运维人员难以在故障发生的第一时间发现故障、处理故障，因此多数故障往往在巡检或累计影响较大时才被发现，但此时因故障引起的发电量损失已十分巨大。

如果一台逆变器遭遇故障而影响发电，将导致整个子阵列约 50% 的发电量损失。集中式逆变器必须由专业人员检测维修，配件体积大、质量大，从故障发现到故障定位，再到故障解除，周期漫长。按日均发电 4 h 计算，一台 500 kW 的逆变器在故障期间（从故障到解除，按 15 天计算）损失的发电量为 500 kW × 4 h/d × 15 d = 30 000 kW·h。按照上网电价 1 元 /kW·h 计算，故障期间的损失将达到 3 万元。

② 组串式方案。同样不考虑光伏组件自身因素、施工接线因素及自然因素的破坏，采用组串式方案的光伏系统因没有直流汇流箱和熔丝，系统整体可靠性大幅提升，几乎只有在遭遇逆变器故障时才会导致发电量损失。组串式逆变器体积小，质量小，通常光伏电站都备有备品备件，可以在故障发生当天立即更换。单台逆变器故障时，最多影响 6 串光伏组串（按照每串 20 块 250 Wp 光伏组件串联计算，每个光伏组串功率为 5 kW），即使 6 串光伏组串满发，按照日均发电 4 h 计算，因逆变器故障导致的发电量损失为 5 kW × 6 × 4 h/d × 1 d = 120 kW·h。按照上网电价 1 元 /kW·h 计算，故障导致的损失为 120 元。

考虑更极端的情况，光伏电站无备品备件，需厂家直接发货更换，按照物流时间 7 h 计算，故障导致的损失为 120 元 / 天 × 7 天 = 840 元。

（4）故障修复难度比较

不同的方案特点不同，自然也导致了故障修复难度的差异。光伏电站所有光伏组串全部投入后，故障修复工作主要集中在光伏电站运行期间的线路故障及设备故障。线路故障受施工质量、人为破坏、自然力破坏等因素影响。设备故障包含汇流箱故障及逆变器故障。

① 集中式方案。直流汇流箱内的元件轻且小、数量少，线路简单，一旦故障准确定位后，修复难度不大；修复困难集中表现为故障侦测或发现困难。

对于逆变器故障，因集中式逆变器体积大、质量大，内部许多元器件也同样具有此类特点，部分元件的质量甚至达到数十或上百千克，给维护修复工作造成了较大程度的不便和麻烦。这也是光伏电站建设时集中式逆变器采用整体吊装的部分原因所在。

对于集中式逆变器方案，光伏电站通常不会留存任何的备品备件，且集中式逆变器的维修必须由生产厂家售后人员完成。因此在故障发生后，必须要首先等待厂家人员前往光伏电站定位问题；待问题定位后，确定维修方案及需要更换的元器件，然后再由逆变器厂家发货至光伏电站现场，维修人员选用一定搬运车辆或工具将新的元器件搬运至逆变器房（箱）进行更换。一旦集中式逆变器出现故障，粗略估算整个维修过程将长达15天，甚至更久，维修难度大、耗时长、费力多，还严重影响光伏电站的发电量。

② 组串式方案。组串式方案无直流汇流箱，所用交流汇流箱出现故障的概率几乎为零，甚至部分光伏电站弃用汇流箱，将逆变器交流输出直接连接至箱变低压侧母线。因此，组串式方案的设备故障主要是逆变器的自身故障。相较于集中式逆变器的庞然大物，组串式逆变器显得异常轻巧，其拆装、接线只需两人协作即可完成，且不必专业人员操作。因此，确认逆变器故障发生后，可根据精准的告警信息提示，立即启用备品替换故障逆变器，使光伏电站短时间内全部恢复正常，将发电量损失降至最低。

（5）防沙防尘与防盐雾比较

在逆变器使用寿命期限内，空气中的灰尘及沿海地区的盐雾对逆变器整体及内部零部件的寿命影响巨大。积累过多的灰尘可引起电路板电路失效或导致内部接触器接触不良，盐雾会造成设备及元器件腐蚀，因此有逆变器在使用一段时间后，出现了控制失效、内部异常短路等现象，甚至起火燃烧，造成重大事故和损失。现阶段，灰尘和盐雾不可能被机房或设备防尘滤网完全过滤，因此，在风沙、雾霾严重的地区或沿海盐雾地区（也是我国土地资源和太阳能资源相对丰富的地区），沙尘和盐雾会对逆变器乃至光伏电站的长期安全正常运行构成严重威胁。

① 直通风式散热方案。行业内集中式逆变器和逆变器房（箱），甚至部分组串式逆变器都普遍采用直通风式散热方案。空气中的沙尘、微粒等伴随逆变器和逆变器房（箱）中的空气和热量流动进入逆变器内部和逆变器房（箱），加之逆变器内部电子元器件的静电吸附作用，运行一段时间后，逆变器内部和逆变器房（箱）都沉积了大量的灰尘。同理，盐雾也会以同样的方式进入逆变器内部和逆变器房（箱）。

灰尘及盐雾对电气设备的主要危害体现在漏电失效、腐蚀失效及散热性能下降等方面。

在漏电失效、腐蚀失效方面，当空气湿度较大时，吸湿后的灰尘导电活性激增，在元器件间形成漏电效应，造成信号异常或高压拉弧打火，甚至短路。同时，因湿度增加，湿尘中的酸根和金属离子活性增强，呈现一定酸性或碱性，对PCB的铜、焊锡、器件端点形成腐蚀效应，引起设备工作异常。在沿海高盐雾地区，腐蚀失效表现更加显著。

　　在散热性能下降方面，积尘会导致防尘网堵塞、设备散热性能变差，大功耗器件温度急剧上升，严重时甚至导致 IGBT 器件损坏。

　　运维清扫的困难及成本体现在：多数光伏电站建设区域远离城市与乡村，给野外运维清扫工作造成诸多不便。另外，光伏电站白天要发电，清扫拆卸只能晚上进行。夏天逆变器房（箱）内温度高、蚊子多，冬天则是低温严寒，工作人员手脚活动都受到影响。设备局部地方的清扫还需要使用专业工具，如用空气泵吹净灰尘。因此，清扫工作耗费了大量时间、人力和成本。

　　以西北风沙地区 100 MW 光伏电站为例，10 人 1 天只能清扫 10 台机器。100 MW 共有 200 台机器，根据西北光伏电站实际情况，每个月至少清扫一次，100 MW 光伏电站清扫一遍，正好需要 20 个工作日（1 个月）。按此清扫频率，1 人 1 天工资 200 元，10 人 1 天需要 2 000 元；按照 1 个月 20 个工作日计算，1 年的人力费用就至少达到 2 000×20×12 元＝48 万元；在光伏电站的生命周期 25 年内，共需要 25×48 万元＝1 200 万元。一个 100 MW 光伏电站生命周期内的人力清扫费用就达到 0.12 元 /W，这个成本相当惊人。如果进一步考虑 25 年内人力成本的上升和通胀因素，实际所付出的费用还要远高于这个数值。

　　另外，防尘网每隔 1~2 个月需要进行更换，还有专业的清洗工具采购和折旧、车辆及燃油投入，均给光伏电站运维带来了实际的成本和困难。

　　② 热传导式散热方案。对于采用热传导式散热方案的逆变器，如国内厂家华为的组串式逆变器，因逆变器采用非直通风式散热方案，逆变器的防护能力达到 IP65，能够有效应对沙尘影响，即使在风沙及雾霾严重的地区，逆变器仍能轻松应对沙尘威胁，完全实现免清扫、免维护，节省大量清扫成本和投入。另一方面，华为组串式逆变器优异的热设计方案匹配性能优异的散热材料也保证了逆变器可以从容应对高温环境。IP65 的防护等级和卓越的散热能力保证了组串式逆变器自身和光伏电站的长期、安全、正常、低成本运行。

3. 两种方案的比较

　　集中式与组串式光伏电站建设方案的比较如表 4-3 所示。

表 4-3　集中式与组串式光伏电站建设方案的比较

故障类别	集中式方案			组串式方案		
	检测难度	发电量损失影响	故障发生至修复引起损失 / 元	检测难度	发电量损失影响	故障发生至修复引起损失 / 元
光伏组串故障	难	5‰	由故障持续时间确定，通常持续时间大于或等于 1 个月	易	5‰	由故障持续时间确定，通常持续时间大于或等于 1 天
直流汇流箱故障	难	8‰	由故障持续时间确定，通常持续时间大于或等于 1 个月	—	—	—

续表

故障类别	集中式方案			组串式方案		
	检测难度	发电量损失影响	故障发生至修复引起损失/元	检测难度	发电量损失影响	故障发生至修复引起损失/元
交流汇流箱故障	—	—	—	易	故障率极低,且故障发生即有警告,提醒运维人员处理,影响及损失几乎忽略不计	
逆变器故障	易	5%	30 000	易	3%	120(有备品时)240(无备品时)

注:

① 光伏组串每串按 20 块 250 Wp 光伏组件串联计算,每个光伏组串功率为 5 kW。

② 直流汇流箱按 16 进 1 出计算,每个汇流箱合计功率为 80 kW。

③ 日均发电按 4 h 计算,集中逆变器修复时间按 15 天计算,上网电价按 1 元 /kW·h 计算。

从表 4-3 中可以看出,相比集中式方案故障损失动辄上万元的情况,组串式方案的优势显而易见,其因故障导致的损失仅相当于集中式方案的几百分之一到几十分之一。

从光伏电站运维所涉及的各工作层面对安全性与可靠性、运维难易程度与故障定位精确性、故障影响范围及发电量损失、故障修复难度、防沙防尘与防盐雾等方面进行横向比较,结果显示:组串式方案更安全、更可靠,且可实现基于光伏组串为基本管理单元的智能运维,极大地提升了运维工作效率,降低了运维成本,同时显著降低了故障修复难度,大幅减少了故障导致的各种损失;IP65 的防护等级使得逆变器可长期、正常、稳定运行在多沙尘、高盐雾的环境和地区,具有集中式方案难以比拟的优势。光伏电站规模越大,地形越复杂(如山地光伏电站),组串式方案的运维和成本优势越显著,越能够为投资者降低光伏电站运行成本创造更多价值。

4.4 技能训练

4.4.1 智能运维平台监控系统连接

训练目标 >>>

掌握光伏电站智能运维平台监控系统的结构及组成,掌握光伏汇流箱、逆变器、电表与数据采集器的连接方式。

训练内容 ▶▶▶

1. 监控系统结构

本监控系统主要通过智能化设备（运维采集模块）采集汇流箱、逆变器、电表（并网箱）的实时运行信息。系统中的若干台设备采用 RS485 总线方式连接，共配置三条总线，分别为汇流箱通信总线、逆变器通信总线、电表通信总线。总线的一端连接汇流箱、逆变器、电表的通信端子，另一端通过 RS485 转 USB 设备直接与教师计算机相连。学生计算机与教师计算机组成局域网，学生计算机通过局域网访问教师计算机的数据库，获取光伏电站实时运行数据。监控系统拓扑结构如图 4-35 所示。

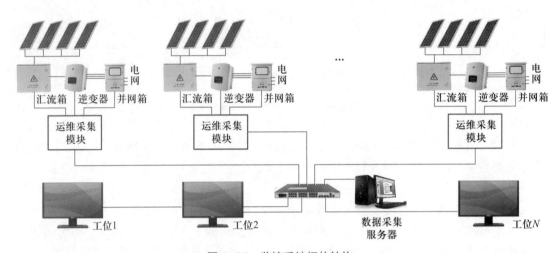

图 4-35　监控系统拓扑结构

2. 运维采集模块

运维采集模块是光伏电站数据采集终端，包括电表、逆变器、汇流箱的数据采集与传输，如图 4-36 所示。该模块支持电表、逆变器、汇流箱数据采集与传输，支持远程控制通信回路通断，支持无通信故障模拟。

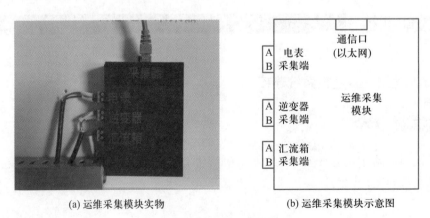

(a) 运维采集模块实物　　　　　　(b) 运维采集模块示意图

图 4-36　运维采集模块

3. 监控系统通信连接

（1）直流汇流箱监控模块与运维采集模块连接

① 将准备好的 RS485 通信线缆 A 线（红色）的一端接入直流汇流箱监控模块的"A"点，另一端接入直流汇流箱下方第 3 个端子排，将 RS485 通信线缆 B 线（蓝色）的一端接入直流汇流箱监控模块的"B"点，另一端接入直流汇流箱下方第 4 个端子排，用排线连接电流采集器和监控模块，可参考图 3-29 所示。

② 将准备好的另外一根 RS485 通信线缆 A 线（红色）的一端接入第 3 个端子排，另外一端接入运维采集模块"汇流箱"的 A 端；将准备好的另外一根 RS485 通信线缆 B 线（蓝色）的一端接入第 4 个端子排，另外一端接入运维采集模块"汇流箱"的 B 端。

这样便完成了直流汇流箱到运维采集模块的连接。

（2）逆变器与运维采集模块连接

将 RS485 通信线缆 A、B 线的一端接入逆变器对应的 RS485 通信接口，另一端接入运维采集模块的"逆变器"端口。逆变器的 RS485 通信接口如图 4-37 所示。

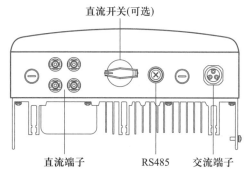

图 4-37 逆变器的 RS485 通信接口

（3）电表与运维采集模块连接

将 RS485 通信线缆 A、B 线的一端接入汇流箱电表对应的 RS485 通信接口，另一端接入运维采集模块的"电表"端口。

4. 局域网连接

（1）运维采集模块与交换机连接

运维采集模块与交换机的连接采用局域网连接方式，将多个运维采集模块的输出用网线与交换机进行连接。

（2）交换机与服务器连接

交换机与服务器的连接采用局域网连接方式，将交换机输出端用网线与服务器网卡进行连接。

（3）用户端与交换机连接

用户端与交换机的连接采用局域网连接方式，将交换机输出端用网线与用户端网卡进行连接。

5. 逆变器地址设置

一个监控系统可能连接多个逆变器，要有序采集多个逆变器数据，必须对每个逆变器进行地址设置。设置方法如下：

①　选择"设置"选项，选择"设置从机地址"，如图 4-38（a）所示。

②　可通过 UP/DOWN（上翻 / 下翻）、ENTER 和 ESC 键，实现逆变器地址的设置，范围从 01 到 99，图 4-38（b）所示为将从机地址设置为 01。

(a) 选择"设置从机地址"

(b) 将从机地址设置为01

图 4-38　逆变器地址设置

6. 启动数据采集服务器

数据采集服务器主要根据运维采集模块与计算机的串口连接来进行数据采集，并将数据保存在数据库中。数据采集服务器的设置如图 4-39 所示，其中包括了对逆变器、汇流箱、电表等总线串口号的设置。如仅对逆变器进行数据采集，则在"逆变器总线串口号"下拉列表框中选择相应的逆变器总线串口号即可。

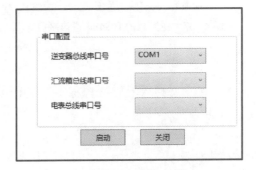

图 4-39　数据采集服务器的设置

4.4.2　智能运维平台设置与用户端操作

训练目标 ▶▶▶

掌握智能运维平台的设置，熟悉光伏电站运维监控软件界面及操作。

训练内容 ▶▶▶

光伏电站智能运维平台包括运维监控中心软件（服务器端）和运维监控软件（用户端）。运维采集模块采集电表、逆变器、汇流箱等设备的实时运行信息，以 RS485 通信方式传输到位于服务器的运维监控中心软件，能够对实训室下各个光伏电站进行集中实时监控和管理。运维监控软件（用户端）可以查看本地电表、逆变器、汇流箱等设备的运行数据，了解本地光伏电站的运行状态。

1. 智能运维平台的设置

使用已注册的账号信息登录智能运维平台。在进入运维平台后，首先要在"电站管理"界面进行设置，主要设置信息包括"逆变器信息""汇流箱信息""电表信息"等，设置的数据内容要和各设备输入总线的地址号及电表序列号对应。具体操作如图 4-40 所示。

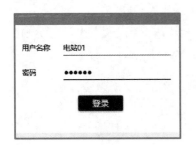

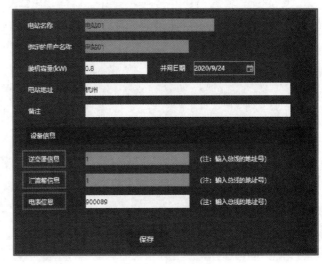

(a) 用户登录   (b) "电站管理"界面

图 4-40　智能运维平台的设置

2. 运维监控软件（用户端）的操作

（1）软件登录

在用户端计算机上找到"光伏电站运维监控软件—学生版"，输入账号和密码（由教师分配），进行登录，如图 4-41 所示。

（2）首页

"首页"下的"总览"界面如图 4-42 所示，显示内容包括电站概况、电站示意 / 拓扑、社会效益、装机容量、当日发电量、总发电量、当日等效时间、最近 30 日发电量、今日发电功率等。

图 4-41　登录界面

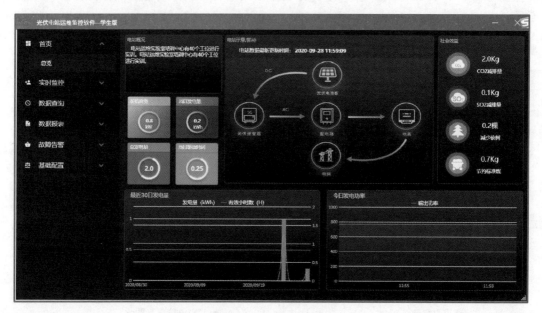

图 4-42　"总览"界面

（3）实时监控

"实时监控"下包括"电站监控"和"设备监控"两部分。

"电站监控"界面用于对单一电站的实时运行情况进行详情展示，显示内容包括设备运行状态、并网日期、装机容量、交流功率、当日发电量、累计发电量、电站负荷曲线等，如图 4-43 所示。

图 4-43 "电站监控"界面

"设备监控"界面用于对电站设备运行情况进行详情展示，显示内容包括逆变器、汇流箱、电表、气象站的基本运行信息、详细运行信息、运行数据曲线图等。其中，"逆变器""汇流箱""电表"界面分别如图 4-44~图 4-46 所示。

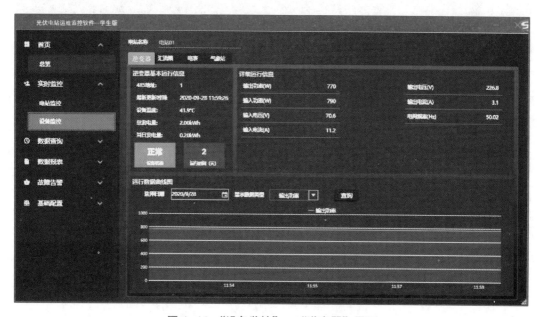

图 4-44 "设备监控"—"逆变器"界面

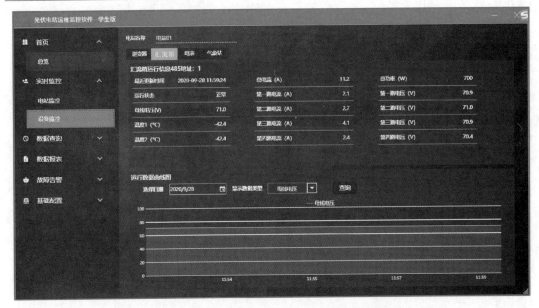

图4-45 "设备监控"—"汇流箱"界面

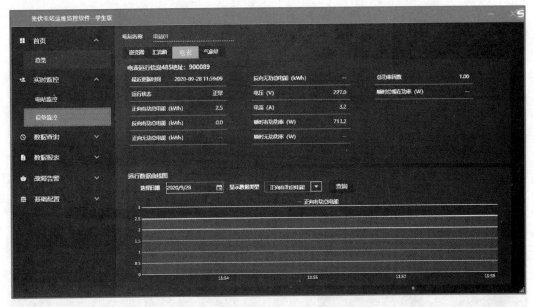

图4-46 "设备监控"—"电表"界面

（4）数据查询

"数据查询"下包括"逆变器数据查询""汇流箱数据查询"和"电表数据查询"三部分。

"逆变器数据查询"界面的显示内容包括时间、日发电量、总发电量、总输入功率、总输出功率、输入电压等，如图4-47所示。

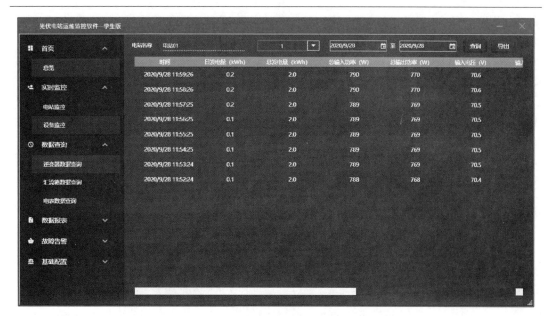

图 4-47 "逆变器数据查询"界面

"汇流箱数据查询"界面的显示内容包括时间、母线电压、温度、总反向电流、总电流等，如图 4-48 所示。

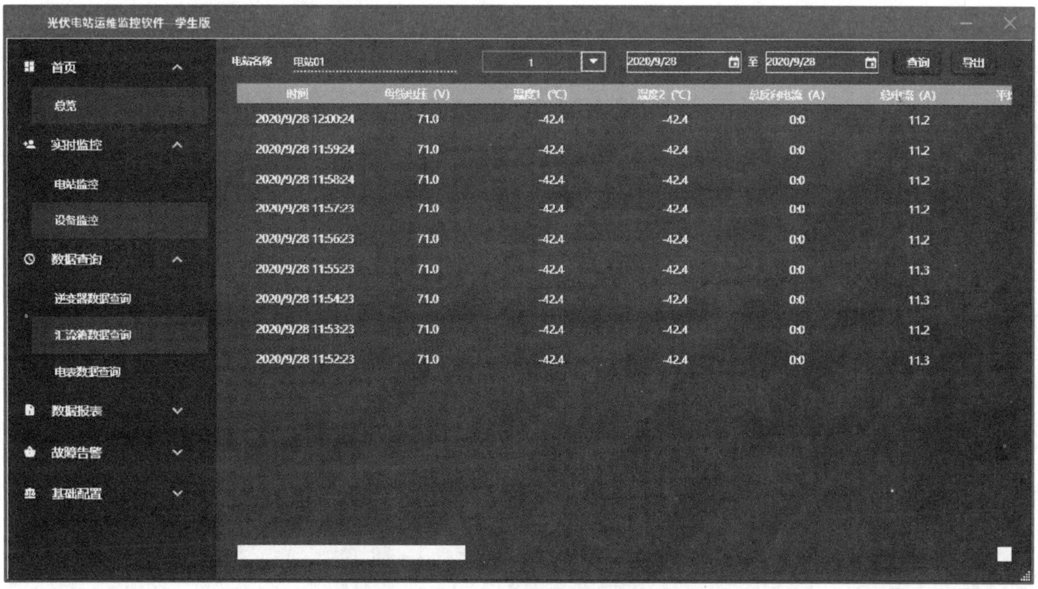

图 4-48 "逆变器数据查询"界面

"电表数据查询"界面的显示内容包括时间、正向总有功发电量、反向总有功发电量、正向无功总电能、反向无功总电能等，如图 4-49 所示。输入电站名称，选择查询时间段，单击"查询"按钮可进行查询，单击"导出"按钮可导出数据。

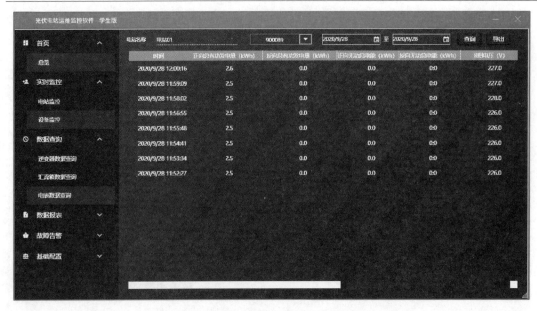

图 4-49 "电表数据查询"界面

（5）数据报表

"数据报表"下的"电站报表"界面可查询某个电站的日报表、月报表、年报表，报表内容包括总直流功率、总交流功率、当日发电量、总发电量等运行数据，如图 4-50 所示。

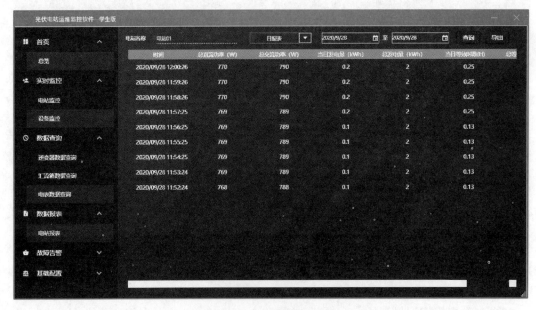

图 4-50 "电站报表"界面

（6）故障告警

"故障告警"下的"设备告警"界面可查看逆变器、汇流箱、电表的告警信息。选择设备类型和时间段后，单击"查询"按钮即可进行查询，如图4-51所示。

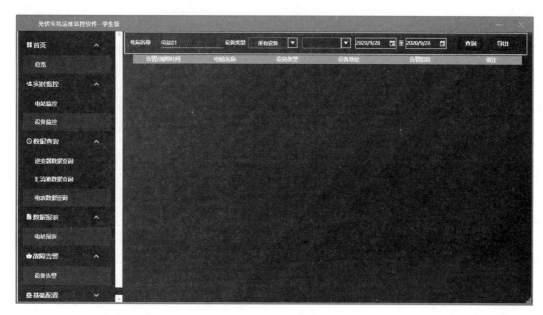

图4-51 "设备告警"界面

（7）用户管理

在"用户管理"界面可修改用户姓名、联系电话、邮箱、密码等，如图4-52所示。

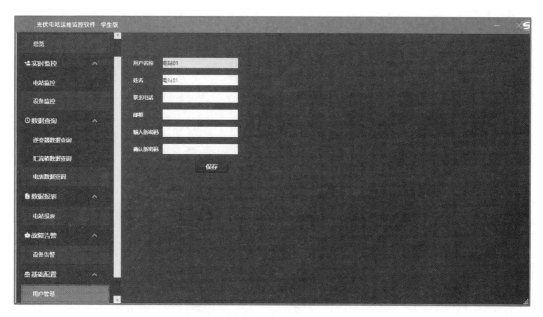

图4-52 "用户管理"界面

习　题

1. 简述典型光伏电站智能运维平台的功能。
2. 简述本章介绍的智能光伏电站监控系统和智能光伏电站生产管理系统的功能。
3. 简述光伏电站运维评价的主要指标和方法。
4. 简述智能运维平台监控系统连接的步骤和方法。
5. 简述智能运维平台功能，绘制运维平台思维导图。

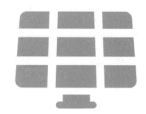

第5章
大型光伏区设备故障排除

知识目标

1. 掌握光伏区光伏组件、直流汇流箱、直流配电柜等设备的故障检测方法。

2. 掌握光伏区逆变器的故障检测方法。

3. 掌握光伏区箱变的故障检测方法。

4. 掌握防雷与接地故障的检测方法。

5. 掌握智能运维平台光伏组件、汇流箱、逆变器、并网配电箱等设备的故障检测方法，掌握智能运维平台综合故障排除方法。

6. 掌握虚拟仿真平台光伏组件方阵、直流汇流箱、交流汇流箱、组串式逆变器等设备的故障检测方法。

能力目标

1. 能对光伏区光伏组件、直流汇流箱、直流配电柜等设备的故障进行检测与排除。

2. 能对光伏区逆变器的故障进行检测与排除。

3. 能对光伏区箱变的故障进行检测与排除。

4. 能对防雷与接地故障进行检测与排除。

5. 能对智能运维平台光伏组件、汇流箱、逆变器、并网配电箱等设备的故障进行检测与排除操作，能对智能运维平台进行综合故障排除。

6. 能对虚拟仿真平台光伏组件方阵、直流汇流箱、交流汇流箱、组串式逆变器等设备的故障进行检测与排除。

为了防止因设备故障造成光伏电站严重事故，降低光伏电站的收益损失，应及时检测光伏电站设备故障，以使光伏电站稳定高效运行。通过对光伏电站光伏区设备的运行情况进行在线监测，及时分析处理故障征兆，确定设备故障发生的原因和位置，即可使光伏电站维护人员在光伏电站设备发生故障之初便采取相应的解决措施，排除故障。

5.1 光伏区直流侧设备故障检测与处理

光伏区直流侧设备一般包括光伏组件、直流汇流箱、直流配电柜、防雷与接地以及直流电缆等设备。

5.1.1 光伏组件故障检测与处理

1. 光伏组件故障现象

光伏组件是光伏系统中的重要组成部分，其成本可占到整个系统的 40% 左右。光伏组件的常见故障现象如下：

（1）光伏组件老化导致光伏组件方阵失配

有些光伏组件工作在戈壁、荒漠等恶劣环境下，要经受风吹日晒、昼夜温差很大等考验，使用一定时间后，这些光伏组件会出现功率下降的现象，导致与其他光伏组件的输出特性不匹配，从而导致光伏组件方阵失配。

（2）光伏组件碎裂

光伏组件在生产的过程中会在表面密封一层透明保护膜，以保护光伏组件薄膜，并且不会影响对太阳光的吸收。如果密封合格，光伏组件的寿命可长达 20 年。然而由于制造过程中的一些问题，保护膜并非万无一失，可能存在裂痕，这样水和空气会腐蚀光伏组件薄膜，即引起光伏组件碎裂，大大加快光伏组件的老化速度。

（3）光伏组件短路与开路

光伏组件短路相当于该支路缺少了一个输出功率的光伏组件，而光伏组件开路相当于连接线断开。这两种故障一般是因为接线盒中接触点虚焊或者连接线错误导致的，出现这种情况的原因一般以人为因素居多。

（4）光伏组件出现热斑现象

造成光伏组件出现热斑现象的主要原因是某些光伏组件长期受到阴影影响，致使其输出电流小于正常工作的光伏组件的输出电流。根据基尔霍夫定律，被遮挡的光伏组件会成为串联支路中的负载，并且两端带负电压。光伏组件本身具有一定的串联电阻，当成为负载之后，流过的电流会在光伏组件板中产生热量，热量累积可使温度最高达 200 ℃，这样高的温度会损坏光伏组件板的物理结构，并导致不可逆转的永久损坏。

热斑现象的发生概率最高，产生危害较大，如图 5-1 所示。热斑现象会严重地破坏光伏组件，可能会使光伏组件焊点熔化、封装材料破坏，甚至会使整个光伏组件失效。据统计，热斑效应会使光伏组件的实际使用寿命至少减少 10%。

解决热斑效应的方法是在接线盒中各个光伏组串之间反向并联一个旁路二极管。当光

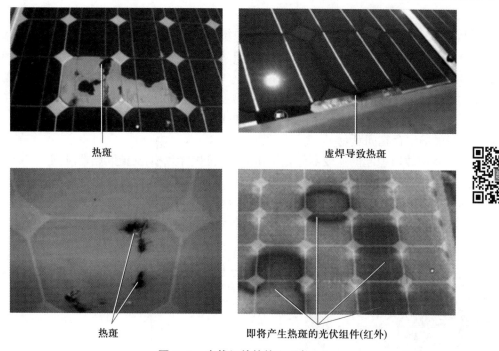

热斑　　　　　　　　　　　　　　　　虚焊导致热斑

热斑　　　　　　　　　　即将产生热斑的光伏组件(红外)

图 5-1　光伏组件的热斑现象

伏组件出现热斑效应不能发电时，旁路二极管可起旁路作用，让其他光伏组件所产生的电流从二极管流出，使发电系统继续发电，不会因为某一光伏组件出现问题而产生发电电路不通的情况。

热斑效应的防范方法是保持光伏组件表面的清洁，进行合理设计，保证光伏组件不会被遮挡，并配备红外热像仪，尽早发现肉眼难以发现的热斑，提前消除安全隐患。

2. 光伏组件故障案例及排除方法

（1）光伏组串输出电压偏低

① 故障现象：某光伏电站测得光伏组件方阵中某支路（5#）的开路电压过低，如表 5-1 所示。系统输出功率降低，长期运行会造成光伏组件被击穿。

表 5-1　某光伏电站 5 个汇流箱中各光伏组串开路电压

汇流箱编号	1#	2#	3#	4#	5#
光伏组串 1 的开路电压 /V	436	475	485	488	281
光伏组串 2 的开路电压 /V	490	480	471	492	305
光伏组串 3 的开路电压 /V	470	367	396	465	314

② 故障原因：各光伏组串开路电压有差异的原因如下。

a. 测量时太阳辐照度不同，开路电压有较小（一般不会超过 5%）的差别。

b. 光伏组串中某块光伏组件的旁路二极管损坏或者光伏组件损坏。

③ 解决办法：

a. 分析智能光伏电站监控系统和生产管理系统中的统计数据，对比相同结构和容量的汇流箱输出功率和电流，查找输出电压偏低的汇流箱，并通过监控系统查询该汇流箱最低功率输出的支路。

b. 通过检测光伏组串中每个光伏组件的开路电压，查找出开路电压异常的光伏组件，检测它的旁路二极管。如果二极管有问题，直接更换二极管；如果二极管没问题，可能是光伏组件本身的输出存在问题。

（2）光伏组串故障引起的逆变器停止工作或并网配电柜中的交流断路器跳闸

① 故障现象：光伏电站出现逆变器停止工作、交流断路器跳闸现象。检测到光伏组串两端电压正常，但正、负极对地电压均异常，如图 5-2 所示。其中，正极对地电压为 142 V，负极对地电压为 -180 V，均不正常（正常为 2 V 左右），而且不稳定。

(a) 光伏组串两端电压正常

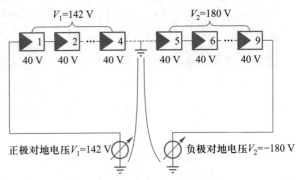

(b) 正、负极对地电压均异常

图 5-2 光伏组串电压

② 故障原因：故障可能是由于光伏组串中某一块光伏组件的连接线与光伏支架连通或光伏电缆的绝缘层损坏造成的。在图 5-2（b）中，光伏组件标称的开路电压大约是40 V。此光伏组串共有 9 块光伏组件，第 1~4 块光伏组件的开路电压为 142 V，第 5~9 块光伏组件的开路电压为 180 V，从检测数据来看可能是第 4 块与第 5 块光伏组件之间的连接线与光伏支架连通了。

③ 解决办法：检查光伏组件的连接线，特别注意连接线与光伏支架接触的地方，找出与光伏支架连通的连接线。

④ 光伏组件方阵故障排查、检测时需要注意的问题：

a. 只有当光伏组件不带负载时才可以测量开路电压和短路电流。

b. 即使太阳辐照度很低时，光伏组件的输出电压还是接近开路电压，短路电流则与有效太阳辐照度成比例。

c. 被遮挡的光伏组件将根据遮挡情况不输出电流或输出较小的电流。

（3）光伏组件方阵其他故障

① 光伏组件隐裂。隐裂是指光伏组件的电池片中出现细小的裂纹。光伏组件的隐裂会加速光伏组件功率衰减，影响光伏组件的正常使用寿命。同时，光伏组件的隐裂会在机械载荷下扩大，有可能导致开路性破坏，还可能导致热斑效应。光伏组件的隐裂如

图 5-3（a）所示。

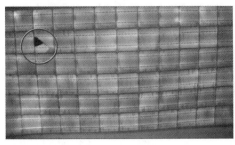
(a) 光伏组件的隐裂

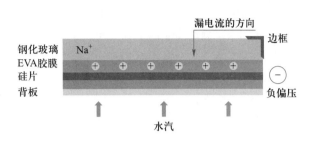
(b) PID现象产生过程

图 5-3　光伏组件的隐裂及 PID

　　隐裂是由多方面原因共同作用造成的，光伏组件受力不均匀，或在运输、倒运过程中遭受剧烈的抖动都有可能造成光伏组件的隐裂。光伏组件隐裂需要通过 EL（电致发光）成像手段进行识别和分析。一旦光伏组件发生隐裂，其输出电压无明显变化，但输出电流会有明显的降低，造成整个光伏组件的转换效率下降。

　　② 光伏组件的 PID 现象。PID 意为电位诱发衰减（potential induced degradation），其产生原因是电池片和光伏组件边框之间产生漏电流，最终导致光伏组件的电位衰减。

　　PID 现象产生的原因是：水汽进入光伏组件，EVA 胶膜水解出醋酸，醋酸与钢化玻璃中析出的碱反应产生钠离子，靠近光伏组件负极的电池片在负偏压的作用下产生漏电流，漏电流使钠离子由钢化玻璃移动到电池片表面，导致光伏组件的电位衰减，从而影响光伏组件的性能。PID 现象产生的过程如图 5-3（b）所示。

　　防范 PID 现象产生的方法有：光伏组件材料和工艺升级，提高 EVA 的可靠性，使光伏组件负极接地或给光伏组件施加正向偏压。

　　③ 光伏组件的闪电纹。闪电纹也称蜗牛纹，这是因为其形状很像蜗牛的爬痕，如图 5-4 所示。闪电纹在单晶硅和多晶硅光伏组件中都会出现。对出现闪电纹的光伏组件进行分析后可以发现，闪电纹一般都伴随着光伏组件的隐裂出现，在 EL 成像中能够清楚看到出现闪电纹的光伏组件中的电池片隐裂。闪电纹产生的原因为 EVA 胶膜的交联度不均匀，导致使用后产生不均匀的应力，使电池片产生隐裂，隐裂处会产生热斑效应，从而导致 EVA 胶膜或栅线烧掉。虽然闪电纹对于光伏组件的功率衰减似乎并无大

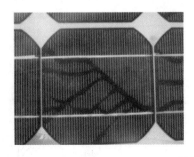
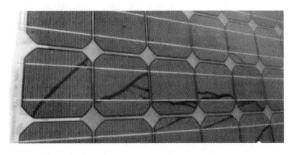

图 5-4　光伏组件的闪电纹

的影响，但是光伏组件的隐裂本身就会对发电功率产生影响，会使得电流不能从栅线电极流向汇流条。

④ 光伏组件受外力造成机械损坏。外力作用可能导致光伏组件损坏。例如，大雪积压造成光伏支架系统变形，从而导致光伏组件变形，使光伏组件遭受机械损坏而失效，如图 5-5（a）所示。

在光伏组件安装过程中，安装人员没能充分认识到光伏组件的承压性能或者安装时没能按照作业标准进行操作，同样也会造成光伏组件机械损坏。图 5-5（b）所示的玻璃碎裂可能是人员踩踏造成的，也可能是因为安装时光伏组件两边压块用力过紧，引起用力不均而导致的。

 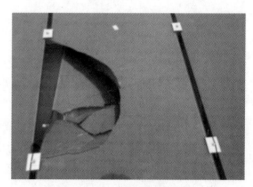

(a) 大雪积压损坏　　　　　　　　　　　　(b) 人为因素损坏

图 5-5　光伏组件受外力造成机械损坏

⑤ 光伏组件接线盒脱落。光伏组件接线盒背板胶黏度较低，会产生轻脱现象，如图 5-6 所示。

图 5-6　光伏组件接线盒脱落

⑥ 光伏组件内电池片与 EVA 胶膜脱层，如图 5-7（a）所示。

⑦ 光伏组件接线盒内汇流条和旁路二极管氧化。光伏组件接线盒内由于进水导致汇流条和旁路二极管氧化，其中，汇流条氧化如图 5-7（b）所示。

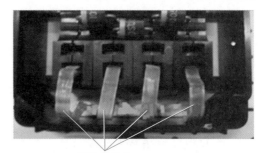

电池片与EVA胶膜脱层　　　　　　　　　　　　　　汇流条氧化

(a) 电池片与EVA胶膜脱层　　　　　　　　　　　　(b) 汇流条氧化

图5-7　光伏组件脱层和氧化

⑧ 光伏组件接线盒烧坏。如图5-8所示，光伏组件接线盒出现烧坏现象。接线盒被烧坏的原因主要有两类：一是由于电气短路造成；二是因为汇流条焊点虚焊，接触电阻偏大，在工作过程中产生大量的热，最终造成接线盒烧坏。光伏组件工作时，其被遮挡部分不是作为一个发电单元来使用，反而会成为电能消耗单元，从而发生热斑效应，加速光伏组件的报废。

图5-8　光伏组件接线盒烧坏

⑨ 光伏组件连接线或连接头断裂。光伏组件之间的连接线断开或接触不好，会导致光伏组件间的导电性能下降，如图5-9所示。

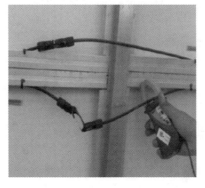

图5-9　光伏组件连接线或连接头断裂

5.1.2 直流汇流箱故障检测与处理

直流汇流箱的故障主要有熔断器烧毁（熔断器质量不好或选用的熔断器的额定电流过小）、断路器问题（如发热、跳闸）、通信异常（含汇流箱通信采集模块损坏问题）、接线端子发热（端子松动，电阻过大）、支路故障（接地故障、过电流）、直流拉弧等。

1. 直流汇流箱常见故障分析

（1）汇流箱断路器跳闸

① 故障情况：运行人员发现逆变器功率降低，经查看后台监控数据，发现其中一个汇流箱各路电流均为零，运行人员随即赶赴现场，发现逆变器正常运行，直流配电柜未跳闸但电流显示偏低，打开汇流箱查看，发现汇流箱内断路器跳闸。

② 原因分析：由于汇流箱长期在露天安置，加速了断路器的老化，再加上断路器经常操作造成机械磨损，使断路器脱扣器损坏。

③ 处理结果：检查汇流箱内没有发现烧毁痕迹，检查各支路正、负极对地电压均正常，重新合上断路器，瞬间又跳开，最后联系厂家更换断路器，故障排除，设备恢复正常运行。

（2）汇流箱通信中断

① 故障情况：运行人员经查看后台监控数据，发现其中一个汇流箱各路电流均为零，而逆变器功率显示正常，经运行人员现场确认判定为汇流箱通信故障。

② 处理结果：紧固此汇流箱的 RS485 通信线，更换主控通信模块的熔断器，故障随即排除，汇流箱通信恢复，各路电流显示正常。

（3）汇流箱烧毁

① 故障情况：运行人员经查看后台监控数据，发现其中一个汇流箱各路电流均为零，逆变器功率降低，运行人员随即赶赴现场，发现汇流箱烧毁，如图 5-10 所示。

图 5-10 汇流箱烧毁

② 原因分析：由于设备长期运行，电源模块发生内部故障，导致拉弧，以致汇流箱烧毁。

③ 处理结果：检查各路光伏组件及汇线，光伏组件电压正常，汇线没有短路情况，随即联系厂家更换汇流箱，设备恢复正常。

（4）其他故障

① 汇流箱内熔断器熔断。熔断器熔断的原因有：长时间过载，环境温度高，散热不好及其他因素导致的发热量大（如熔断器夹虚接、电缆虚接等）。

② 汇流箱门隙过大，风沙进入，导致电气故障。由于汇流箱安装在室外，如果门隙过大，风沙、雨水等很容易进入汇流箱中。另外，如果汇流箱线的进、出口没有添加防火堵泥，也容易导致安全事故的发生。

2. 直流汇流箱故障案例分析

（1）汇流箱断路器跳闸和烧毁故障

① 故障现象：某光伏电站通过监控中心数据平台发现，某区逆变器功率较其他逆变器偏低，且现场发现汇流箱断路器跳闸且汇流箱至直流配电柜的电缆中间埋地部分烧毁。

② 故障分析：

a. 电缆存在短路现象，断路器属于正常过电流保护跳闸。

b. 电缆接头的热缩护套烧毁开裂，并露出黄色的绝缘胶带，可以推断该电缆在施工时受到损伤，施工人员私自用绝缘胶带处理后隐藏在热缩护套内，如图 5-11（a）所示。

c. 如图 5-11（b）所示，该电缆为铠装电缆，电缆正极线对铠装层放电，导致击穿烧毁。

d. 如图 5-11（c）所示，埋地电缆在烧毁前就有破损，施工人员简易处理后私自埋入地下。

(a) 热缩护套开裂　　　　　(b) 电缆烧毁　　　　　(c) 埋地电缆烧毁

图 5-11　汇流箱故障现场反馈照片

通过故障分析，可知光伏电站建设期间存在野蛮施工情况，需全面排查本站电缆接头部分，观察电缆表面是否有明显划痕，建议质量检测人员到光伏电站采用打耐压方式全面排查电缆存在的漏电流问题。

（2）汇流箱通信故障

① 故障现象：某光伏电站 11 台汇流箱共发生 27 次通信中断故障，现场重启后，通信恢复，但故障反复出现，一直不能彻底解决，集控中心平台无法监控到现场数据，不能对现场的光伏组串和汇流箱进行数据分析，无法判断其运行状态，如图 5-12 所示。

② 故障分析及试验方法：根据多次试验和对现场情况的分析，对故障汇流箱的通信排线进行打胶处理，发现无法解决问题。故障汇流箱都靠近箱变，问题主要是因干扰造成的。通过两种整改试验，观察一个月时间后，终于找到最佳解决方案，彻底解决了此故障。

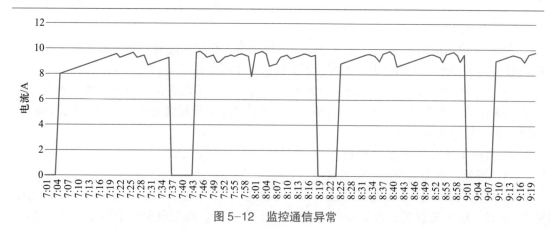

图 5-12　监控通信异常

　　a. 在汇流箱通信模块电源上增加抗干扰磁环，防止电源被辐射干扰。

　　b. 在通信板输出端增加抗干扰磁环，避免输出信号直接受到干扰，导致数据包丢失。

　　c. 在 RS485 通信输出线上增加抗干扰磁环，防止导线耦合干扰内部通信。

　　汇流箱通信故障处理方案如图 5-13 所示。

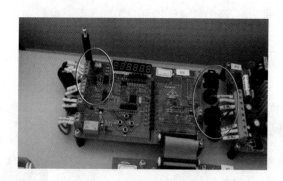

图 5-13　汇流箱通信故障处理方案

5.1.3　直流配电柜故障检测与处理

　　直流配电柜的常见故障如下。

　　1. 直流配电柜内电器选择不当引起的故障

　　由于对直流配电柜内防反二极管、断路器等电器的电流容量选择不当，选择时未能提高一个电流等级，导致直流配电柜在夏季高温季节运行时出现电器烧坏的情况。

　　2. 环境温度引起的故障

　　直流配电柜中的低压电器，如熔断器、断路器、剩余电流动作保护器、电容器及计量表等，按 GB 50060—2008《3~110 kV 高压配电装置设计规范》进行设计和制造时，对它们的正常工作条件做了相应规定：周围空气温度的上限不超过 40 ℃；周围空气温度 24 h 内的平均值不超过 35 ℃；周围空气温度的下限不低于 -5 ℃ 或 -25 ℃。在盛夏高温季节，直流配电柜内的温度将会达到 60 ℃ 以上，该温度大大超过了这些低压电器规定的环境温度，因而会因低压电器过热而引起故障。

3. 产品质量引起的故障

由于对产品质量的要求不严格，造成一些产品投入运行后不久就出现故障的情况，如有些型号的断路器、光伏防雷专用器在直流配电柜投入运行后不久就无法正常工作。

5.2 光伏区逆变器故障检测与处理

逆变器作为整个光伏电站的检测中心，可实现直流光伏组件和并网设备的连接，基本所有的光伏电站参数都可以通过逆变器检测出来。一般逆变器只要在并网状态，监控显示的功率曲线为正常的"山"形，即证明该光伏电站运行稳定。如果出现异常，则可以通过逆变器反馈的信息检查光伏电站配套设备的健康状况。逆变器除了把直流电转换成交流电外，还要承担检测光伏组件和光伏电网状况、系统绝缘、对外通信等任务，计算量大，容易出错。

5.2.1 逆变器易出故障的主要部件

逆变器由电路板、熔断器、功率开关管、电感、继电器、电容、显示屏、风扇、散热器、结构件等部件组成。每个部件的寿命不一样，逆变器的使用寿命可以用"木桶理论"来解释，即木桶的最大容量是由最短的木板决定的，逆变器的使用寿命是由寿命最短的部件决定的。逆变器最容易出故障的部件是功率开关管、电容、显示屏、风扇这4个部件。

1. 功率开关管

功率开关管是把直流电转换为交流电的主要器件，是逆变器的心脏。

目前逆变器使用的功率开关管有 IGBT、MOSFET 等，是逆变器最脆弱的一个部件。功率开关管有"三怕"：一怕过电压，一个耐电压 600 V 的管子，如果两端电压超过 600 V，则不到 0.1 s 就会损坏；二怕过电流，一个额定电流为 50 A 的管子，如果通过的电流大于 50 A，则不到 0.2 s 就会损坏；三怕过温，IGBT 结温不超过 150 ℃或者 175 ℃，一般都控制在 120 ℃以下，散热设计是逆变器最关键的技术之一。

功率器件损坏，就意味着逆变器需要整机更换。但也不必过分担心，因为逆变器在设计时已将这些因素考虑周全，在正常情况下，使用寿命可达 20 年。安装逆变器时，要考虑给逆变器留有散热通道。另外，电网如有过高的谐波和过于频繁的电压突变，也会造成功率器件过电压损坏。

2. 电容

电容是储存能量的部件，也是逆变器必不可少的元器件之一。

电容有电解电容、薄膜电容等，各有特点，都是逆变器所需。影响电解电容寿命的原因有很多，如过电压、谐波电流、高温、急速充放电等。正常使用情况下，影响最大的是温度，因为温度越高，电解液的挥发损耗越快。需要注意的是，这里的温度不是指环境或表面温度，而是指铝箔的工作温度。

厂商通常会将电容寿命和测试温度标注于电容本体。日本 NCC 电容在规格书上标注的最长寿命是 15 年。

3. 显示屏

逆变器的液晶显示屏可以显示光伏电站瞬时功率、发电量、输入电压等各种指标。但显示屏的致命缺陷是使用寿命短。质量一般的液晶显示屏工作 30 000~40 000 h，就会严重衰减不能使用。按照逆变器每天工作时间为 6：00—20：00 计算，液晶显示屏每天工作 14 h，一年为 5 000 h。假设液晶显示屏的寿命为 40 000 h，则使用寿命为 8 年。

现在户用逆变器一般保留显示屏，而对于光伏电站用的中大功率组串式逆变器来说，无液晶显示屏是趋势。

4. 风扇

组串式逆变器的散热方式主要有强制风冷和自然冷却两种。强制风冷要用到风扇，通过组串式逆变器散热能力对比试验可以发现，对于中大功率组串式逆变器，强制风冷的散热效果要优于自然冷却。采用强制风冷可使逆变器内部电容、IGBT 等关键部件的温升降低 20 ℃左右，可确保逆变器长寿命高效工作；而采用自然冷却方式的逆变器温升高，元器件寿命较低。优质风扇的寿命为 40 000 h 左右。在智能散热的逆变器中，风扇一般是在逆变器输出功率达到额定功率的 30% 以上才开始工作，平均每天工作时间约 4~5 h，每年约 1 800 h，使用 20 年没有问题。

风扇最常见的故障是风机电源损坏，或者有异物进入风扇内部，阻碍了风机转动。

5.2.2　逆变器常见基本问题与处理方法

1. 逆变器常见故障

（1）绝缘阻抗低

可以使用排除法进行检测。把逆变器输入侧的光伏组串全部拔下，然后逐一接上，利用逆变器开机检测绝缘阻抗的功能，检测问题光伏组串。找到问题光伏组串后，重点检查直流接头是否有水浸短接支架或烧熔短接支架的现象，另外还可以检查光伏组件本身是否在边缘部位有热斑，导致光伏组件通过边框漏电到地网。

（2）母线电压低

如果母线电压低的现象出现在早、晚时段，则为正常问题，因为逆变器在尝试极限发电。如果母线电压低的现象出现在白天，则需用排除法对各支路进行检测。

（3）漏电流故障

漏电流故障可能由安装地点与低质量的设备引起。故障原因可能是直流接头质量不好，光伏组件质量不好，光伏组件安装高度不合格，并网设备质量低或进水漏电。

（4）直流过压保护

随着光伏组件工艺的改进，其功率等级不断上升，同时光伏组件的开路电压与工作电压也在增加，因此在设计阶段必须考虑温度系数问题，避免低温下出现过电压导致设备硬损坏或光伏系统报警。

（5）逆变器开机无响应

逆变器开机无响应可能是由直流输入线路接反引起的，需仔细阅读逆变器说明书，确保正负极正确。逆变器内置反接短路保护，在恢复正常接线后即正常启动。

（6）电网故障

电网故障包括电网过电压、电网欠电压、电网过（欠）频、电网无电压、电网缺相等问题。

电网过电压：进行项目设计时，应提前勘察电网重载（用电量大的工作时间）、轻载（用电量小的休息时间）的工作情况，与逆变器厂商进行沟通并做技术结合，以保证设计的合理性。特别是农村电网，逆变器对并网电压、并网波形、并网距离都有严格要求。出现电网过电压问题的原因主要是原电网轻载电压超过或接近安规保护值，如果并网线路过长或压接不好导致线路阻抗（感抗）过大，则光伏电站无法正常稳定运行。解决办法是找供电局协调电压或者正确选择并网，并严抓光伏电站建设质量。

电网欠电压：该问题的处理方法与电网过电压一致，但是如果出现独立的一相电压过低，则原因除了原电网负载分配不完全之外，也可能是该相电网掉电或断路，出现虚电压。

电网过（欠）频：出现此类问题时说明需要特别注意电网健康。

电网无电压：检查并网线路。

电网缺相：检查缺相电路，即无电压线路。

2. 逆变器故障排除案例

（1）逆变器孤岛保护

① 故障简述：某光伏电站逆变器停机，现场逆变器报孤岛保护故障。

② 故障分析：逆变器并入 10 kV 及以下电压等级配电时应具有孤岛保护功能，若逆变器并入的电网供电中断，逆变器应在 2 s 内停止向电网供电，同时发出警示信息。出现逆变器孤岛保护故障的原因如下：

a. 现场逆变器对应的箱变低压侧断路器跳闸。

b. 电压采样板故障，电压采样板负责交直流电压的采样。

c. 转接板故障，转接板负责将所有采集的信号传送到 DSP 芯片。

d. 其他原因，例如 PCB 之间的电气连接线松动或者断路。

③ 排除方法：

a. 现场用万用表测量逆变器交流侧电压正常，测量电压采样板上对应的三相交流电压采集输出信号正常，测量转接板传出的交流电压信号不正常，判断为转接板故障。

b. 现场替换安装备件。

（2）逆变器对地绝缘阻抗过低

① 故障现象：监控中心巡视发现多台逆变器在阴雨天气不能正常并网，现场排查后反馈逆变器报对地绝缘阻抗过低故障（PDP 故障）。

② 故障分析：现场查看逆变器故障类型为"PDP 保护"，故障机理为 DSP 检测到模块触发保护信号，逆变器停止运行，但可自动恢复。每天此故障超过 5 次后将不能自动恢复，需检查现场情况后手动恢复。

a. 根据现场反馈，故障逆变器光纤插接牢固，模块驱动板供电电源正常，IGBT 模块外观正常，调取集控中心平台数据确定逆变器故障前不存在过电流现象。

b. 逆变器故障均出现在连续阴雨的天气下，由此判断故障与机箱的防雨能力有关，要求厂家人员到现场全面检查逆变房和逆变器机箱的密封情况。

（3）逆变器功率管模块击穿烧毁

① 故障现象：某光伏电站逆变器功率管（IGBT）模块击穿烧毁，更换故障模块后修复。

② 故障分析：

a. 风道防尘、散热效果差，封堵不严，风道直接经过功率管与驱动板。

b. 逆变器防尘效果较差，机箱内部及模块周边积灰严重。阴雨天湿度较大，细微沙尘吸潮后会变成湿尘，对驱动板造成腐蚀；另外，湿尘中含有导电金属，具有较强的导电性，可能在 PCB 和元器件中造成漏电效应甚至导通短路，造成信号异常或短路击穿。

图 5-14 所示为逆变器与驱动板的积尘。

(a) 逆变器积尘 (b) 驱动板积尘

图 5-14　逆变器与驱动板积尘

（4）逆变器早晨无法正常并网

① 故障现象：某光伏电站个别逆变器多次早晨无法正常并网，无故障记录和报警，手动重启恢复正常。逆变器当日发电曲线如图 5-15 所示。

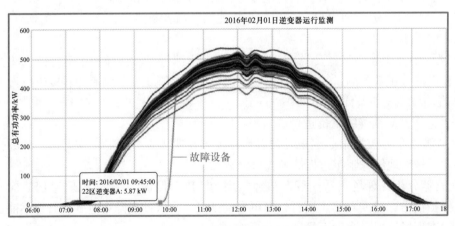

图 5-15　逆变器发电曲线

由图 5-15 可知，故障逆变器于 9：45 并网，较正常设备晚约 2 h。

② 故障分析与处理：

a. 通过查看监控平台交直流电压，确认故障设备与其他正常并网的设备一样满足并网条件，锁定故障单元为逆变器自身。

　　b. 检查逆变器主接触器，确认不存在接触不良的情况。

　　c. 检查驱动回路，发现功率模块驱动板的螺钉松动，紧固后效果不明显，故障依然存在，确认设备主回路的元件有损坏。

　　d. 经现场测试，逆变器功率模块故障，更换后恢复正常。

　　③ 结论：本次故障发生原因为功率模块驱动板螺钉松动，驱动信号不稳定，长期运行导致功率模块内部电路故障。

　　（5）逆变器交流电容烧毁

　　① 故障现象：某光伏电站逆变器交流电容起火烧毁。

　　② 故障分析：

　　a. 由监控平台记录可看出，逆变器出现故障前各项参数正常，电压平衡稳定，温度正常，满足电容的正常运行条件。

　　b. 通过现场反馈，电容与电抗器之间的电缆穿过一块铁皮隔板，隔板的橡胶护套脱落，设备运行产生的振动将电缆皮磨损，从而导致电缆和电容烧毁。电容烧毁产生瞬间短路，可能导致模块击穿。

　　③ 处理结果和结论：

　　a. 更换故障电容后持续观察，并搜集同类型号电容的故障信息。

　　b. 导线磨损是此次故障的最大隐患，要求全面检查本机型所有逆变器的滤波电容电缆接线情况，检查是否有磨损、松动。

　　c. 让厂家检查此台逆变器其他附件是否有异常，并要求并网运行观察一天。

　　（6）逆变器通信模块电源损坏

　　① 故障现象：某光伏电站逆变器因故障导致通信中断，经检查，逆变器内部供电开关电源损坏。

　　② 故障分析：

　　a. 故障发生于夜间待机状态下，通过平台数据看出故障发生时电网并无较大的异常波动，现场环境干燥，现场反馈设备无凝露，可排除外部环境因素导致的电源损坏。

　　b. 本站电网质量较差（电网电压经常性不稳定），逆变器运行时温度较高，可能会对元件寿命产生一定影响。

　　c. 通过现场反馈，故障电源板的内部多处元件（如电阻、电容）烧焦，熔丝熔断，因此可认为引起该故障的主要原因是 PCB 内部元件故障。

　　③ 处理结果：

　　a. 尖峰和浪涌是导致电阻损坏的直接原因，所以应从两方面着手：一是现场提供 PCB，分析电阻功率是否合理；二是检测本站电网质量。

　　b. 如开关电源故障已多次出现，建议在站端进行抽检，根据具体情况制定备品备件的安全库存量，做好预案工作。

　　（7）逆变器交流断路器跳闸

　　① 故障现象：某光伏电站集控中心发现该电站的逆变器于 11：06 处于停机状态，与站端了解现场逆变器运行详情，站端反馈该逆变器交流断路器跳闸，检查无其他异常，重启后恢复运行。图 5-16 所示为逆变器运行参数与功率曲线。

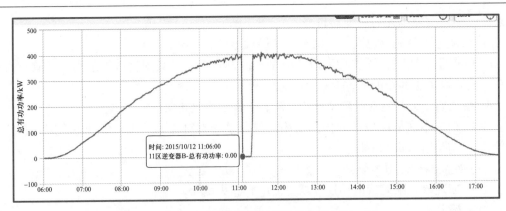

图 5-16 逆变器运行参数与功率曲线

② 故障分析:

a. 查询故障断路器型号为 NZMN4, 环境温度 70 ℃下允许的负载 (降容) 为 80%, 即 1 280 A, 故障发生时三相电流为 870 A 左右, 排除过电流原因。

b. 现场逆变器没有采集机箱环境温度的传感器, 参考机内散热器温度发现本台逆变器温度较其他逆变器偏高 10 ℃左右, 怀疑此故障与温度过高有很大关系, 并让站端检查该设备的散热情况。

③ 故障处理和结论:

a. 在站端现场排查设备, 无其他明显异常, 重启后逆变器恢复正常运行。

b. 在站端检查发现本台逆变器散热风道出口的风扇损坏一只, 予以更换。

5.3 光伏区箱变故障检测与处理

5.3.1 箱变常见故障与处理

逆变器输出侧的设备称为光伏电站交流侧设备。对于光伏并网电站来说, 用户侧并网由交流配电柜、电力电缆组成, 配电侧并网由交流配电柜、升压变压器、电力电缆组成。对于光伏离网电站来说, 配电侧并网由交流配电柜、电力电缆组成。

箱变, 又叫预装式变电所或预装式变电站, 是一种将高压开关设备、配电变压器和低压配电装置, 按一定接线方案排成一体的工厂预制户内、户外紧凑式配电设备。它将变压器降压、低压配电等功能有机地组合在一起, 安装在一个防潮、防锈、防尘、防鼠、防火、防盗、隔热、全封闭、可移动的钢结构箱内, 特别适用于城网建设与改造, 是继土建变电站之后崛起的一种崭新的变电站。

箱变常见故障及处理方法如下。

1. 万能断路器不能合闸

(1) 可能原因

① 控制回路故障。

② 智能脱扣器动作后，面板上的红色按钮没有复位。

③ 储能机构未储能。

（2）处理方法

① 用万用表检查开路点。

② 查明脱扣原因，排除故障后按下复位按钮。

③ 手动或电动储能。

2. 塑壳断路器不能合闸

（1）可能原因

① 机构脱扣后没有复位。

② 断路器带欠压线圈而进线端无电源。

（2）处理方法

① 查明脱扣原因并排除故障后复位。

② 使进线端带电，将手柄复位后，再合闸。

3. 断路器一合闸就跳闸

断路器一合闸就跳闸可能是因为出线回路有短路现象，出现此故障时切不可反复多次合闸，必须查明故障，排除后再合闸。

4. 变压器绕组故障

变压器绕组故障主要有匝间短路、绕组接地、相间短路、绕组和引线断线等。

（1）匝间短路

匝间短路故障是由于绕组导线本身的绝缘损坏而产生的短路故障。出现匝间短路故障时，变压器过热，油温增高，电源侧电流略有增大；有时油中会发出"吱吱"声和"咕嘟咕嘟"冒气泡的声音。出现匝间短路故障的原因是变压器长期过载运行使匝间绝缘损坏。

（2）绕组接地

出现绕组接地故障时，变压器油质变坏，长时间接地会使接地相绕组绝缘老化及损坏。出现绕组接地故障的原因是：雷电过电压及操作过电压使绕组受到短路电流的冲击发生变形，主绝缘损坏、折断；变压器油受潮后绝缘强度降低。

（3）相间短路

相间短路是指绕组相间的绝缘被击穿造成短路。出现相间短路故障时，变压器油温剧增，压力释放阀动作。出现相间短路故障的原因是：变压器的主绝缘老化，绝缘强度降低，变压器油击穿电压偏低；出现匝间短路故障和绕组接地故障后，电弧及熔化的铜（铝）粒子四散飞溅使事故蔓延，扩大发展为相间短路故障。

（4）绕组和引线断线

出现绕组和引线断线故障时，往往会发生电弧使变压器油分解、气化，有时会造成相间短路。出现该故障的原因是：导线内部焊接不良，因过热而熔断；出现匝间短路故障，导致引线烧断，并因短路应力造成绕组折断。

5. 变压器套管故障

变压器套管表面积垢后，箱变水汽重时会造成污闪，使变压器高压侧单相接地或相间短路。

6. 变压器严重渗漏

变压器运行时渗漏油严重或油连续从破损处不断外溢，以致油位计中已看不到油位，此时应立即停用变压器，进行补漏和加油。引起变压器渗漏油的原因有焊缝开裂或密封件失效，运行中受到振动外力冲撞，使油箱严重锈蚀而破损等。

7. 变压器无励磁分接开关故障

出现此故障的可能原因如下：

① 无励磁分接开关弹簧压力不足，滚轮压力不均，接触不良，有效接触面积减小。

② 开关接触处存在油污，接触电阻增大，运行时引起分接头接触面烧伤，若引出线连接或焊接不良，当受到短路电流冲击时将导致分接开关发生故障。

③ 分接开关编号错误，电压调节后达不到预定的要求，导致三相电压不平衡，产生环流，增加损耗，引起故障。

④ 分接开关分接头板的相间绝缘距离不够，绝缘材料上有油泥堆积，降低绝缘电阻，当发生过电压时，使分接开关相间短路，发生故障。

8. 变压器过电压引起的故障

运行中的变压器受到雷击时，由于雷电的电位很高，将导致变压器外部过电压；电力系统的某些参数发生变化时，由于电磁振荡的原因，将导致变压器内部过电压。这两类过电压所引起的变压器损坏大多是绕组主绝缘击穿，造成变压器故障。过电压引起的故障一般很少，因为变压器高压侧都装设有避雷器保护。

9. 铁芯故障

铁芯故障大部分是由于铁芯柱的穿芯螺杆或铁芯夹紧螺杆的绝缘损坏而引起的，其后果可能使穿芯螺杆与铁芯叠片造成两点连接，出现环流，引起局部发热，甚至引起铁芯局部烧毁，也可能造成铁芯叠片局部短路，产生涡流过流，引起叠片间绝缘损坏，使变压器空载损失增大，绝缘油劣化。

运行中的变压器发生故障后，如果判明是绕组或铁芯故障应吊芯检查，查明原因并处理后，经试验合格后，方可投入运行。

10. 声音异常

变压器正常运行时会发出连续均匀的"嗡嗡"声。如果产生的声音不均匀或有其他特殊的响声，就应视为变压器运行不正常，并可根据声音的不同查找出故障。

（1）电网发生过电压

电网发生单相接地或电磁共振时，变压器声音比平常尖锐。出现这种情况时，可结合电压表计的指示进行综合判断。

（2）变压器过载运行

如果变压器内瞬间发生"哇哇"或"咯咯"的间歇声，监视测量仪表指针发生摆动，且音调高、音量大，表示此时变压器过载运行。

（3）变压器夹件或螺钉松动

如果变压器运行时声音比平常大且有明显的杂音，但电流、电压又无明显异常，则可能是内部夹件或压紧铁芯的螺钉松动，导致硅钢片振动增大。

（4）变压器局部放电

如果变压器运行时发出"吱吱"或"噼啪"声，可能是变压器内部局部放电或接触不良，这种声音会随离故障的远近而变化，这时应立即停用变压器并进行检修。

（5）变压器绕组发生短路

如果变压器运行时声音中夹杂着水沸腾声，且温度急剧变化，油位升高，则应判断为变压器绕组发生短路故障，严重时会有巨大轰鸣声，随后还可能起火，这时应立即停用变压器并进行检查。

11. 温度异常

变压器在负荷和散热条件、环境温度都不变的情况下，较原来同条件时的温度高，并有不断升高的趋势，即表示变压器温度异常。

引起温度异常故障的原因有：

① 变压器匝间、层间、股间短路。

② 变压器铁芯局部短路。

③ 因漏磁或涡流引起油箱、箱盖等发热。

④ 长期过负荷运行。

⑤ 散热条件恶化等。

运行时发现变压器温度异常，应先查明原因后，再采取相应的措施予以排除，把温度降下来，如果是变压器内部故障引起的，应停止运行，进行检修。

5.3.2　箱变典型故障分析

1. 故障详情

某光伏电站早上 7：50 通过监控平台发现某箱变通信中断，同时发现多个逆变器、汇流箱的通信全部中断。

2. 现场排查

就地检查发现通信中断，逆变器已跳闸停机；检查两台逆变器无异常发现，测量逆变器交、直流侧电压发现直流侧各支路电压正常，交流侧电压为 AB 相 190 V、BC 相 66 V、AC 相 65 V，三相电压极不正常。

检查箱变油温、油位、声音正常，低压侧电压表显示不正常。测量高压侧熔断器通断触头，发现 C 相熔断器熔断，立即断开箱变低压侧两支路断路器及高压侧负荷开关。摇测箱变低压侧相间及对地绝缘正常。分逆变器解列后，更换 C 相熔断器，试送电后，发现 A 相熔断器熔断，B、C 两相熔断器正常。初步判断变压器内部存在故障，联系厂家来站处理。

3. 故障处理步骤

① 对箱变进行高、低压侧五个挡位相间电阻及高、低压侧电压百分比测量以及高、低压侧对地绝缘测量，判定箱变 C 相绕组存在断线或绕组分接开关间有接触不良情况。

② 进行箱变吊芯作业，打开箱变盖板后，发现熔断器外套上黏附着许多黑色沉淀物，吊出绕组后发现 C 相绕组中部及绕组抽头出线处有发黑现象，如图 5-17（a）所示。

③ 新绕组到站进行更换，更换后经过全面检测一切正常，经三次电压冲击试验后，并网运行正常。

4. 故障原因分析

箱变变压器的接线组别为 Dy11Dy11，高压绕组为三角形联结，低压绕组为星形联结，

(a) 出线处发黑

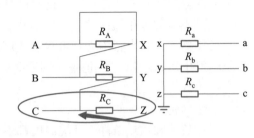
(b) 箱变连接组别接线

图 5-17　箱变故障

如图 5-17（b）所示。发生故障时，测量低压侧电压为：AB 相 190 V、BC 相 66 V、CA 相 65 V。AB 相的相电压正常，BC、CA 相的相电压不到正常电压的一半。根据变压器的断线运行特性，在高压侧 C 相断线的情况下，绕组 BC 和绕组 CA 处于断开状态，无法形成回路，只有绕组 AB 处于导通状态，所以在高压侧不断开的状态下，绕组的磁通量反映在低压侧即为：AB 相的相电压正常，BC、CA 相的相电压不到正常电压的一半，与现场测量值一致，由此可以推测 C 相存在断线情况。

5.4　防雷与接地故障检测与处理

光伏电站接地系统通常分为两大类：强电接地和弱电接地。强电接地主要指防雷接地，弱电接地主要指工作接地及安全接地等。不同类型的接地方案，要求也不一样。

接地是避雷技术中最重要的环节，不管是直击雷，还是感应雷，或是其他形式的雷，方案最终都是把雷电流接入大地。因此，可靠的接地装置可有效实现光伏电站成功避雷。

1. 光伏电站接地避雷注意事项

关于接地避雷，需要注意以下几点：

① 接地装置应尽量放在人们走不到或很少走的地方，避免跨步电压危害，还应注意使接地体与金属体或电缆之间保持一定的距离，如果距离不够，应把它们连接成电气通路，以免发生击穿。

② 接地体的地点应选择在潮湿或土壤电阻率较低的地方，这样比较容易满足接地电阻要求。同时，也要尽量远离有腐蚀性物质的地方，避免接地系统腐蚀过快。

③ 必须保证接地方案结构的可靠性。连接部分必须用电焊或气焊，不能使用锡焊。现场无法焊接时，可采用铆接或螺栓连接，要保证 10 cm^2 以上的接触面。

④ 接地体埋设深度最好在 0.8 m 以上。

⑤ 回填土必须夯实。

2. 接地避雷故障案例分析

（1）故障简述

某光伏电站 2 A、12 A 逆变器报绝缘阻抗低故障；经检查，故障点均为光伏组串至汇流箱之间光伏电缆的支路绝缘故障。

（2）故障分析

① 本站光伏电缆设计为直埋，埋地深度 80 cm，电缆绝缘材料为聚烯烃，对恶劣环境有较强的耐受能力，没有较大外力和机械损伤风险的地方可以埋地敷设。

② 现场处于并网初期工程消缺阶段，据站端和施工方反馈，前期由于施工把关不够严格，部分光伏电缆敷设时中间有接头，导致逆变器对地绝缘过低，从而发生类似的故障（本次直接更换电缆）。

③ 查看天气可知，故障发生前连续阴雨天气，环境湿度大，天气转晴后电流增加，暴露出绝缘存在隐患的支路。

（3）总结

① 站端反馈由于埋地较深，挖出更换工作量较大，因此修复时没有将故障电缆挖出，而是直接将故障回路整根更换。

② 直流侧电缆隐蔽敷设，检查比较困难，建议阴雨天过后对光伏电站做一次全面绝缘测试，提前发现隐患。

5.5 技能训练

5.5.1 智能运维平台光伏组件故障排查

训练目标 ▶▶▶

掌握光伏电站智能运维平台光伏组件、光伏组件方阵的漏电故障、接线盒故障、断线故障、变形破损故障、热斑故障等现象的原因、解决办法及其操作，掌握光伏组件方阵连接方法。

训练内容 ▶▶▶

1. 故障可能原因

通常情况下正规生产商生产的光伏组件本身存在的故障比较少，若出现故障需要由专业的厂商进行维修。有时会由于外部原因如遮挡、外力造成破损、热斑等引起光伏组件性能差异，常见故障如下。

（1）漏电故障

① 故障现象：光伏组件接地异常。

② 可能原因：光伏组件接地线松脱；光伏组件或光伏组件连接线存在破损。

③ 解决办法：检查光伏组件接地线，如有松脱则紧固接地线；检查光伏组件或光伏组件连接线是否破损，如有破损则更换光伏组件或连接线。

（2）接线盒故障

① 故障现象：光伏组件开路电压接近于 0 V。

② 可能原因：二极管击穿。

③ 解决办法：更换光伏组件接线盒或光伏组件。

（3）断线故障

① 故障现象：光伏组件输出无电流、电压。

② 可能原因：光伏组件引线或接插头断开。

③ 解决办法：检查光伏组串中所有光伏组件的引线及接插头，如引线有断线，可用一组接插头进行连接或更换引线。

（4）变形、破损故障

① 故障现象：光伏组件有变形、碎片、开裂等。

② 可能原因：外部原因。

③ 解决办法：对光伏组件进行 IV 测试，如其发电量与其他光伏组件存在较大差异，应更换光伏组件。

（5）热斑故障

① 故障现象：有明显烧灼痕迹；热成像测试局部温度过高。

② 可能原因：局部遮挡；光伏组件损坏等。

③ 解决办法：清除遮挡物或更换光伏组件。

2. 2 串 4 并光伏组件方阵连接

2 串 4 并光伏组件方阵的连接如图 5-18 所示，实现了 PV1 与 PV2、PV3 与 PV4、PV5 与 PV6、PV7 与 PV8 的串联，共 4 条支路。

其连接步骤如下：

① 从耗材箱内取出红色、黑色的 4 mm² 光伏专用电缆各一卷，分别裁剪长度适宜的红色、黑色光伏专用电缆，制作 MC4 连接器若干。

② 将制作好的红色延长线的负极端子与光伏组串的正极端子连接，将黑色延长线的正极端子与光伏组串的负极端子连接。

③ 使用万用表直流电压挡测量 PV1-PV2、PV3-PV4、PV5-PV6、PV7-PV8 光伏组串的开路电压和极性，将万用表红色表笔连接光伏组串正极端子，黑色表笔连接光伏组串负极端子，观察电压示数（注意："+"表示极性正确，"-"表示极性不正确），并将开路电压数值记录于表 5-2 中。

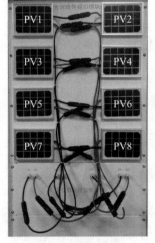

图 5-18　2 串 4 并光伏组件方阵的连接

表 5-2　光伏组串开路电压测试记录

组串编号	开路电压 /V	组串编号	开路电压 /V
PV1-PV2（第一路）		PV5-PV6（第三路）	
PV3-PV4（第二路）		PV7-PV8（第四路）	

④ 完成测量后，将红色延长线另一端的正极端子与光伏组件方阵模拟模块的正极（负极端子）连接，将黑色延长线另一端的负极端子与光伏组件方阵模拟模块的负极（正极端子）连接。

3. 故障排查方法

（1）光伏组件内部断路故障排查

① 打开运维监控软件，查看汇流箱运行数据，显示：第一～四路电压分别为 72 V、36 V、41 V 和 66 V，说明第一路光伏组串正常，第二～四路光伏组串均异常，可能存在光伏组件异常情况。

② 打开汇流箱，断开汇流箱输出断路器和第二路正、负极熔断器，使用万用表直流电压挡，将红色和黑色表笔分别插入第二路光伏组串正、负极熔断器下端位置，显示电压为 36 V，与监控一致，说明 PV3 或 PV4 光伏组件存在异常。

③ 断开第二路光伏组串回路 MC4 端子、PV3 和 PV4 光伏组件 MC 端子，使用万用表直流电压挡，将红色和黑色表笔分别插入 PV3 光伏组件正、负极 MC4 端子，显示电压为 36 V，说明 PV3 光伏组件正常；使用万用表直流电压挡，将红色和黑色表笔分别插入 PV4 光伏组件正、负极 MC4 端子，显示电压为 0 V，说明 PV4 光伏组件异常，故障原因为光伏组件内部断路。

（2）光伏组件二极管击穿故障排查

① 打开运维监控软件，查看汇流箱运行数据，显示：第一～四路电压分别为 72 V、36 V、41 V 和 66 V，说明第一路光伏组串正常，第二～四路光伏组串均异常，可能存在光伏组件异常情况。

② 打开汇流箱，断开汇流箱输出断路器和第三路正、负极熔断器，使用万用表直流电压挡，将红色和黑色表笔分别插入第三路光伏组串正、负极熔断器下端位置，显示电压为 41 V，与监控一致，说明 PV5 或 PV6 光伏组件存在异常。

③ 断开第三路光伏组串回路 MC4 端子、PV5 和 PV6 光伏组件 MC 端子，使用万用表直流电压挡，将红色和黑色表笔分别插入 PV5 光伏组件正、负极 MC4 端子，显示电压为 36 V，说明 PV5 光伏组件正常；使用万用表直流电压挡，将红色和黑色表笔分别插入 PV6 光伏组件正、负极 MC4 端子，显示电压为 5 V，说明 PV5 光伏组件异常，故障原因为光伏组件二极管击穿。

（3）光伏组件部分损坏故障排查

① 打开运维监控软件，查看汇流箱运行数据，显示：第一～四路电压分别为 72 V、36 V、41 V 和 66 V，说明第一路光伏组串正常，第二～四路光伏组串均异常，可能存在光伏组件异常情况。

② 打开汇流箱，断开汇流箱输出断路器和第四路正、负极熔断器，使用万用表直流电压挡，将红色和黑色表笔分别插入第四路光伏组串正、负极熔断器下端位置，显示电压为 66 V，与监控一致，说明 PV7 或 PV8 光伏组件存在异常。

③ 断开第四路光伏组串回路 MC4 端子、PV7 和 PV8 光伏组件 MC 端子，使用万用表直流电压挡，将红色和黑色表笔分别插入 PV7 光伏组件正、负极 MC4 端子，显示电压为 36 V，说明 PV7 光伏组件正常；使用万用表直流电压挡，将红色和黑色表笔分别插入 PV8 光伏组件正、负极 MC4 端子，显示电压为 30 V，说明 PV8 光伏组件异常，故障原因

为光伏组件部分损坏。

5.5.2　智能运维平台汇流箱故障排查

训练目标 ▶▶▶

掌握光伏电站智能运维平台汇流箱故障可能种类及原因，掌握汇流箱输入、输出连接方法，掌握光伏电站智能运维平台汇流箱典型故障排查方法。

训练内容 ▶▶▶

1. 汇流箱故障可能原因

光伏直流汇流箱是一级汇流箱设备，可能由于外部原因导致元器件损坏或运行参数异常，其常见故障如下。

（1）汇流箱部分支路电压为零

① 故障现象：监控平台显示部分支路电压为零；用万用表进行测量，部分支路电压为零。

② 可能原因：

a. 组件掉落，造成组串断线。

b. 汇流箱内支路正、负极熔断器接触不良或损坏。

c. 汇流箱内支路接线烧毁、未接，支路 MC4 接插件烧毁、脱扣。

d. 接线盒接线断开或烧毁。

e. 汇流箱电流采集模块损坏。

③ 解决办法：

a. 重新连接组件。

b. 更换熔断器。

c. 重新连接或维修支路接线；若 MC4 接插件脱扣则重新连接，若 MC4 接插件烧毁则更换 MC4 接插件。

d. 更换接线盒。

e. 更换电流采集模块。

（2）汇流箱所有支路电压为零

① 故障现象：监控平台显示所有支路电压为零；用万用表进行测量，所有支路电压为零。

② 可能原因：

a. 汇流箱断路器跳闸，造成系统未运行。

b. 交流并网箱断路器跳闸，造成系统未运行。

c. 通信模块无电源输入或 RS485 接线接反。

③ 解决办法：

a. 若汇流箱断路器跳闸，检查无故障后重新合闸。

b. 若交流并网箱断路器跳闸，检查无故障后重新合闸。

c. 检查通信模块供电回路或检查 RS485 接线。

（3）汇流箱支路电流偏低

① 故障现象：监控平台显示某个支路电流偏低；用钳形数字万用表进行测量，某个支路电流偏低。

② 可能原因：光伏组串被遮挡，光伏组件碎裂，光伏组件热斑等。

③ 解决办法：清理遮挡物，更换光伏组件。

（4）汇流箱支路电压偏低

① 故障现象：监控平台显示某个支路电压偏低；用万用表进行测量，某个支路电压偏低。

② 可能原因：支路光伏组串数偏少，支路光伏组件损坏（破碎、二极管击穿等）或采集模块损坏。

③ 解决办法：调整光伏组串数量，更换光伏组件或采集模块。

2. 汇流箱输入、输出连接

汇流箱输入、输出连接的操作步骤如下。

（1）直流输入侧接线

① 打开直流汇流箱，将光伏专用直流断路器置于"OFF"状态并断开所有熔断器。

② 拧松汇流箱下端防水端子的收紧螺帽，将光伏组串正、负极光伏电缆穿过防水端子。

③ 将对应支路的光伏电缆分别套入号码管，用剥线钳剥开光伏电缆的防护层、绝缘层，至导线的铜芯部分露出约 12 mm。

④ 用专用的压线钳将带绝缘保护套的接线端子压接牢固。

⑤ 用十字螺丝刀松开熔断器座的固定螺钉，将压接完成的线缆的铜芯部分插入熔断器的底部接线孔内，并紧固螺钉，旋紧进线电缆防水接头保护盖。

（2）直流输出侧接线

① 用剥线钳剥开输出直流电缆的防护层、绝缘侧，至导线的铜芯部分漏出约 12 mm。

② 用专用的压线钳将带绝缘保护套的接线端子压接牢固；拧松防水端子，将导线穿过电缆接头。

③ 将做好的导线接入断路器上端并紧固固定螺钉，悬挂正、负极电缆标签。

（3）接地线接线

用接地线（黄绿双色线）一端连接汇流箱接地排，另一端连接工位接地点。

（4）通信线、24 V 电源接线

① 拧松汇流箱的下通信线、24 V 电源线防水端子的收紧螺帽。

② 用剥线钳剥开通信线、24 V 电源线的防护层、屏蔽层、绝缘层，露出铜芯约 7 mm，通信线穿入带有"485＋""485－"标记的号码管（一般蓝色为负），蓝色电源线穿入带有"0 V"标记的号码管；灰色电源线穿入带有"24 V"标记的号码管。

③ 用专用的压线钳将带绝缘保护套的接线端子压接牢固。

④ 将通信电缆、24 V 电源线分别接入端子排的通信端子、电源端子上。（如果有 PG 端子，应将通信电缆屏蔽层接入 PG 端子。）

⑤ 将通信电缆的另一端接入通信模块的汇流箱端口，将 24 V 电源线的另一端接到实训平台侧面 24 V 端子排上。

（5）安装调试

① 检查汇流箱内部接线及输入正、负极接线是否正确、牢固。

② 开路电压测试，用万用表正、负极依次测量对应支路的开路电压，记录于表 5-3 中，确保各支路之间的电压偏差小于 10 V 或不超过 5%。

表 5-3　汇流箱回路测试记录

序号	光伏组件型号	串联数	光伏组串极性	开路电压 /V	光伏组串温度 /℃	辐照度 /（W/m²）	环境温度 /℃	测试时间
1					/		/	
2					/		/	
3					/		/	
备注：								

3. 故障排查方法

（1）直流防雷器故障排查

查看实训光伏电站直流防雷器指示灯状态，若指示灯熄灭，说明直流防雷器失效；若指示灯常亮，说明直流防雷器正常。

（2）通信线故障排查

① 打开运维监控软件，查看汇流箱运行数据，若显示无汇流箱实时数据，可能是因为汇流箱通信线断线。

② 打开实训光伏电站侧门，查看数据采集器状态，若汇流箱 485 端口指示灯熄灭，说明汇流箱通信线断线。

5.5.3　智能运维平台逆变器故障排查

训练目标 ▶▶▶

掌握光伏电站智能运维平台逆变器发生故障的种类及原因，掌握逆变器通信故障排查方法。

训练内容 ▶▶▶

1. 逆变器故障可能原因

通常情况下逆变器本身故障比较少，若出现故障需有专业的厂商进行维修。常见的故障中大部分是由于外部故障导致逆变器停止发电，具体如下。

（1）电网异常

① 故障现象：逆变器停机，并亮红灯；显示屏显示电网电压过高或过低、电网频率过高或过低、电网缺失等。

② 可能原因：

a. 农村或偏远地区等电网末端的电网很弱且不稳定。

b. 本地消纳不足或线路阻抗过大，导致电压抬升。

c. 停电或并网配电箱开关跳闸。

③ 解决办法：

a. 尽量将逆变器靠近并网点。

b. 加粗输出电缆，或将铝线更换为铜线，以降低线路阻抗。

c. 确认并网配电箱开关及漏电保护开关闭合。

（2）漏电流异常

① 故障现象：逆变器停机，并亮红灯；显示屏显示漏电流异常，并显示相应故障代码。

② 可能原因：交、直流线缆绝缘破损，汇流箱、并网配电箱绝缘破损。

③ 解决办法：检查交、直流线缆及光伏组件外观有无破损。

（3）绝缘阻抗异常

① 故障现象：逆变器停机，并亮红灯；显示屏显示绝缘阻抗异常，并显示相应故障代码。

② 可能原因：接线盒、直流电缆、接线端子等存在对地短路或绝缘层破损；直流接线端子接线外壳松动，导致进水。

③ 解决办法：拔下逆变器所有输入光伏组串，并逐个接入单独光伏组串进行排查。

注意：绝缘阻抗异常和漏电流异常具有一定的关联性，如果是逆变器外部问题，这两种故障往往会同时发生；如果是逆变器自身问题，则两种告警多数时候不会同时出现。同时，这两个故障的检测时间及检测地点也不一样，绝缘阻抗只在直流侧逆变器开机前做检测，而漏电流是在交流侧逆变器运行过程中做检测。

（4）光伏组件电压异常

① 故障现象：逆变器停机，并亮红灯；显示屏显示光伏组件电压过高或过低，并显示相应故障代码。

② 可能原因：光伏组件串联数量设计不合理；光伏组串内线路可能存在短路、开路等现象。

③ 解决办法：拔下逆变器输入光伏组串，实测电压值；确认光伏组件串联数是否合理；检查光伏组串接线是否存在短路、开路等现象。

（5）逆变器输出功率偏低

① 故障现象：逆变器正常运行；逆变器输出功率明显偏低。

② 可能原因：光伏组件设计不合理，包括倾角、朝向、遮挡、失配等方面；光伏组件自身问题，损坏、功率偏低等；直流线缆设计不合理，过长、偏细等；逆变器降额运行（过温、过电压等）。

③ 解决办法：通过监控后台或逆变器 LCD 显示屏查看各光伏组串电流、电压，确保

差异不超过 5%；检测每一块光伏组件（厂家、型号、功率、类型是否相同）；现场查看光伏组件的安装角度、朝向是否一致，是否有灰尘或树木遮挡等；确认逆变器是否温度过高，导致输出降低。

（6）通信异常

① 故障现象：通信指示灯熄灭。

② 可能原因：通信模块安装接触不良等。

③ 解决办法：检查通信模块接线是否正确，通信指示灯是否正常工作。

2. 逆变器通信故障排查方法

① 打开运维监控软件，查看逆变器运行数据，若显示无逆变器实时数据，可能是因为逆变器通信线断线。

② 打开实训光伏电站侧门，查看数据采集器状态，若逆变器 485 端口指示灯熄灭，说明逆变器通信线断线。

5.5.4　智能运维平台并网配电箱故障排查

训练目标 >>>

掌握光伏电站智能运维平台并网配电箱发生故障的种类及原因，掌握并网配电箱输入、输出连接方法，掌握并网配电箱倒闸送电和通信调试的方法，掌握并网配电箱故障排查方法。

训练内容 >>>

1. 并网配电箱故障可能原因

并网配电箱是光伏系统接入电网的重要设备，其在运行中可能由于外部原因或元器件自身问题导致光伏系统停止发电，常见故障如下。

（1）并网专用断路器跳闸

① 故障现象：并网专用断路器跳闸。

② 可能原因：电网异常（过电压、欠电压）或电网停电。

③ 解决办法：检查电网电压，待电网电压恢复正常。

（2）防雷器失效

① 故障现象：防雷器指示灯显示红色。

② 可能原因：雷击。

③ 解决办法：更换防雷器。

2. 并网配电箱输入、输出连接

并网配电箱输入、输出连接的操作步骤如下。

（1）进线电缆连接

① 确定漏电保护断路器处于断开（OFF）状态。

② 拧松漏电保护开关下的防水端子保护盖子，将 YJV-0.6/1kV 2.5 mm^2 电缆穿入防水

端子。

③ 用剥线钳剥开电缆的防护层、绝缘层，至导线的铜芯部分露出约 12 mm。

④ 用专用的压线钳将带绝缘保护套的接线端子压接牢固。

⑤ 用十字螺丝刀松开漏电保护开关的螺钉，将压接完成的线缆的铜芯部分插入开关下端接线孔内，并紧固螺钉，旋紧进线电缆防水接头保护盖。

⑥ 挂好电缆标识。

（2）出线电缆连接

① 确定市电断路器处于断开（OFF）状态。

② 用剥线钳剥开 YJV-0.6/1kV 2.5 mm² 蓝、黄色电缆的防护层、绝缘层，至导线的铜芯部分露出约 12 mm，套入标有市电侧 N 或 L 标记的号码管。

③ 用专用的压线钳将带绝缘保护套的接线端子压接牢固。

④ 取掉刀闸的外罩，用十字螺丝刀松开刀闸的螺钉，将压接完成的线缆的铜芯部分插入刀闸上端接线孔内，并紧固螺钉，恢复刀闸的外罩。

（3）接地线连接

用 BVR1×2.5 mm² 黄绿双色线一端连接并网配电箱接地排，另一端连接工位接地点。

（4）通信线连接

① 用剥线钳剥开通信电缆的防护层、屏蔽层、绝缘层，露出铜芯约 7 mm，将通信电缆中的蓝色、灰色导线分别穿入带有 "485＋""485－" 标记的号码管（一般蓝色为负）。

② 用专用的压线钳将带绝缘保护套的接线端子压接牢固。

③ 用小十字螺丝刀拧松电表上 "485＋""485－" 对应的螺钉，分别将 "485＋""485－" 通信电缆接入电表，将通信电缆的另一端接入通信模块的并网配电箱端口。

3. 并网配电箱倒闸送电

① 检查并网配电箱内外各部的接线是否存在虚接、断路情况，极性是否正确，元器件是否完好。

② 检查并网配电箱内部是否干净、整洁，有无螺钉、螺母、垫片、工具等杂物遗落在机箱内部或其他危及设备正常运转的地方。

③ 合上市电断路器（实训平台的侧面），用钳形数字万用表检查汇流箱市电侧刀闸上端口是否带电。

④ 合上市电侧的刀闸，检查电能表、并网侧的刀闸上端口是否带电。

⑤ 合上并网侧的刀闸，查看光伏专用断路器是否带电自动合闸。

⑥ 合上接地空开及漏电保护断路器，检查漏电保护空开下端口是否带电。

4. 并网配电箱故障排查

（1）通信异常故障排查

① 打开运维监控软件，查看电表实时运行数据，若电表无数据，则可能是因为电表的通信线断线。

② 打开实训光伏电站侧门，查看数据采集器状态，若电表 485 端口指示灯熄灭，说明电表的通信线断线。

（2）并网专用断路器故障排查

① 打开运维监控软件，查看逆变器实时交流和直流侧运行数据，若显示逆变器无数

据，说明逆变器通信异常，按逆变器故障排查方法排查并恢复。

② 逆变器通信故障恢复后，查看逆变器实时交流和直流侧运行数据，若显示直流侧有电压，交流侧无电压，可能是因为电网电压异常导致并网专用断路器跳闸，从而导致逆变器停止发电。

③ 查看逆变器显示屏，若显示"无市电"，可能是由于并网专用断路器跳闸导致。

④ 打开并网配电箱，查看并网专用断路器状态，若发现并网专用断路器处于断开状态，可能是因为电网失电压、过电压、欠电压导致跳闸。

⑤ 使用万用表交流电压挡测量并网专用断路器上端电压，若电压显示为 305 V，说明是因为电网过电压导致并网专用断路器跳闸，造成逆变器停止发电。

注意：并网专用断路器失电压阈值：< 44 V（$0.2U_n$）；欠电压阈值：$44 \sim 187$ V（$0.2U_n < U < 0.85U_n$）；过电压阈值：> 297 V（$1.35U_n$）。

（3）交流防雷器失效故障排查

查看实训光伏电站"交流防雷器"指示灯状态，若指示灯熄灭，说明交流防雷器失效；若指示灯常亮，说明交流防雷器正常。

5.5.5   智能运维平台综合故障排查

训练目标 ▶▶▶

通过光伏电站智能运维平台掌握光伏电站运行过程中典型综合故障的识别方法，掌握光伏组件、光伏组串、汇流箱、逆变器、并网配电箱等设备典型故障的分析和识别方法。

训练内容 ▶▶▶

1. 综合故障内容与设置

某光伏电站智能运维实训平台中，2 块光伏组件为 1 串，共 4 串，实际接线为光伏组件 1 和 2、3 和 4、5 和 6、7 和 8 分别串联；串联后接入 1 台 4 进 1 出汇流箱，汇流箱输出经逆变器逆变后输出 AC 220 V，经并网配电箱并入用户侧电网。运维平台预设置的故障有：组件二极管击穿、部分损坏故障；光伏组串短路、断路故障；汇流箱直流防雷器失效故障；并网配电箱中并网断路器过电压跳闸、交流防雷器失效等综合故障。

2. 故障排查逻辑

光伏电站故障排查一般采用"线上线下"相结合的方式进行，在线上通过运维平台监控软件分析故障可能原因，精准定位故障范围，在线下检测排除故障，从而高效地开展光伏电站的运行维护。

3. 并网配电箱故障排查

（1）线上查看

利用运维监控软件查看电表实时运行情况。如图 5-19 所示，"设备监控"—"电表"界面中显示运行状态正常，电压为 311 V，说明电表通信正常，电网过电压。

图 5-19　电表监控界面

（2）线下检测

打开并网配电箱，检查并网配电箱状态。智能运维平台设备显示防雷器指示灯亮红灯，且并网专用断路器处于分闸位置，说明防雷器失效，并网断路器过压跳闸。

（3）故障排除

打开智能运维平台的管理终端软件，在故障排除界面，选择"并网配电箱"，再依次选择故障原因：并网断路器—过压跳闸、交流防雷器—失效、通信线—正常。原因选择完成后点击提交，故障自动恢复。

4. 逆变器故障排查

（1）线上查看

恢复并网配电箱故障后，查看逆变器实时运行情况。如图 5-20 所示，"设备监控"—"逆变器"界面中显示运行状态正常，输出功率为 492 W，输入功率为 505 W，输入电压为 59.5 V，输入电流为 8.5 A，输出电压为 208 V，输出电流为 2.2 A，电网频率为 49.96 Hz，说明逆变器通信正常。

（2）故障排除

在故障排除界面，选择"逆变器"，再选择故障原因：通信线—正常。原因选择完成后点击提交，故障自动恢复。

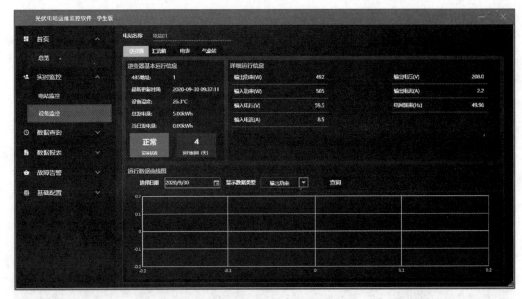

图 5-20　逆变器监控界面

5. 汇流箱故障排查

（1）线上查看

排查逆变器故障后，查看汇流箱实时运行情况。如图 5-21 所示，"设备监控"—"汇流箱"界面中显示运行状态正常，第二、三路无电流、电压，第一、四路有电流、电压，说明汇流箱通信正常；第一路和第四路光伏组串电压分别为 62.7 V 和 64.5 V，低于正常值 72 V，可能是由于光伏组件异常导致；第二路和第三路光伏组串电压均为 0 V，可能是由于光伏组串回路断路或光伏组件异常导致。

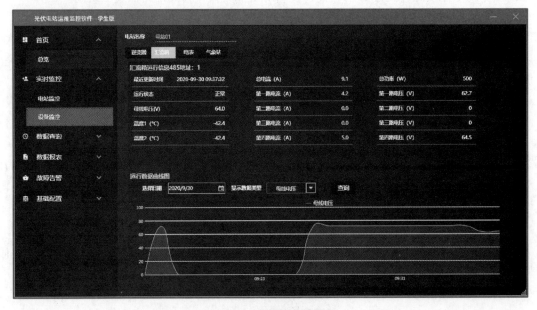

图 5-21　汇流箱监控界面

（2）线下检测

分别断开汇流箱第一～四路支路正、负极熔断器，使用万用表直流电压挡测量光伏组串开路电压，分别显示为 72 V、0 V、0 V、66 V，说明第一路光伏组串正常；使用万用表蜂鸣挡分别测量第二路和第三路光伏组串回路正、负极电缆是否导通，结果显示第二路正、负极电缆均断路，第三路正、负极电缆均导通，说明第二路光伏组串回路断路；使用万用表蜂鸣挡测量第三路光伏组串回路正、负极熔断器下端，看正、负极电缆是否导通短路，结果显示第三路导通，说明第三路光伏组串正、负极间短路。

（3）故障排除

在故障排除界面，选择"汇流箱"，再依次选择故障原因：通信线—正常，组串回路 1—正常、组串回路 2—断路、组串回路 3—短路、组串回路 4—正常。原因选择完成后点击提交，故障自动恢复。

6. 光伏组件故障排查

（1）线下检测

断开第二～四路光伏组串回路的光伏组件 MC4 连接器，依次测量光伏组件 3～8 的输出电压，分别显示为 36 V、0 V、36 V、5 V、36 V、30 V，说明光伏组件 3、5、7 均为正常光伏组件，光伏组件 4 断路，光伏组件 6 二极管击穿，光伏组件 8 部分损坏。

（2）故障排除

在故障排除界面，选择"组件故障"，再依次选择故障原因：光伏组件 1、2、3、5、7 均为正常，光伏组件 4 故障原因为断路，光伏组件 6 故障原因为二极管击穿，光伏组件 8 故障原因为部分损坏。原因选择完成后点击提交，故障自动恢复。

所有故障排查完毕后，通过电表监控界面（见图 5-22）、逆变器监控界面（见图 5-23）、汇流箱监控界面（见图 5-24）可看到系统工作正常。

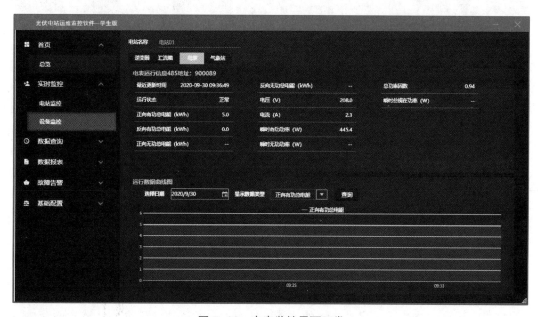

图 5-22　电表监控界面正常

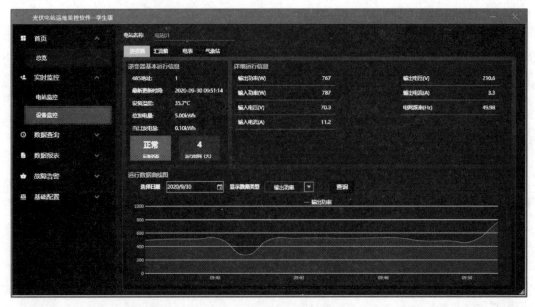

图 5-23　逆变器监控界面正常

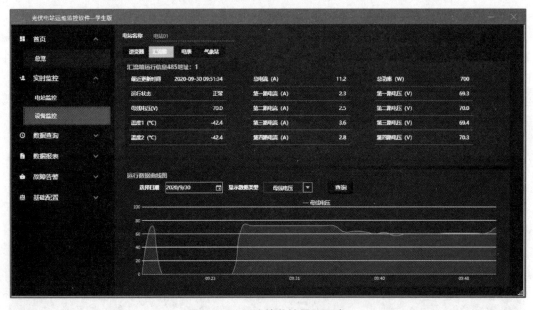

图 5-24　汇流箱监控界面正常

5.5.6　光伏组件方阵虚拟仿真故障排查

训练目标 >>>

　　掌握光伏电站集中式逆变光伏组件方阵、组串式逆变光伏组件方阵故障种类和原因，能利用虚拟仿真平台完成光伏组件连接器故障、光伏组件二极管击穿故障的检测和排除。

1. 集中式逆变光伏组件方阵故障检修

图 5-25 所示为光伏组件方阵故障检修虚拟仿真场景。

图 5-25　光伏组件方阵故障检修虚拟仿真场景

（1）光伏组件二极管击穿故障

① 通过监控，查看 1# 直流汇流箱实时运行情况：点击"监控"，选择"电站监测"，再点击 HL01# 直流汇流箱（以下简称 1# 直流汇流箱）进行查看；监控中会显示 1# 直流汇流箱各回路的电压、电流情况，其中，第 1 路（1# 光伏组串）的电压为 0 V，其余光伏组串的电压为 668 V，如图 5-26 所示。

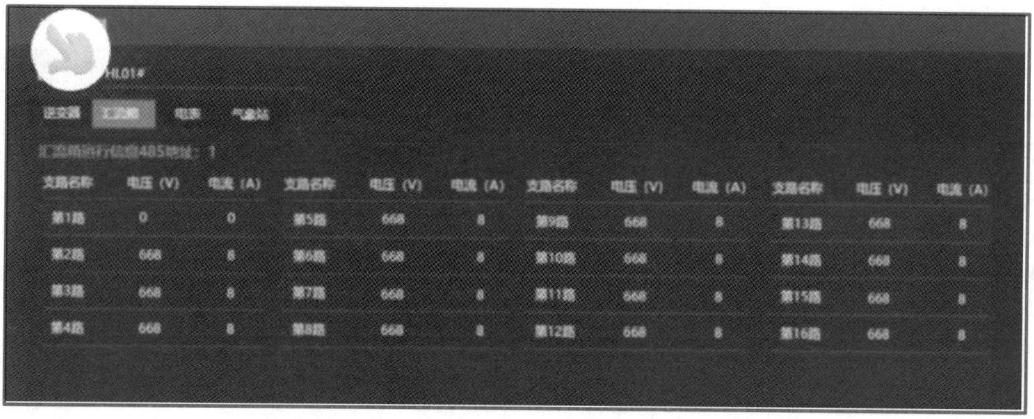

图 5-26　查看汇流箱

② 分析故障原因：单个光伏组件电压偏少约 33.4 V，偏差值 ≥ 5%，可能是由于光伏组件二极管击穿所致，也可能是由于直流汇流箱采集模块故障所致。

③ 前往 1# 直流汇流箱，检查 1# 光伏组串电压：点击"工具库"，选择"钥匙"，点击箱门将其打开；点击"工具库"，选择"万用表"，点击 1# 光伏组串正、负极熔断器测量电压，显示为 636.8 V，说明采集模块无故障。

④ 断开直流断路器，断开 1# 光伏组串正、负极熔断器，悬挂安全标示牌：点击"工具库"，选择"手"，点击直流断路器和 1# 光伏组串正、负极熔断器使其断开；点击"工具"，选择"钥匙"，点击箱门将其关闭；点击"工具库"，选择"禁止合闸，线路有人工作"安全标示牌，点击箱门悬挂安全标示牌。

⑤ 前往光伏组件方阵，断开 1# 光伏组串所有光伏组件的 MC4 连接器：点击"工具库"，选择"活口扳手"，点击各光伏组件，将 MC4 连接器断开。

⑥ 测量各光伏组件开路电压，查找故障光伏组件：点击"工具库"，选择"万用表"，依次测量各光伏组件开路电压，显示第 3 块光伏组件的电压为 0 V，其余光伏组件的电压均为 33.4 V，说明第 3 块光伏组件存在二极管击穿故障。

⑦ 更换故障光伏组件：点击"备品备件"，点击故障光伏组件进行更换。

⑧ 恢复光伏组件电气连接：点击"工具库"，选择"手"，点击各光伏组件正、负极 MC4 连接器恢复连接。

⑨ 前往 1# 直流汇流箱，测量 1# 光伏组串正、负极熔断器电压，恢复运行：点击"工具库"，选择"钥匙"，点击箱门将其打开；点击"工具库"，选择"万用表"，点击正、负极熔断器下端测量电压，显示应为 818 V，说明正常；点击"工具库"，选择"手"，闭合 1# 光伏组串熔断器；点击"工具库"，选择"手"，点击箱门将其关闭，再点击安全标示牌将其取下。

（2）光伏组件连接器故障

① 通过监控，查看 1# 直流汇流箱实时运行情况：点击"监控"，选择"电站监测"，点击 1# 汇流箱进行查看；监控显示，1# 直流汇流箱中，1# 光伏组串电压偏低为 0 V，其余光伏组串的电压均为 668 V。

② 分析故障原因：可能是由于直流汇流箱 1# 光伏组串熔断器烧断所致，也可能是由于 1# 光伏组串回路断路或 MC4 连接器烧毁、脱落等所致。

③ 前往 1# 直流汇流箱，检查 1# 光伏组串正、负极熔断器是否烧断：点击"工具库"，选择"钥匙"，点击箱门将其打开；点击"工具库"，选择"手"，点击直流断路器；点击"工具库"，选择"万用表"，点击正、负极熔断器的上端、下端，提示导通，说明正、负极熔断器均正常。

④ 断开直流断路器，断开 1# 光伏组串熔断器，悬挂安全标示牌：点击"工具库"，选择"手"，点击直流断路器和 1# 光伏组串正、负极熔断器使其断开；点击"工具"，选择"钥匙"，点击箱门将其关闭；点击"工具库"，选择"禁止合闸，线路有人工作"安全标示牌，点击箱门悬挂安全标示牌。

⑤ 前往光伏组件方阵，检查 1# 光伏组串所有光伏组件的 MC4 连接器或连接线是否断开：检查结果显示，第 3 块光伏组件的 MC4 连接器烧毁。

⑥ 更换 MC4 连接器：点击"备品备件"，选择"MC4 接头"，点击进行更换，如

图 5-27 所示。

图 5-27　更换 MC4 连接器

⑦ 恢复光伏组件电气连接：点击"工具库"，选择"手"，点击正、负极 MC4 连接器恢复连接。

⑧ 前往 1# 直流汇流箱，测量 1# 光伏组串正、负极熔断器电压，恢复运行：点击"工具库"，选择"钥匙"，点击箱门将其打开；点击"工具库"，选择"万用表"，点击正、负极熔断器下端测量电压，显示应为 818 V，说明正常；点击"工具库"，选择"手"，闭合 1# 光伏组串熔断器；点击"工具库"，选择"手"，点击箱门将其关闭，再点击安全标示牌将其取下。

2. 组串式逆变光伏组件方阵故障检修

（1）光伏组件二极管击穿故障

① 通过监控，查看 1# 组串式逆变器实时运行情况：点击"监控"，选择"电站监测"，点击 1# 组串式逆变器查看；监控显示，1# 组串式逆变器的 1# 光伏组串电压偏低为 636.8 V，其余光伏组串的电压均为 668 V。

② 分析故障原因：光伏组串电压偏少约 33.4 V，偏差值 ≥ 5%，可能是由于光伏组件二极管击穿所致。

③ 前往 1# 组串式逆变器，检查 1# 光伏组串电压：点击"工具库"，选择"手"，点击 1# 光伏组串正、负极 MC4 连接器将其断开；点击"工具库"，选择"万用表"，点击 1# 光伏组串正、负极 MC4 连接器测量电压，显示为 636.8 V，说明某块光伏组件存在故障。

④ 悬挂安全标示牌：点击"工具库"，选择"禁止合闸，线路有人工作"标示牌，点击箱门悬挂安全标示牌。

⑤ 前往光伏组件方阵，断开 1# 光伏组串所有光伏组件的 MC4 连接器：点击"工具库"，选择"活口扳手"，点击各光伏组件，将 MC4 连接器断开。

⑥ 测量各光伏组件开路电压，查找故障光伏组件；点击"工具库"，选择"万用表"，依次测量各光伏组件开路电压，显示第 3 块光伏组件的电压为 10 V，其余光伏组件的电压均为 40.9 V，说明第 3 块光伏组件存在二极管击穿故障。

⑦ 更换故障光伏组件：点击"备品备件"，点击故障光伏组件进行更换。

⑧ 恢复光伏组件电气连接：点击"工具库"，选择"手"，点击各光伏组件正、负极 MC4 连接器恢复连接。

⑨ 前往 1# 组串式逆变器，测量 1# 光伏组串正、负极电压，恢复运行：点击"工具库"，选择"万用表"，点击正、负极熔断器下端测量电压，显示应为 818 V，说明正常；点击"工具库"，选择"手"，点击 MC4 连接器恢复连接，点击安全标示牌将其取下。

（2）光伏组件连接器故障

① 通过监控，查看 1# 组串式逆变器实时运行情况：点击"监控"，选择"电站监测"，点击 1# 组串式逆变器进行查看；监控显示，1# 组串式逆变器的 1# 光伏组串电压为 0 V，其余光伏组串的电压均为 668 V。

② 分析故障原因：可能是由于 1# 光伏组串回路断路或 MC4 连接器烧毁、脱落等所致。

③ 前往 1# 组串式逆变器，检查 1# 光伏组串正、负极 MC4 连接器电压：点击"工具库"，选择"钥匙"，点击箱门将其打开；点击"工具库"，选择"手"，点击直流开关将其关闭；点击"工具库"，选择"万用表"，点击正、负极 MC4 连接器测电压，显示 0 V，说明某块光伏组件的 MC4 连接器或连接线存在问题。

④ 前往光伏组件方阵，检查 1# 光伏组串所有光伏组件，查看 MC4 连接器或连接线是否断开：检查结果显示，第 3 块光伏组件的 MC4 连接器烧毁。

⑤ 更换 MC4 连接器：点击"备品备件"，选择"MC4 接头"，点击进行更换。

⑥ 恢复光伏组件电气连接：点击"工具库"，选择"手"，点击正、负极 MC4 连接器恢复连接。

⑦ 前往 1# 组串式逆变器，测量 1# 光伏组串正、负极熔断器电压，恢复运行：点击"工具库"，选择"万用表"，点击正、负极熔断器下端测量电压，显示应为 818 V，说明正常；点击"工具库"，选择"手"，闭合直流开关，等待组串式逆变器并网运行；组串式逆变器正常运行后，点击安全标示牌将其取下。

5.5.7　直流汇流箱虚拟仿真故障排查

训练目标 ▶▶▶

掌握直流汇流箱直流熔断器、单极接地、支路电流偏小、直流防雷器失效等故障的检测与排查方法。

训练内容 ▶▶▶

1. 直流熔断器故障检测与排除

直流熔断器故障检修虚拟仿真场景如图 5-28 所示。

图 5-28　直流熔断器故障检修虚拟仿真场景

① 通过监控，查看 1# 直流汇流箱实时运行情况：点击"监控"，选择"电站监测"，点击 1# 汇流箱进行查看；监控显示，1# 直流汇流箱中，1# 光伏组串的电压为 0 V，其余光伏组串的电压均为 668 V。

② 分析故障原因：可能是由于 1# 光伏组串直流熔断器烧断所致，也可能是由于光伏组串中光伏组件连接线断线等所致。

③ 前往 1# 直流汇流箱，检查 1# 光伏组串正、负极熔断器：点击"工具库"，选择"钥匙"，点击箱门将其打开；点击"工具库"，选择"手"，点击直流断路器和 1# 光伏组串正、负极熔断器将其断开；点击"工具库"，选择"万用表"，点击正、负极熔断器上、下端查看其是否导通，显示正极熔断器未导通，说明正极熔断器烧断。

④ 更换熔断器：点击"备品备件"，选择"直流熔丝"，点击故障直流熔断器进行更换。

⑤ 恢复直流汇流箱运行：点击"工具库"，选择"手"，点击直流熔断器将其闭合；点击"工具库"，选择"万用表"，点击 1# 光伏组串正、负极熔断器上端测量电压，显示为 668 V；点击"工具库"，选择"钥匙"，点击箱门将其关闭。

2. 单极接地故障检测与排除

① 通过监控，查看 1# 集中式逆变器实时运行情况：点击"监控"，选择"电站监测"，点击 1# 集中式逆变器进行查看；监控显示，1# 集中式逆变器绝缘阻抗告警。

② 分析故障原因：可能是由于光伏组串中某块光伏组件的连接因绝缘层损坏而与支架连通所致；也可能是由于光伏组串中某块光伏组件的 MC4 连接器密封差，进雨水后与支架连通所致；还可能是由于某个光伏组串至 1# 直流汇流箱的直埋电缆的绝缘层损坏所致。

③ 前往 1# 直流汇流箱，检查各光伏组串正、负极对地电压：点击"工具库"，选择

"钥匙"，点击箱门将其打开；点击"工具库"，选择"手"，点击直流断路器和正、负极熔断器将其断开；点击"工具库"，选择"万用表"，依次测量各光伏组串正、负极对地电压，显示 1# 光伏组串正极对地电压为 0 V，负极对地电压为 818 V；2# 光伏组串正极对地电压为 163.6 V，负极对地电压为 654.4 V，其余光伏组串的正、负极对地电压均为 409 V，说明 1# 和 2# 光伏组串存在绝缘问题。

④ 通过 1# 光伏组串正、负极对地电压，可知其存在正极接地故障，分析故障原因：可能是由于光伏组串正极到组串式逆变器的电缆绝缘层破损导致。

⑤ 更换 1# 光伏组串正极电缆：点击"备品备件"，选择"光伏专用电缆"，点击进行更换；完成更换后，点击"工具库"，选择"万用表"，点击 1# 光伏组串测量正、负极对地电压，显示均为 409 V，说明正常。

⑥ 2# 光伏组串正极对地电压为 163.6 V，负极对地电压为 654.4 V，分析故障原因：可能是由于 2# 光伏组串中某块光伏组件的连接线因绝缘层损坏而与支架连通所致。由 $163.6/[(163.6+654.4)/20]=4$，基本能判定接地故障点在第 4 块光伏组件附近。

⑦ 前往光伏组件方阵，查找故障原因：检查 2# 光伏组串第 4 块光伏组件附近，发现该光伏组件的连接线因绝缘层破损而与支架连通。

⑧ 排除故障，恢复运行：点击"备品备件"，选择"MC4 接头"，在绝缘层破损处使用 MC4 连接器进行连接；前往 1# 直流汇流箱，检查 2# 光伏组串正、负极对地电压，显示均为 409 V，说明正常；点击"工具库"，选择"手"，闭合直流断路器和所有直流熔断器，恢复运行；点击"工具库"，选择"钥匙"，关闭箱门。

3. 支路电流偏小故障检测与排除

支路电流偏小故障检修虚拟仿真场景如图 5-29 所示。

图 5-29　支路电流偏小故障检修虚拟仿真场景

①通过监控，查看 1# 直流汇流箱实时运行情况：点击"监控"，选择"电站监测"，点击 1# 直流汇流箱进行查看；监控显示，1# 直流汇流箱中，1# 光伏组串的电流为 4 A，其余光伏组串的电流均为 8 A。

②分析故障原因：可能是由于 1# 光伏组串被遮挡所致，也可能是由于汇流箱电流采集模块损坏所致。

③前往 1# 直流汇流箱，检查 1# 光伏组串工作电流：点击"工具库"，选择"钳形电流表"，显示电流为 4 A，说明电流采集模块正常。

④前往 1# 光伏组串，查看 1# 光伏组串是否被遮挡等：检查发现 1# 光伏组串被严重遮挡。

⑤排除故障，恢复运行：点击"工具库"，选择"拖把"，清除故障。

4. 直流防雷器失效故障检测与排除

直流防雷器失效故障检修虚拟仿真场景如图 5-30 所示。

图 5-30　直流防雷器失效故障检修虚拟仿真场景

①打开直流汇流箱：点击"工具"，选择"钥匙"，点击箱门将其打开。

②查看直流防雷器指示灯：直流防雷器指示灯显示为红色表示失效。

③断开直流断路器：点击"工具库"，选择"手"，断开直流断路器。

④断开所有直流熔断器：点击"工具库"，选择"手"，断开所有直流熔断器。

⑤检测直流汇流箱是否退出运行：点击"工具库"，选择"万用表"，检查直流汇流箱内是否带电。

⑥更换直流防雷器：点击"备品备件"，选择"直流防雷器"，点击进行更换。

⑦故障排除，恢复运行：点击"工具库"，选择"手"，依次闭合直流熔断器、直流断路器；点击"工具库"，选择"钥匙"，关闭箱门。

5.5.8　交流汇流箱虚拟仿真故障排查

训练目标 ▶▶▶

掌握更换支路交流断路器的操作方法，掌握交流汇流箱防雷器失效故障的排除方法。

训练内容 ▶▶▶

交流汇流箱巡检虚拟仿真场景如图 5-31 所示。

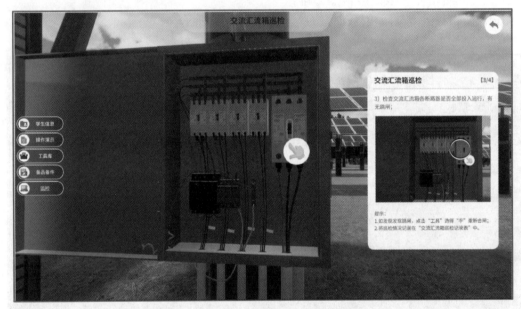

图 5-31　交流汇流箱巡检虚拟仿真场景

1. 支路交流断路器更换

① 打开交流汇流箱：点击"工具"，选择"钥匙"点击箱门将其打开。

② 断开总输出交流断路器：点击"工具库"，选择"手"，断开总输出交流断路器。

③ 断开所有支路交流断路器：点击"工具库"，选择"手"，依次点击所有支路交流断路器将其断开。

④ 检查交流断路器是否全部退出运行：点击"工具库"，选择"万用表"，依次检查各交流断路器交流电压，若显示为 0，说明已退出运行。

⑤ 更换 1# 故障交流断路器：点击"备品备件"，选择"交流断路器"，点击故障交流断路器进行更换。

⑥ 故障排除，恢复运行：点击"工具库"，选择"手"，依次闭合交流断路器；点击"工具库"，选择"万用表"，检查 1# 交流断路器下端电压，显示为 AC 540 V；点击"工具库"，选择"钥匙"，关闭箱门。

2. 交流防雷器失效故障检测与排除

① 打开交流汇流箱：点击"工具"，选择"钥匙"，点击箱门将其打开。

② 断开总输出交流断路器：点击"工具库"，选择"手"，断开总输出交流断路器。

③ 断开所有支路交流断路器：点击"工具库"，选择"手"，依次点击所有支路交流断路器将其断开。

④ 检查交流断路器是否全部退出运行：点击"工具库"，选择"万用表"，依次检查各交流断路器交流电压，若显示为 0，说明已退出运行。

⑤ 更换交流防雷器：点击"备品备件"，选择"交流防雷器"，点击失效的交流防雷器进行更换。

⑥ 故障排除，恢复运行：点击"工具库"，选择"手"，依次闭合交流断路器；点击"工具库"，选择"万用表"，检查 1# 交流断路器下端电压，显示为 AC 540 V；点击"工具库"，选择"钥匙"，关闭箱门。

5.5.9 组串式逆变器虚拟仿真故障排查

训练目标 >>>

掌握组串式逆变器绝缘阻抗告警、光伏组串反接告警、光伏组串支路无电压、逆变器输出电流异常、无电网告警等故障的排除方法。

训练内容 >>>

组串式逆变器巡检虚拟仿真场景如图 5-32 所示。

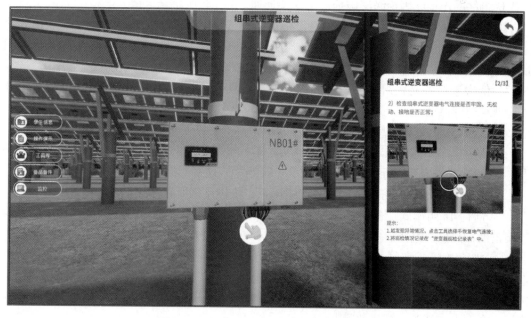

图 5-32 组串式逆变器巡检虚拟仿真场景

1. 绝缘阻抗告警故障检测与排除

① 通过监控，查看 1# 组串式逆变器实时运行情况：点击"监控"，选择"电站监测"，点击 1# 组串式逆变器进行查看；监控显示，1# 组串式逆变器报绝缘阻抗告警。

② 分析故障原因：可能是由于光伏组串中某块光伏组件的连接因绝缘层损坏而与支架连通所致；也可能是由于光伏组串中某块光伏组件的 MC4 连接器密封差，进雨水后与支架连通所致；还可能是由于某个光伏组串至 1# 组串式逆变器的直埋电缆的绝缘层损坏所致。

③ 前往 1# 组串式逆变器，检查各光伏组串正、负极对地电压：点击"工具库"，选择"手"，关闭组串式逆变器的直流开关；点击"工具库"，选择"活口扳手"，断开各光伏组串正、负极 MC4 连接器；点击"工具库"，选择"万用表"，依次测量各光伏组串正、负极对地电压，显示 1# 光伏组串正极对地电压为 0 V，负极对地电压为 818 V；2# 光伏组串正极对地电压为 163.6 V，负极对地电压为 654.4 V，其余光伏组串的正、负极对地电压均为 409 V，说明 1# 和 2# 光伏组串存在绝缘问题。

④ 1# 光伏组串正极对地电压显示为 0 V，负极对地电压显示为 818 V，说明正极接地故障：此故障基本是由于光伏组串正极到组串式逆变器的电缆绝缘层破损导致。

⑤ 更换正极电缆：点击"工具库"，选择"活口扳手"，点击 1# 光伏组串正极 MC4 连接器；点击"备品备件"，选择"光伏专用电缆"，点击 1# 光伏组串正极电缆进行更换；完成更换后，重新测量 1# 光伏组串正、负极对地电压，显示均为 409 V。

⑥ 2# 光伏组串正极对地电压显示为 163.6 V，负极对地电压显示为 654.4 V，分析故障原因：此故障基本是由于光伏组串中某块光伏组件的连接线因绝缘层损坏而与支架连通或光伏组串中某块光伏组件的 MC4 连接器密封差，进雨水后与支架连通所致。由 $163.6/[(163.6+654.4)/20]=4$，基本能判定接地故障点在第 4 块光伏组件附近。

⑦ 前往光伏组件方阵，查找故障原因：检查 2# 光伏组串第 4 块光伏组件附近，发现该光伏组件的连接线因绝缘层破损而与支架连通。

⑧ 排除故障，恢复运行：点击"备品备件"，选择"MC4 接头"，在绝缘层破损处使用 MC4 连接器进行连接；前往 1# 组串式逆变器，点击"工具库"，选择"万用表"，测量 2# 光伏组串正、负极对地电压，显示均为 409 V，说明正常；点击"工具库"，选择"手"，依次连接各光伏组串与逆变器；点击"工具库"，选择"手"，闭合逆变器直流开关，恢复逆变器运行。

2. 光伏组串反接告警故障检测与排除

① 通过监控，查看 1# 组串式逆变器实时运行情况：点击"监控"，选择"电站监测"，点击 1# 组串式逆变器进行查看；监控显示，1# 组串式逆变器提示 1# 光伏组串反接告警。

② 分析故障原因：可能是由于光伏组串正、负极反接所致。

③ 前往 1# 组串式逆变器，检查接线：点击"工具库"，选择"万用表"，使用红色表笔接正极，黑色表笔接负极，显示电压为 –818 V，说明光伏组串反接。

④ 排除故障，恢复并网：前往 1# 光伏组串，断开光伏组串正、负极 MC4 连接器；返回 1# 组串式逆变器，点击"备品备件"，选择"MC4 接头"，重新安装；完成更换后，选择"万用表"重新测量，显示电压为 +818 V；点击"工具库"，选择"手"，恢复电气连接，合上直流开关，恢复并网。

3. 光伏组串支路无电压故障检测与排除

① 通过监控，查看 1# 组串式逆变器实时运行情况：点击"监控"，选择"电站监测"，点击 1# 组串式逆变器进行查看；监控显示，1# 光伏组串的电压为 0 V，其余光伏组串的电压均为 668 V。

② 分析故障原因：可能是由于组串式逆变器 1# 光伏组串 MC4 连接器未连接或接插不到位所致，也可能是由于光伏组件连接线断线所致，还可能是由于光伏组件 MC4 连接器烧熔所致。

③ 前往 1# 组串式逆变器，确认故障：点击"工具库"，选择"手"，断开逆变器直流开关；点击"工具库"，选择"活口扳手"，断开 MC4 连接器；点击"工具库"，选择"万用表"，测量光伏组串电压，显示为 0 V，说明光伏组件连接线或 MC4 连接器断线等。

④ 前往 1# 光伏组串，检查光伏组件连接线和 MC4 连接器是否断线：发现第 3 块光伏组件的 MC4 连接器烧熔。

⑤ 更换 MC4 连接器：点击"备品备件"，选择"MC4 接头"，点击进行更换。

⑥ 排除故障，恢复运行：点击"工具库"，选择"万用表"，测量 1# 光伏组串电压（818 V）；点击"工具库"，选择"手"，连接 MC4 连接器；点击"工具库"，选择"手"，闭合直流开关。

4. 逆变器输出电流异常故障检测与排除

① 通过监控，查看 1# 组串式逆变器实时运行情况：点击"监控"，选择"电站监测"，点击 1# 组串式逆变器进行查看；监控显示，1# 光伏组串的电流为 4 A，其余光伏组串的电流均为 8 A。

② 分析故障原因：可能是由于支路被遮挡造成输出功率减小所致。

③ 前往光伏组件方阵，查看 1# 光伏组串是否被遮挡等：检查发现 1# 光伏组串被严重遮挡。

④ 排除故障，恢复运行：点击"工具库"，选择"拖把"，清除故障。

5. 无电网告警故障检测与排除

① 通过监控，查看 1# 组串式逆变器实时运行情况：点击"监控"，选择"电站监测"，点击 1# 组串式逆变器进行查看；监控显示，1# 组串式逆变器报无电网告警。

② 分析故障原因：可能是由于交流汇流箱对应支路跳闸所致。

③ 前往 1# 交流汇流箱，检测交流汇流箱运行情况：点击"工具库"，选择"钥匙"，打开交流汇流箱；查看 1# 交流断路器是否跳闸。

④ 排除故障，恢复并网运行：点击"工具库"，选择"手"，闭合 1# 交流断路器；前往 1# 组串式逆变器，查看是否正常运行；正常运行后，前往 1# 交流汇流箱，点击"工具库"，选择"手"，关闭箱门。

 习 题

1. 简述光伏组件常见故障与处理方法。

2. 简述直流汇流箱常见故障与处理方法。

3. 简述直流配电柜常见故障与处理方法。

4. 简述逆变器常见故障与处理方法。

5. 简述箱变常见故障与处理方法。

6. 简述防雷与接地常见故障与处理方法。

参考文献

［1］詹新生，张江伟．光伏发电系统的设计、施工与运维［M］．北京：机械工业出版社，2017．

［2］张清小，葛庆，张曙光．光伏电站智能化运维技术［M］．北京：中国铁道出版社，2020．

［3］张清小，葛庆．光伏电站运行与维护［M］．北京：中国铁道出版社，2016．

［4］李钟实．太阳能分布式光伏发电系统设计施工与运维手册［M］．北京：机械工业出版社，2020．

［5］詹新生，吉智，张江伟．光伏发电工程技术［M］．北京：机械工业出版社，2016．

［6］周宏强，王涛，静国梁．光伏电站的建设与施工［M］．北京：机械工业出版社，2020．

［7］袁芬．光伏电站的施工与维护［M］．北京：机械工业出版社，2016．

［8］中国国家标准化管理委员会．GB/T 19939—2005 光伏系统并网技术要求［S］．北京：中国标准出版社，2006．

［9］中国国家标准化管理委员会．GB/T 19964—2012 光伏发电站接入电力系统技术规定［S］．北京：中国标准出版社，2013．

［10］中国国家标准化管理委员会．GB/T 29319—2012 光伏发电系统接入配电网技术规定［S］．北京：中国标准出版社，2013．

［11］中国国家标准化管理委员会．GB/T 30152—2013 光伏发电系统接入配电网检测规程［S］．北京：中国标准出版社，2014．

［12］中国国家标准化管理委员会．GB/T 33599—2017 光伏发电站并网运行控制规范［S］．北京：中国标准出版社，2017．

［13］中国国家标准化管理委员会．GB/T 34933—2017 光伏发电站汇流箱检测技术规程［S］．北京：中国标准出版社，2018．

［14］中国国家标准化管理委员会．GB/T 31366—2015 光伏发电站监控系统技术要求［S］．北京：中国标准出版社，2015．